Mathematik-Praktikum

Manuelle Bearbeitung und Einsatz des EDV-Tools Mathematica

Von

Prof. A. Nieswandt

R. Oldenbourg Verlag München Wien

Die Deutsche Bibliothek – CIP-Einheitsaufnahme

Nieswandt, Aribert:
Mathematik-Praktikum : manuelle Bearbeitung und Einsatz des EDV-Tools Mathematica / von A. Nieswandt. – München : Oldenbourg, 1994
ISBN 3-486-22936-2

Gesamtherstellung: WB-Druck, Rieden

ISBN 3-486-22936-2

Vorwort

Die rasante Entwicklung neuer Technologien, welche unsere High-Tech Welt gestalten, fußt in weiten Bereichen auf Mathematk. Durch die präzise Formulierung von Problemen, die logisch durchdachte Gedankenwelt mathematischer Objekte, den unbefangenen Umgang mit zunächst unbekannten Größen und durch klare, erfolgssichere Rechenverfahren zur Lösung von Gleichungen und vielen weiteren mathematischen Fragestellungen hat die Mathematik sich zu einem unentbehrlichen Begleiter der Technik, Wirtschaft, Naturwissenschaften und fast aller weiteren wissenschaftlichen und angewandten Disziplinen entwickelt. Die durch sie ermöglichten Entwicklungsschübe, man denke nur an die Auswirkungen des Differential- und Integralkalküls auf die Physik, Chemie, Technik, Statistik, haben sie zu einer der zentralen Wissenschaften gemacht, die immerwieder neue Verfahren generiert bis hin zu den verschlungenen Fraktalen, mit welchen man Küstenlinien beschreiben oder auch nur die Ästhetik einer fremdartigen Farben- und Formenwelt betrachten oder in verblüffende andere neue Bereiche vordringen kann. Dabei basieren diese interessanten Gebilde auf einer äußerst einfachen Gleichung im komplexen Zahlenraum. Allerdings hat es Tausende von Jahren an Mathematikgeschichte und des Einsatzes moderner Computertechnolgien benötigt, um diese mathematischen Entdeckungen tätigen zu können. Weit verfehlt ist es daher, zu glauben, daß die anwendungsorientierte oder reine Mathematik zum Stillstand gekommen sei.

Gerade heute ist durch die Welt der mathematischen Computer Tools, wie *Axiom, Mathcad, Mathematica*, um nur einige zu nennen, ein neuer Entwicklungsschub passiert. Er wird die Einsatzbreite mathematischer Verfahren vergrößern und dem darin frühzeitig Bewanderten Know How Vorteile sichern.

Sich mit Mathematik zu beschäftigen, ist daher heute noch wichtiger als früher. Beschäftigen bedeutet aber nicht, sich ein diffuses Wissen über mathematische Verfahren anzueignen, sondern den sicheren Umgang mit den heute benötigten Rechenverfahren und Rechentechniken durch konsequentes Training zu erlernen. Daher enthalten die vorliegenden *Mathematipraktika* einen ausführlichen manuellen Übungsteil, in welchem die Fertigkeit zur Lösung von mathematischen Aufgaben trainiert werden kann. Ergänzend und begleitend sollen dann die Lösungen mit einem Mathematik Tool durch Interaktion mit dem Computer ermittelt werden. Dabei ermöglichen die zwei- und dreidimensionalen Graphikeigenschaften der Mathematik Tools eine hervorragende Visualisierung bis hin zum Einsatz der Computer Animation zur Darstellung von Bewegungsabläufen. Eine Sorge kann dem interessierten Übenden gleich am Anfang genommen werden. Die Bedienung der Tools steht nicht im Vordergrund. Sie ist außerdem ganz einfach. Es werden keine Programmierkenntnisse vorausgesetzt, sondern nur der Umgang mit Formeln und wenigen Befehlen und Windows Arbeitsabläufen.

Die Schreibarbeiten des vorliegenden Werkes wurden mit großer Sorgfalt von Gerd Richter ausgeführt. Die Lösungen der Aufgaben wurden von Gerd Richter und Pia Müller besorgt. Dabei wurde, auch zur Erstellung der Graphiken, das Mathematik Tool *Mathematica* der Wolfram Research, Inc., Champaign, USA verwendet.

Die gewählten Inhalte decken den für Praktiker benötigten mathematischen Bereich ab. Nach Durchführung des Praktikums sollen die wichtigsten mathematischen Begriffe und Arbeitstechniken beherrscht werden. Das Praktikum vermittelt die Fähigkeit, grundlegende Rechnungen selber auszuführen und bei Erhöhung des Schwierigkeitsgrades, sei es wegen unhandlichen Parameterwerten , komplizierten Funktionen oder hochdimensionierten Gleichungssystemen, ein Mathematik Computer Tool einzusetzen.

Aribert Nieswandt

Inhaltsverzeichnis

1. Grundelemente

1.1 Numerisches Rechnen

2^2 , 2^{10} , 2^{50} , 2^{100} , 7^{234}

Vergleichen Sie die Ergebnisdarstellung

```
In[1]:= 2^2                     Out[1]:=
        2^10
        2^50
        2^100
        7^234
        N[2^100]
        N[2^100,50]
        N[7^234]
        N[7^234,50]
        N[Pi,70]
```

Einige besondere Zahlen

```
In[2]:= Pi                      Out[2]:=
        E
        Infinity
        Degree
```

Einige Rechnungen

```
In[3]:= 2+3*5                   Out[3]:=
        2.1+3*5.2^2
        N[2.1+3*5.2^2,6]
        N[2.1+3*5.2^2,15]
```

1.2 Algebraisches Rechnen

$(x+y)^2$,$(x+y)^7$, $(x+y)^{20}$,$(x+y)^{100}$

In[1]:=Expand[(x+y)^2]   Out[1]:=
Expand[(a + 2 b) * 4c]
Expand[(a + 2 b)^12 * (a + 4c)]
Expand[(x+y)^4]
Factor[1- 7u + 21u^2- 35u^3 + 35u^4- 21u^5 + 7u^6- u^7]

Lösen Sie : (x+2)^3, (x+2)^7, (a+b+c)^3, (a+b+c)^7, (a+b+c)^16 ((x+2)^3 +1^)^4, (x - 2) (x + 2) (a + x)

Simplify[Ausdruck] = Vereinfache den Ausdruck Expand[Ausdruck] = Entwickle den Ausdruck Factor[Ausdruck] = Faktorisiere den Ausdruck

1.3 Variablen,Wertzuweisungen

Definition von Variablen Variablenname = Ausdruck   x = 2.1 , x = 3 + 7^4 Variablenname = .   x = . (Lösche Wert)

In[1]:= x = 7   Out[1]:=
4 + 3x^2
(6 + x) / (4 - 3x)
x = a + b
In[2]:= 4 + 3x^2   Out[2]:=
4x - 3x^2
Factor[%]

% = Benutze letzte Ausgabe als neue Eingabe

1.4 Transformationsregeln

Ausdruck zu x /. x -> Ausdruck   2 - 4x /. x -> 5 2 - 4x /. x -> a + b Ersetze in einem Ausdruck eine Variable durch einen weiteren Ausdruck.

Ersetzen Sie im Ausdruck 1) x durch u + v
2) x durch u + v , y durch u - v
3) x durch 3 , y durch 2

```
In[1]:= (x - y) (x^12 + y^12) /. x -> u + v
        (x - y) (x^12 + y^12) /. {x -> u + v, y -> u - v}
        (x - y) (x^12 + y^12) /. {x -> 3,y -> 2}
```

1.5 Summen und Produkte

Sum[Ausdruck, { Laufbereich }] , Product[Ausdruck, { Laufbereich }]

```
In[1]:=Sum[i^2 , {i,1,5}]
        Product[a + i,{i,1,5}]
        Expand[%]
```

Berechnen Sie $\sum_{i=1}^{10} i$, $\sum_{i=1}^{5} i^3$, $\prod_{i=1}^{7} i$

1.6 Gleichungen

$x^4 - 7x^3 + 3x^2 = 0$, $6x - 5x^2 - 3x^3 + 2x^4 = 0$

Solve[Ausdruck = = Wert , gesuchte Variable]

Symbolische Lösung

```
In[1]:= Solve[ x^4 - 7x^3 + 3x^2 = = 0, x]
        N[Solve[ x^4 - 7x^3 + 3x^2 = = 0, x]]
        Solve[ {x^3 y^3 = =1 , x + y = =2},{ x,y }]
        N[Solve[ {x^3 y^3 = =1 , x + y = =2},{ x,y }]]  oder N[%]
```

Numerische Lösung

```
In[1]:=NSolve[ {x^3 y^3 = =1 , x + y = =2},{ x,y }]
```

2. Funktion (in einer Veränderlichen)

Sin x mit $0 \leq x \leq 2\Pi$

```
In[1]:= Table[ Sin[ x ] , {x,0,2 Pi,0.1}]
        ListPlot[Table[ Sin[ x ] , {x,0,      2 Pi,0.1}]]
                                   oder   4 Pi
                                   oder   12 Pi
        Plot[Sin[ x ] , {x,0,2 Pi}]
```

Funktionen definieren:	f[x_]:= Ausdruck
z.B:	f[x_]:= x^2 - 3
	u[x_]:= 1/x - x
Funktionsformeln anzeigen:	f[x]

Beispiel 1: Berechnen Sie eine Wertetabelle der Funktion $f(x) = (x^2 - 1)/(x^2 - 4x + 3)$ für $-4 \leq x \leq 4$ mit $\Delta x = 0.1$ und erstellen Sie einen ListPlot und Plot der Funktion.

```
In[1]:= Table[(x^2 - 1)/(x^2 - 4x + 3),{x,-4,4,0.1}]
        ListPlot[Table[(x^2 - 1)/(x^2 - 4x + 3),{x,-4,4,0.1}]] oder ListPlot[%]
        Plot[ (x^2 - 1)/(x^2 - 4x + 3),{x,-4,4}]
        f[x_]:=(x^2 - 1)/(x^2 - 4x + 3)
        Plot[ f[x],{x,-4,4}]
```

3. Kurven in Parameterform

$K1 = \{(x,y) \mid x = \sin t,\ y = \sin 2t,\ 0 \leq t \leq 2\,\Pi\}$

```
In[1]:= ParametricPlot[{Sin[t], Sin[2t]}, { t,0,2 Pi}]
```

Archimedische Spirale $r = t$:

$K2 = \{(x,y) \mid x = t \cos t,\ y = t \sin t,\ 0 \leq t \leq (2, 6, 20)\,\Pi\}$

```
In[1]:= r[t_]:= t
         ParametricPlot[{r[t] Cos[t], r[t] Sin[t]}, { t,0,2 Pi}]
                                                      oder 6 Pi
                                                      oder 20 Pi
```

Epizykloide

$a = 7;\ b = 1.5;\ c = 3$

$E = \{(x,y) \mid x = (a+b) \cos(b/a\ t) - b \cos((a+b)/a\ t),$
$\quad y = (a+b) \sin(b/a\ t) - b \sin((a+b)/a\ t)\}$

```
In[1]:= a := 7
        b := 1.5
        c := 3
        ParametricPlot[{(a+b) Cos[b t /a] - b Cos[(a+b) t/a],
                        (a+b) Sin[b t/a] - b Sin[(a+b) t/a]},
                        {t,0,10 Pi}]
                       oder 30 Pi
```

4. Differentiation

f'[x], f''[x] . . . oder D[f[x],x], D[f[x],{x,2}], . . .

Definieren Sie die Funktionen und berechnen Sie die 1., 2., 3. Ableitung.

$f(x) = x^4 - 3x^2 + 4$	f[x_]:=x^4 - 3x^2 + 4
$g(x) = (x - 3)/(x^2 + 3)$	g[x_]:=(x - 3)/(x^2 + 3)
$h(x) = f(\sin(x))$	h[x_]:=f[Sin[x]]

5. Integration

Unbestimmtes Integral	$\int f(x)\,dx$	: Integrate[f [x],x]
Bestimmtes Integral	$\int_b^a f(x)\,dx$	: Integrate[f [x], {x, a, b}]
Numerische Integration	$\int_1^2 f(x)\,dx$	: Integrate[f [x], {x, 1, 2}]
		oder NIntegrate[f [x], {x, 1, 2}]

Symbolische Integration

In[1]:=Integrate[Sin[x], x] Out[1]:=
Integrate[Sin[x], {x, 0, Pi}]
Plot[Tan[Cot[x]/3],{x, 0.4, 2.6}]
Integrate[Tan[Cot[x]/3],{x, 0.4, 2.6}] (Wird symbolisch nicht gelößt !)

Numerische Integration

In[1]:=NIntegrate[Sin[x], {x, 0, Pi}]
NIntegrate[Tan[Cot[x]/3],{x, 0.4, 2.6}] (Wird nur numerisch gelößt !)

Fläche A, Drehmomente Mx, My, Schwerpunkt S

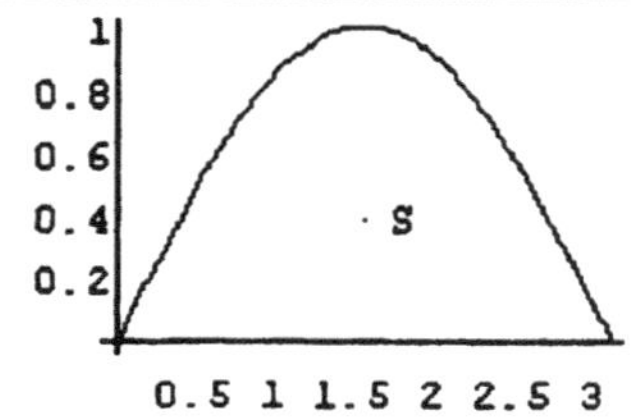

In[1]:= a:=NIntegrate[Sin[x], {x, 0, Pi}]   Out[1]:=
a
Mx:= 0.5 NIntegrate[Sin[x]^2, {x, 0, Pi}]
Mx
My:= NIntegrate[x Sin[x], {x, 0, Pi}]
My
S:= {My/a , Mx/a}
S

6. Funktionen in 2 Veränderlichen

F1 = {(x, y, z) | z = sin(x) cos(3y), -2≤x≤2, -3≤y≤3}

In[1]:= f[x_, y_]:= Sin[x] Cos[3 y]
Plot3D[f[x,y], {x,-2,2}, {y,-3,3}]

Ändern Sie den Ansichtspunkt und die Auflösung :

In[1]:= Plot3D[f[x,y], {x,-2,2}, {y,-3,3}, ViewPoint -> {0,-2,0}
(oder ViewPoint ->{2,2,0}) ,PlotPoints -> 30]
ContourPlot[f[x,y], {x,-2,2}, {y,-3,3}, PlotPoints -> 30]
DensityPlot[f[x,y], {x,-2,2}, {y,-3,3}, PlotPoints -> 50]

f_{xyx} = D[f[x,y], x, y, x]

$\int_{\Pi/2}^{5/6\,\Pi} \int_{\Pi/2}^{x}$ [f(x,y) dy] dx = Integrate[f[x,y],{x,Pi/2,5/6 Pi},{y, Pi/2, x}]

7. Mathematica Graphikanwendungen

Darstellung des Apfelmännchens

```
In[1]:= iter=Compile[{{x,_Real},{y,_Real},{lim,_Real}},Block[{c,z,ct},
            c= x+ I y;
            z = c;
            ct = 0;
        While[(Abs[z] < 2.0) && (ct < lim),
            ++ ct;
            z = z*z +c;];
        Return[ct];
        ]]
In[2]:= DensityPlot[iter[x,y,90],{x,-2,-1},{y,-.5,.5},
      PlotPoints->500,Mesh->False,ColorFunction->Hue]

-DensityGraphics-
```

Darstellung von Rotationsoberflächen

```
In[3]:= f[x_]:= Sin[x] + x
In[4]:= ParametricPlot3D[{x Sin[r],f[x],x Cos[r]},
      (*Mathematica Vereinbarung für die Y-Achsen Rotation*)
         {r,0.5Pi,2 Pi},(*RotationsWinkel*)
         {x,0,20},(*Definitionsbereich für f(x)*)
       (*Mathematica Vereinbarungen für die Darstellung der Graphik*)
         AspectRatio->1,ViewPoint->{0,0,2},
         AxesLabel->{"x","y","z"},
         FaceGrids->{{0,0,-1},{0,-1,0}}]
```

```
In[5]:= ParametricPlot3D[{x, Sin[r] f[x],f[x] Cos[r]},
        (*Mathematica Vereinbarung für die X-Achsen Rotation*)
           {r,0,1.5 Pi},(*RotationsWinkel*)
           {x,0,20},(*Definitionsbereich für f(x)*)
        (*Mathematica Vereinbarungen für die Darstellung der Graphik*)
           AspectRatio->1,ViewPoint->{0,0,2},
           AxesLabel->{"x","y","z"},
           FaceGrids->{{0,0,-1},{0,-1,0},{-1,0,0}}]

-Graphics3D-
```

parametrische Darstellung eines Schneckengehäuses

```
In[6]:= r[x_]:=Sqrt[(Sin[x]^2+Cos[x]^2)x^2]/2
In[7]:= ParametricPlot3D[{(Sin[t] r[x]+r[x])Sin[x],
           (Sin[t] r[x]+r[x])Cos[x],
            Cos[t] r[x]},
           {t,0.5 Pi,1.5 Pi},{x,0,5 Pi,Pi/7}]

-Graphics3D-
```

Darstellung eines schwingenden Trommelfells

```
In[8]:= ParametricPlot3D[{r Cos[t],r Sin[t],
          BesselJ[2,k r/. k->11.619] Cos[2 t]},
          {r,0,1},{t,0,2 Pi},
          Axes->False,Boxed->False,
          PlotPoints->35]

-Graphics3D-
```

Name: Sem: Datum:

Aufgabe 1 :

1.1 Gegeben sind die komplexen Zahlen :

$$z = 2 + 3i, \qquad u = 4 + 8i, \qquad v = \frac{1}{i}$$

Berechnen Sie :

$$u \cdot z, \qquad \frac{z}{u}, \qquad 2z + 3u, \qquad v,$$

$$u \cdot v \cdot z, \qquad (u + v)^2$$

(Der Nenner soll rational sein)

1.2 Gegeben sind die komklexen Zahlen :

$$u = 4 - i, \qquad v = 16 + 4i, \qquad w = -\,6i$$

Berechnen Sie :

$$\overline{u} + v, \qquad u \cdot v, \qquad \frac{u}{v}, \qquad 2u + 3v + w,$$

$$u^2 + v^2, \qquad \mathrm{Re}\left(u^2\right), \qquad \mathrm{Im}\left(u^2\right), \qquad |u|,$$

$$\overline{u}^2, \qquad \mathrm{Re}\left(u^2 + v^2\right), \qquad u \cdot \overline{w}, \qquad \frac{\overline{u} \cdot v}{v + w},$$

$$(1 - i)^7, \qquad (1 - u)^7, \qquad \sqrt{u - 2i}, \qquad (4 - 2i)^{\frac{5}{2}}.$$

Manuelle Lösung :

1.1 $z = 2 + 3i, \qquad u = 4 + 8i, \qquad v = \frac{1}{i}$

$u \cdot z$	
$\frac{z}{u}$	
$2z + 3u$	
v	
$u \cdot v \cdot z$	
$(u + v)^2$	

1.2 $u = 4 - i, \qquad v = 16 + 4i, \qquad w = -\,6i$

$\overline{u}$	
$\overline{u} + v$	
$u \cdot v$	
$\frac{u}{v}$	
$2u + 3v + w$	
$u^2 + v^2$	

$\mathrm{Re}(u^2)$	
$\mathrm{Im}(u^2)$	
$\lvert u\rvert$	
$\overline{u}^2$	
$\mathrm{Re}(u^2+v^2)$	
$u\cdot\overline{w}$	
$\dfrac{\overline{u}\cdot v}{v+w}$	
$(1-i)^7$	nach binomischen Lehrsatz : goniometrische Formel : $r=\lvert 1-i\rvert=$ $\varphi=\arg(1-i)=$ $(1-i)^7=[r\cdot(\cos\varphi+i\sin\varphi)]^7=$
$(1-u)^7$	wie oben

$\sqrt{4-2i}$	$r = \|4-2i\| =$ $\varphi = \arg(4-2i) =$ $\sqrt{r \cdot (\cos\varphi + i\sin\varphi)} =$
$(4-2i)^{\frac{5}{2}}$	

Einige Mathematica - Befehle :

Imaginäre Einheit :

$i = \sqrt{-1} = I$	z.B.: $2.1 + 3.1I$

Realteil und Imaginärteil einer komplexen Zahl z

Re[z]	Im[z]

Absolutbetrag und Argument

Abs[z]	Arg[z]

Berechnen komplexer Ausdrücke :

ComplexExpand[Rechenausdruck]
nur reelle Variable und I

[Rechenausdruck,{ $x_1, x_2, \ldots.$ }]
Liste der komplexen Variablen

Operatoren :

+ - * oder ␣ / ^

$\overline{z}$: Conjugate[z] konjugiert komplexe Zahl

Lösung mit Mathematica :

1.1 $z = 2 + 3I, \qquad u = 4 + 8I, \qquad v = \frac{1}{I}$

u z	
u/z	
2 z+3 u	
v	
u v z	
(u+v)^2	

1.2 $u = 4 - I, \qquad v = 16 + 4I, \qquad w = -6I$

Conjugate[u]	
Conjugate[u]+v	
u v	
u/v	
2 u+3 v+w	
u^2+v^2	

Re[u^2]	
Im[u^2]	
Abs[u]	
N[%]	
Conjugate[u]^2	
Re[u^2+v^2]	
u Conjugate[w]	
Conjugate[u] v/(v+w)	
(1-I)^7	
(1-u)^7	
Sqrt[4-2I]	
Sqrt[4-2I]//N	
(4-2I)^(5/2)//N	

Name: Sem: Datum:

Vektoren :

symbolischer Vektor : vs = {a,b,c}
numerischer Vektor : vn = {1,-2,4}

Operatoren :

+	Vektoraddition	c+d	
-	Vektorsubtraktion	c-d	
␣ oder *	Multiplikation mit einer Zahl		2␣c oder 2*c
.	Skalarmultiplikation	c.d	

Komponenten :

vs[[1]] = a
vn[[2]] = -2

Aufgabe 1 : Arithmetrik, Metrik, Grafik

Beispiel :

```
In[1]:= vs={v1,v2,v3};vn={6,8,15}
In[2]:= us={u1,u2,u3};un={7,4,5}
In[3]:= us
Out[3]:= {u1,u2,u3}
In[4]:= un
Out[4]:= {7,4,5}
In[5]:= us+vs                    symbolische Vektoraddition
Out[5]:= {u1+v1,u2+v2,u3+v3}
In[6]:= un+vn                    numerische Vektoraddition
Out[6]:= {13,12,20}
```

	Eingabe : In[ ]:=	Ausgabe : Out[ ]:=
Linearkombination	t us 4 un t us+s vs 4 un+7 vn	{tu1,tu2,tu3} {28,16,20} {tu1+sv1,tu2+sv2,tu3+sv3 {70,72,125}
Komponenten eines Vektors	un un[[2]] us[[1]] us[[1]] vs	{7,4,5} 4 u1 {u1v1,u1v2,u1v3}
Skalarprodukt	us.vs un vn un.vn	u1v1+u2v2+u3v3 {7,4,5} {6,8,15} 149
Gleichungen	x = {x1,x2,x3} Solve[un.x==5,x[[1]]] Solve[un.x==5,x[[2]]]//N	{x1,x2,x3} $\{\{x1 \to \frac{-(-5 + 4\ x2 + 5\ x3)}{7}\}\}$ {{x2 -> -0.25 (-5. + 7. x1 + 5. x3)}}
Funktion (Vektor) wird komponentenweise ausgeführt	Sqrt[us] Sqrt[un]//N	{Sqrt[u1], Sqrt[u2], Sqrt[u3]} {2.64575, 2., 2.23607}
Metrik : Länge eines Vektors	Sqrt[us.us] Sqrt[un.un] Sqrt[un.un]//N	$Sqrt[u1^2 + u2^2 + u3^2]$ 3 Sqrt[10] 9.48683
	phis=ArcCos[us.vs]/(Sqrt[us.us] Sqrt[vs.vs]) phin=ArcCos[un.vn]/(Sqrt[un.un] Sqrt[vn.vn])//N	$\frac{ArcCos[u1v1 + u2v2 + u3v3]}{Sqrt[u1^2 + u2^2 + u3^2]\ \ Sqrt[v1^2 + v2^2 + v3^2]}$ 0.5131...
	N[% 180/Pi] oder N[%/Degree]	29.4..°

Aufgabe 1 :

Gegeben sind die Vektoren :

$\vec{a} = \{4.1, 2, 0\}$, $\vec{b} = \{-2, 7.3, -1.2\}$ $\vec{c} = \{-4.2, -3.1, 0.7\}$

1.1 Geben Sie $\vec{a}, \vec{b}, \vec{c}$ ein .

1.2 Berechnen Sie $|\vec{a}|$, $|\vec{b}|$, $|\vec{c}|$, $\varphi(\vec{a},\vec{b})$, $\varphi(\vec{a},\vec{c})$, $\varphi(\vec{b},\vec{c})$ in Grad ,
$\vec{d} = 2\vec{a} - 3\vec{b}$; $\vec{e} = \vec{a} - \vec{b} + 3\vec{c}$, $|\vec{d}|$, $|\vec{e}|$, $\varphi(\vec{d},\vec{e})$.

1.3 Stellen Sie die Vektoren $\vec{a}, \vec{b}, \vec{c}, \vec{d}, \vec{e}$ in Spaltenform am Bildschirm dar .

Definieren Sie für die Vektoren die Betrags- und Winkelfunktion .
Lösen Sie mit diesen Funktionen Aufgabe 1:

Aufgabe :	Eingabe :	Ergebnis :
$\lvert\vec{a}\rvert$	l[a_]:=	
$\varphi(\vec{a},\vec{b})$	phi[a_,b_]:=	
$\vec{a}$		
$\vec{b}$		
$\vec{c}$		
$\lvert\vec{a}\rvert$		
$\lvert\vec{b}\rvert$		
$\lvert\vec{c}\rvert$		
$\varphi(\vec{a},\vec{b})$		
$\varphi(\vec{a},\vec{c})$		
$\varphi(\vec{b},\vec{c})$		
$\vec{d} =$		
$\vec{e} =$		
$\lvert\vec{d}\rvert$		
$\lvert\vec{e}\rvert$		
$\varphi(\vec{d},\vec{e})$		

Vektor - Graphik :

Graphik - Elemente : G

Vektoren : x,y : Ortsvektoren z.B.: x = {4,7,-2}

G : Point[x] stellt einen Punkt dar
PointSize[0.02],Point [x] stellt einen Punkt mit der Dicke 0.02 dar

G : Line[{x,y}] stellt eine Linie zwischen x und y dar
Thickness[0.01],Line[{x,y}] stellt eine Linie zw. x und y dar mit der Strichstärke 0.01

G : Text["Vektor x",x] stellt den Text "Vektor x" an der Stelle x also neben dem Vektor x dar

Optionen : O

Axes->True stellt alle Achsen dar
AxesLabel->{"x","y","z"} stellt die Achsenbeschriftung dar
FaceGrids->All alle Flächen werden mit einem Gitter belegt
FaceGrids->{{-1,0,0},{0,1,0},{0,0,-1}} nur die angegeben Flächen, hier die -x, +y, -z Seiten werden mit Gitter belegt
ViewPoint->{0,0,2} stellt den Betrachtungspunkt dar

Graphik erstellen :

zuerst das Menü <<Graphics`Graphics` aufrufen, durch Eingabe

dann den eigentlichen Grafikbefehl :

Show[Graphics3D[{G1,G2,....}, O1,O2,...]]

z.B.: x = {3,6,9}, y = {6,9,3}, z = {9,6,3}, u = {3,3,3}

```
Show[Graphics3D[{
Line[{u+x,u+y}],Line[{u+x,u+z}],Line[{u+y,u+z}]},
Axes->True,AxesLabel->{"x","y","z"},
FaceGrids->{{0,0,1},{0,-1,0},{0,0,1}}]]
```

zeigt dann diese Darstellung :

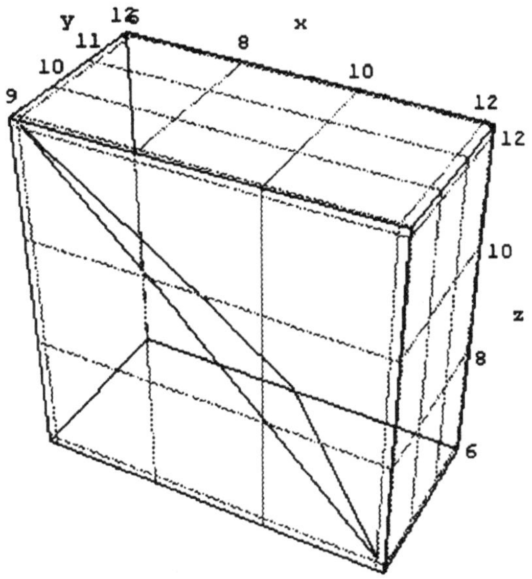

Aufgabe 2 : Vektor - Graphik

In[ ]:=	Out[ ]:=
un = {7,4,5}	{7,4,5}
vn = {6,8,15}	{6,8,15}
un + {0.2,0.2,0.2}	{7.2,4.2,5.2}
un + 0.2	{7.2,4.2,5.2}
o = {0,0,0}	{0,0,0}

Probieren Sie nun die folgenden Graphiken herzustellen :

Show[Graphics3D[Line[{{0,0,0},un}]]] Darstellung eines Vektors
Show[Graphics3D[Line[{o,un}]]]

Show[Graphics3D[{Line[{o,un}],Point[un]}]] Darstellung von Vektor u. Punkt

Show[Graphics3D[{Line[{o,un}],Point[un],Text["u",un]}]]
Darstellung eines Vektors mit Punkt und Text "u" an der Vektorspitze

Show[Graphics3D[{Line[{o,un}],Point[un],Text["u",un+0.2]}]]
Darstellung eines Vektors mit Punkt und etwas abgesetztem Text "u" an der Vektorspitze

```
Show[Graphics3D[{Line[{o,un}],Point[un],Text["u",un+0.2],
                 Line[{o,vn}],Point[vn],Text["v",vn+0.2]}],
                Axes->True]
```

Fügen Sie weitere Attribute an .

Aufgabenstellung :

2.1 An einem Körper greifen 4 Kräfte $\vec{F}_1, \vec{F}_2, \vec{F}_3, \vec{F}_4$ an .

$$\vec{F}_1 = \begin{pmatrix} 2 \\ 1 \\ 5 \end{pmatrix},\ \vec{F}_2 = \begin{pmatrix} 1 \\ -2 \\ 3 \end{pmatrix},\ \vec{F}_3 = \begin{pmatrix} -2 \\ 1 \\ 4 \end{pmatrix},\ \vec{F}_4 = \begin{pmatrix} 3 \\ 2 \\ 5 \end{pmatrix}$$

2.1.1 Berechnen Sie $\vec{F} = \sum \vec{F}_i$.

2.2.2 Berechnen Sie den Betrag von $\vec{F}_1, \vec{F}_2, \vec{F}_3, \vec{F}_4, \vec{F}$.

$|\vec{F}_1| =$, $|\vec{F}_2| =$, $|\vec{F}_3| =$,

$|\vec{F}_4| =$, $|\vec{F}| =$,

Der Körper hat den Ortsvektor $\vec{k}^T = \{2, -1, 3\}$

2.2.3 Stellen Sie den Körper k durch einen dicken Punkt graphisch dar.
Lassen Sie dann die Vektoren $\vec{F}_i$ in der Graphik als Strecken mit einem Punkt an der Vektorspitze erscheinen und stellen Sie $\vec{F}$ durch eine dicke Strecke dar.
Plotten Sie die Graphik .

2.2.4 Berechnen Sie den Winkel, den $\vec{F}_1 + \vec{F}_3, \vec{F}_2 + \vec{F}_4$ miteinander einschließen, sowie die Länge derVektoren .

Länge :		
Winkel :		$\alpha =$

Lösung mit Mathematica :

Geben Sie $\vec{F}_i, \vec{k}, \vec{o}$ ein und berechnen Sie die Beträge, den Winkel der Vektoren
und den Vektor $\vec{F}$.

Vervollständigen Sie die folgende Mathematica-Anweisung, um $\vec{F}_i$ und $\vec{F}$ graphisch darzustellen .

```
Show[Graphics3D[{
PointSize[0.03],Point[k],
Line[{k,k+f1}],PointSize[0.02],Point[k+f1],
Line[{...






}],Axes->True,...                              ]
```

Erweitern Sie die Eingabe, um die Vektorspitzen zu beschriften (Text[....]) und um den Ergebnisvektor $\vec{F}$ etwas stärker darzustellen .

```
Show[Graphics3D[{









}],Axes->True,...                              ]
```

Vektor - Funktionen :

x,y : reele Variable

$\bar{z} = (z_1, z_2)$
$\bar{u} = (1,2)$ Vektoren

$\bar{n}(\bar{v}) = (n_1(\bar{v}), n_2(\bar{v}))$ Vektor, deren Komponenten Funktionen eines Vektors sind .

Funktion von :	In[ ]:=	Out[ ]:=
einer Veränderlichen	f[x_]:=x^2 f[2]	 4
zweier Veränderlicher	g[x_,y_]:=x^2+y^2 g[2,2]	 8
einem Vektor Dimension des Vektors ist beliebig	z = {z1,z2}; u = {1,2} h[v_]:=v[[1]]^2+v[[2]]^2 h[z] h[u] h[2,2] l[v_]:=Sqrt[v.v]//N l[z] l[u] l[{2,4,-3}]	 z1^2+z2^2 5 8 Sqrt[z1^2+z2^2] 2.23607 5.38516
Funktionsvektor Normalenvektor eines Vektors	n[v_]:={v[[2]],-v[[1]]} n[{2,3}] n[u] u.n[u] n[z]	 {3,-2} {2,-1} 0 {z2,-z1}

Name: Sem: Datum:

Vektoralgebra

Aufgabe 1 :

Gegeben sind die Vektoren :

$$\vec{a} = \begin{pmatrix} a_1 \\ a_2 \\ a_3 \end{pmatrix}, \quad \vec{b} = \begin{pmatrix} b_1 \\ b_2 \\ b_3 \end{pmatrix}, \quad \vec{u} = \begin{pmatrix} 1 \\ -2 \\ 4 \end{pmatrix}, \quad \vec{v} = \begin{pmatrix} 6 \\ 8 \\ 15 \end{pmatrix}, \quad \vec{w} = \begin{pmatrix} 3 \\ 0 \\ -2 \end{pmatrix}$$

Berechnen Sie :

1.1 Produkte mit Skalar : $3\vec{a},\ 2\vec{u}$

1.2 Addition, Linearkombination : $\vec{a}+\vec{b},\ 2\vec{a}-3\vec{b},\ \vec{u}+\vec{v},\ 2\vec{u}-3\vec{v}+5\vec{w}$

1.3 Lösungen von Vektorgleichungen : $2\vec{a}+\vec{x}=3\vec{b} \Rightarrow \vec{x}$

$$2\vec{u}-3\vec{v}+2\vec{y}=5\vec{w} \Rightarrow \vec{y}$$

1.4 Skalarprodukte : $\vec{a}\cdot\vec{b},\ \vec{u}\cdot\vec{v},\ \vec{u}\cdot\vec{w},\ \vec{v}\cdot\vec{w}$

1.5 Länge der Vektoren : $|\vec{a}|,\ |\vec{u}|,\ |\vec{v}|,\ |\vec{w}|$

1.6 Winkel zwischen den Vektoren : $\varphi(\vec{a},\vec{b}),\ \varphi(\vec{u},\vec{v}),\ \varphi(\vec{u},\vec{w}),\ \varphi(\vec{v},\vec{w})$

(Degree, Rad)

Aufgabe 2 :

Gegeben sind die Vektoren :

$$\vec{a} = \begin{pmatrix} 4.1 \\ 2 \\ 0 \end{pmatrix}, \quad \vec{b} = \begin{pmatrix} -2 \\ 7.3 \\ -1.2 \end{pmatrix}, \quad \vec{c} = \begin{pmatrix} -4.2 \\ -3.1 \\ 0.7 \end{pmatrix}$$

2.1 Berechnen Sie $|\vec{a}|$, $|\vec{b}|$, $|\vec{c}|$, $\varphi(\vec{a},\vec{b})$, $\varphi(\vec{a},\vec{c})$, $\varphi(\vec{b},\vec{c})$ in Grad und Radialmaß .

2.2 Berechnen Sie die Vektoren $\vec{d} = 2\vec{a} - 3\vec{b}$, $\vec{e} = \vec{a} - \vec{b} + 3\vec{c}$ sowie die Längen und Winkel $|\vec{d}|$, $|\vec{e}|$, $\varphi(\vec{d},\vec{e})$.

2.3 Stellen Sie $\vec{a}$, $\vec{b}$, $\vec{c}$, $\vec{d}$, $\vec{e}$ perspektivisch in einem Koordinatenquader dar, den Sie geeignet dimensionieren .

Manuelle Lösung :

1. $\vec{a} = \begin{pmatrix} a_1 \\ a_2 \\ a_3 \end{pmatrix}$, $\vec{b} = \begin{pmatrix} b_1 \\ b_2 \\ b_3 \end{pmatrix}$, $\vec{u} = \begin{pmatrix} 1 \\ -2 \\ 4 \end{pmatrix}$, $\vec{v} = \begin{pmatrix} 6 \\ 8 \\ 15 \end{pmatrix}$, $\vec{w} = \begin{pmatrix} 3 \\ 0 \\ -2 \end{pmatrix}$

1.1 Skalarmultiplikation :

$3\vec{a} =$		$2\vec{u} =$	

1.2 Addition, Linearkombination :

$\vec{a} + \vec{b} =$		$2\vec{a} - 3\vec{b} =$	
$\vec{u} + \vec{v} =$		$2\vec{u} - 3\vec{v} + 5\vec{w} =$	

1.3 Lösungen von Vektorgleichungen :

$2\vec{a} + \vec{x} = 3\vec{b} \quad \Rightarrow$	
$2\vec{u} + 3\vec{v} + 2\vec{y} = 5\vec{w} \quad \Rightarrow$	

1.4 Skalarprodukte :

$\vec{a} \cdot \vec{b} =$					
$\vec{u} \cdot \vec{v} =$		$\vec{u} \cdot \vec{w} =$		$\vec{v} \cdot \vec{w} =$	

1.5 Länge von Vektoren :

$\|\vec{a}\| =$					
$\|\vec{u}\| =$		$\|\vec{v}\| =$		$\|\vec{w}\| =$	

1.6 Winkel zwischen Vektoren :

$\varphi(\vec{a},\vec{b}) =$					
$\varphi(\vec{u},\vec{v}) =$ Grad :		$\varphi(\vec{u},\vec{w}) =$		$\varphi(\vec{v},\vec{w}) =$	
Rad :					

2. $\vec{a} = \begin{pmatrix} 4.1 \\ 2 \\ 0 \end{pmatrix}$, $\vec{b} = \begin{pmatrix} -2 \\ 7.3 \\ -1.2 \end{pmatrix}$, $\vec{c} = \begin{pmatrix} -4.2 \\ -3.1 \\ 0.7 \end{pmatrix}$

2.1 Längen und Winkel :

$\|\vec{a}\| =$		$\|\vec{b}\| =$		$\|\vec{c}\| =$	
$\varphi(\vec{a},\vec{b}) =$		$\varphi(\vec{a},\vec{c}) =$		$\varphi(\vec{b},\vec{c}) =$	

2.2 Längen, Winkel, Vektoren :

$\vec{d} = 2\vec{a} - 3\vec{b}$
$\vec{e} = \vec{a} - \vec{b} + 3\vec{c}$
- Bitte erst Formel, dann Numerik :

$\lvert d \rvert =$		$\lvert \vec{e} \rvert =$	

Formel + Numerik :	
$\varphi(\vec{d}, \vec{e}) =$	

2.3 Koordinatenquader :

Einige Mathematica-Befehle zur Vektoralgebra :

Vektoren :

a = {a1,a2,a3,a4}	symbolischer 4 D-Vektor
b = {1,-2,4}	numerischer 3 D-Vektor
c = {1.1,-4.0,0,2.7,3.1}	numerischer 5 D-Vektor
d = {1,0,-1,0,1}	numerischer 5 D-Vektor

Vektorkomponenten :

a[[2]]	2. Komponente von a (=a2)
b[[3]]	3. Komponente von b (=4)
c[[4]]	4. Komponente von c (= 2.7)

Operatoren :

+	Vektoraddition	c+d
-	Vektorsubtraktion	c-d
␣ oder *	Multiplikation mit einer Zahl	2␣c oder 2*c
.	Skalarmultiplikation	c.d

Lösung mit Mathematica :

1. $a = \{a1, a2, a3\},\; b = \{b1, b2, b3\}$

$u = \{1, -2, 4\},\; v = \{6, 8, 15\},\; w = \{3, 0, -2\}$

1.1

3 a	
2 u	

1.2

a+b	
2 a-3 b	
u+v	
2 u-3 v+5 w	

1.4

a.b	
u.v	
u.w	
v.w	

1.5

Sqrt[a.a]	$\lvert\vec{a}\rvert =$
Sqrt[u.u]//N	$\lvert\vec{u}\rvert =$
Sqrt[v.v]//N	$\lvert\vec{v}\rvert =$
Sqrt[w.w]//N	$\lvert\vec{w}\rvert =$

1.6

$\varphi(\vec{a},\vec{b}) =$	ArcCos[a.b/(Sqrt[a.a] Sqrt[b.b])]	
$\varphi(\vec{u},\vec{v}) =$	ArcCos[u.v/(Sqrt[u.u] Sqrt[v.v])]	Rad
$\varphi(\vec{u},\vec{w}) =$	ArcCos[u.w/([Sqrt[u.u] Sqrt[w.w])]	Rad
$\varphi(\vec{v},\vec{w}) =$	ArcCos[v.w/(Sqrt[v.v] Sqrt[w.w])]	Rad

Einige Mathematica-Befehle zur Definitiomn von Vektorfunktionen für Längen- und Winkelberechnung :

Länge eines Vektors : l[v_]:=Sqrt[v.v]

Winkel zwischen Vektoren : phi[u_,v_]:=ArcCos[u.v/(l[u] l[v])]

2. $a=\{4.1,2,0\}$, $b=\{-2.0,7.3,-1.2\}$ $c=\{-4.2,-3.1,0.7\}$

2.1

l[a]//N	$\vert\vec{a}\vert=$
l[b]//N	$\vert\vec{b}\vert=$
l[c]//N	$\vert\vec{c}\vert=$
phi[a,b]//N	$\varphi(a,b)=$
phi[a,c]//N	$\varphi(a,c)=$
phi[b,c]//N	$\varphi(b,c)=$

2.2

d = 2 a-3 b	
e = a-b+3 c	
l[d]//N	$\vert\vec{d}\vert=$
l[e]//N	$\vert\vec{e}\vert=$
phi[d,e]//N	$\varphi(d,e)=$

Einige Mathematica-Befehle :

Die 3-D Vektoren sind gegeben :
zwei Ortvektoren : Nullvektor o = {0,0,0}, u = {1,1,1}
freie Vektoren : a = {2,4,8}, b = {4,2,8}, c = {8,4,2}

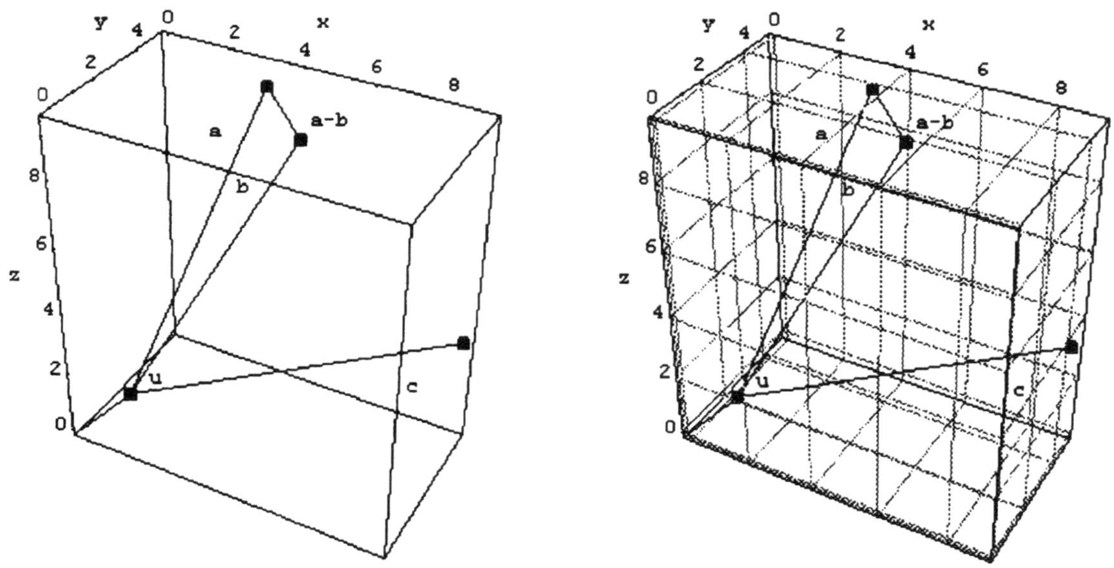

linke Abbildung ohne "Facegrids->All"-Befehl; rechte mit "FaceGrids->All" .

Eingabebefehl:

```
Show[Graphics3D[{
Line[{u,u+a}],PointSize[0.02],Point[u+a],Text["a",a],
Line[{u,u+b}],PointSize[0.02],Point[u+b],Text["b",b],
Line[{u,u+c}],PointSize[0.02],Point[u+c],Text["c",c],
Line[{o,u+o}],PointSize[0.02],Point[o+u],Text["u",u+0.5],
Line[{u+a,u+b}],PointSize[0.02],Point[u+b],Text["a-b",u+b+0.5]}],
Axes->True,AxesLabel->{"x","y","z"},FaceGrids->All]
```

AxesLabel->{"x","y","z"} gibt die Achsenbeschriftung an,
Axes->True zeichnet alle Achsen,
FaceGrids->All gibt Gitterlinien auf allen Flächen dar,
PointSize regelt die Punktstärke,
Point,Line sind für die Erzeugung von Punkt und Linie da.

Zusatzaufgabe 3 : a ={ 1,-2,3,4}, b = {2,4,-5,6}

Berechnen Sie $2\vec{a},\ 2\vec{a}-3\vec{b},\ |\vec{a}|,\ |\vec{b}|,\ \varphi(\vec{a},\vec{b})$

Praktikum 4	Seite 1

Name:	Sem:	Datum:

Matrix - Algebra

Gegeben sind die Matrizen :

$$A = \begin{pmatrix} a_{11} & a_{12} \\ a_{21} & a_{22} \end{pmatrix}, \qquad B = \begin{pmatrix} b_{11} & b_{12} \\ b_{21} & b_{22} \end{pmatrix},$$

$$C = \begin{pmatrix} 1 & -1 & 2 \\ 3 & 1 & -2 \\ 4 & 1 & 2 \end{pmatrix}, \qquad D = \begin{pmatrix} 4 & 2 & 0 \\ 1 & 3 & 1 \\ 2 & 1 & 4 \end{pmatrix}$$

und die Vektoren : $\vec{v} = \begin{pmatrix} v_1 \\ v_2 \end{pmatrix}, \qquad \vec{w} = \begin{pmatrix} 2 \\ 1 \\ 4 \end{pmatrix}.$

Aufgabe 1 :

1.1 Addition : $A + B;\ \ 2C + D$

1.2 Multiplikation symbolisch : $A \cdot B;\ \ B \cdot A;\ \ A \cdot \vec{v};\ \ \vec{v}^T \cdot A;\ \ \vec{v}^T \cdot A \cdot \vec{v}$

1.3 Multiplikation numerisch : $C \cdot D;\ \ D \cdot C;\ \ C \cdot \vec{w};\ \ \vec{w}^T \cdot C;\ \ \vec{w}^T \cdot C \cdot \vec{w}$

1.4 Transponieren : $A^T;\ \ C^T$

Aufgabe 2 : Berechnen Sie mit Mathematica

2.1 Addition : $A + B;\ \ 2C + D$

2.2 Multiplikation symbolisch : $A \cdot B;\ \ B \cdot A;\ \ A \cdot \vec{v};\ \ \vec{v}^T \cdot A;\ \ \vec{v}^T \cdot A \cdot \vec{v}$

2.3 Multiplikation numerisch : $C \cdot D;\ \ D \cdot C;\ \ C \cdot \vec{w};\ \ \vec{w}^T \cdot C;\ \ \vec{w}^T \cdot C \cdot \vec{w}$

2.4 Transponieren : $A^T;\ \ C^T$

Gegeben sind die Matrizen :

$$F = \begin{pmatrix} 1 & 4 & 2 & 1 \\ 2 & 9 & 6 & 4 \\ 3 & 12 & 8 & 7 \end{pmatrix}, \qquad G = \begin{pmatrix} 1 & 4 & 2 \\ 2 & 9 & 6 \\ 3 & 12 & 8 \end{pmatrix},$$

$$H = \begin{pmatrix} 1 & 4 & 2 & 1 \\ 2 & 9 & 6 & 4 \\ 3 & 12 & 8 & 7 \\ 4 & 12 & 3 & 4 \end{pmatrix} \text{ und der Vektor } \vec{b} = \begin{pmatrix} 18 \\ 45 \\ 64 \end{pmatrix}.$$

Aufgabe 3 : Berechnen Sie manuell :

3.1 Invertieren numerisch : Inverse C^{-1} von C nach Gauß Jordan

3.2 Lineares Gleichungssystem:

Berechnen Sie den Lösungsraum des linearen Gleichungssystems $F \cdot \vec{x} = \vec{b}$ nach dem Gauß-Jordan-Verfahren .

3.3 Lineares Gleichungssystem mit genau einer Lösung :

Berechnen Sie die Lösung des linearen Gleichungssystems $G \cdot \vec{x} = \vec{b}$ nach dem Gauß-Jordan-Verfahren und die Inverse G^{-1} von G.

3.4 Determinanten :

Berechnen Sie die Determinanten $|G|,|H|$ und die Inhalte der Parallelotope, die von den Vektoren der Matrizen G,H aufgespannt werden .

Aufgabe 4 : Berechnen Sie mit Mathematica :

4.1 Invertieren numerisch : Inverse C^{-1} von C

4.2 Lineares Gleichungssystem:

Berechnen Sie eine Lösung ao und den Basisvektor des Lösungsraumes des linearen Gleichungssystems $F \cdot \vec{x} = \vec{b}$

4.3 Lineares Gleichungssystem mit genau einer Lösung :

Berechnen Sie die Lösung $\vec{x}$ des linearen Gleichungssystems $G \cdot \vec{x} = \vec{b}$ und die Inverse G^{-1} von G.

4.4 Determinanten :

Berechnen Sie die Determinanten $|G|$ und $|H|$.

1. $A = \begin{pmatrix} a_{11} & a_{12} \\ a_{21} & a_{22} \end{pmatrix}$, $B = \begin{pmatrix} b_{11} & b_{12} \\ b_{21} & b_{22} \end{pmatrix}$, $\vec{v} = \begin{pmatrix} v_1 \\ v_2 \end{pmatrix}$, $\vec{w} = \begin{pmatrix} 2 \\ 1 \\ 4 \end{pmatrix}$.

$$C = \begin{pmatrix} 1 & -1 & 2 \\ 3 & 1 & -2 \\ 4 & 1 & 2 \end{pmatrix}, \quad D = \begin{pmatrix} 4 & 2 & 0 \\ 1 & 3 & 1 \\ 2 & 1 & 4 \end{pmatrix}$$

1.1 Addition :

$A + B =$

$2C + D =$

1.2 Multiplikation symbolisch :

$A \cdot B =$

$B \cdot A =$

$A \cdot \vec{v} =$

$\vec{v}^T \cdot A =$

$\vec{v}^T \cdot A \cdot \vec{v} =$

1.3 Multiplikation numerisch :

$C \cdot D =$

$D \cdot C =$

$C \cdot \vec{w} =$

$\vec{w}^T \cdot C =$

$\vec{w}^T \cdot C \cdot \vec{w} =$

1.4 Transponieren :

$A^T =$

$C^T =$

2. Mathematica :

Einbabe :

A = {{a11,a12},{a21,a22}}
B = {{b11,b12},{b21,b22}}
C = {{1,-1,2},{3,1,-2},{4,1,2}}
D = {{4,2,0},{1,3,1},{2,1,4}}
v = {v1,v2}
w = {2,1,4}

Operatoren :

+	Addition	A + B
␣ oder *	Multiplikation mit Zahl	2 ␣ C oder 2*C
.	Multiplikation zweier Matrizen	A.B
	oder Matrix mit Vektor	A.v

Transpose[A] Transponieren A^T

Darstellung von Matrizen :

Eingabe :	Ausgabe :
A	als Liste : {{a11,a12},{a21,a22}}
MatrixForm oder mf[A]	als Tabelle a11 a12 a21 a22

Zur Abkürzung difiniert man die Funktion mf[A_]:=MatrixForm[A]

2.1

A+B	
mf[A+B]	
mf[2 C+D]	

2.2

A.B	
mf[A.B]	
mf[B.A]	
mf[A.v]	
mf[v.A]	
v.A.v	

2.3

C.D	
mf[C.D]	
mf[D.C]	
w.C	
mf[C.w]	
w.C.w	

2.4

mf[A]	
mf[Transpose[A]]	
mf[C]	
mf[Transpose[C]]	

3.1 Invertieren numerisch :

Berechnen Sie nach Gauß Jordan die Inverse C^{-1} von C:

$\vec{c}_1$	$\vec{c}_2$	$\vec{c}_3$	$\vec{e}_1$	$\vec{e}_2$	$\vec{e}_3$
1	−1	2	1	0	0
3	1	−2	0	1	0
4	1	2	0	0	1

$\Rightarrow$

$\Rightarrow$

$\Rightarrow$

$\Rightarrow$

$\Rightarrow$

$$C^{-1} = \begin{pmatrix} 1 & -1 & 2 \\ 3 & 1 & -2 \\ 4 & 1 & 2 \end{pmatrix}^{-1} = \begin{pmatrix} & & \\ & & \\ & & \end{pmatrix}$$

3.2 Lineares Gleichungssystem:

Berechnen Sie den Lösungsraum des linearen Gleichungssystems $F \cdot \vec{x} = \vec{b}$ nach dem Gauß-Jordan-Verfahren .

x_1 x_2 x_3 x_4	RS

$\Rightarrow$

x_1 x_2 x_3 x_4	RS

$\Rightarrow$

x_1 x_2 x_3 x_4	RS

$\Rightarrow$

x_1 x_2 x_3 x_4	RS

$\Rightarrow$

x_1 x_2 x_3 x_4	RS

L $= \{ \vec{x} \mid \qquad \}$

Lösungsraum :

3.3 Lineares Gleichungssystem mit genau einer Lösung :
Berechnen Sie die Lösung des linearen Gleichungssystems $G \cdot \vec{x} = \vec{b}$ nach dem Gauß-Jordan-Verfahren und die Inverse G^{-1} von G.

x_1	x_2	x_3	RS	$\vec{e}_1$	$\vec{e}_2$	$\vec{e}_3$
1	4	2	18	1	0	0
2	9	6	45	0	1	0
3	12	8	64	0	0	1

$\Rightarrow$

x_1	x_2	x_3	RS	

$\Rightarrow$

x_1	x_2	x_3	RS	

$\Rightarrow$

x_1	x_2	x_3	RS	

$$G^{-1} = \begin{pmatrix} & & \\ & & \\ & & \end{pmatrix}$$

$L = \{ \vec{x} \mid \qquad \}$

3.4 Determinanten :

Berechnen Sie die Determinanten $|G|,|H|$ und die Inhalte der Parallelotope, die von den Vektoren der Matrizen G,H aufgespannt werden .

$$|G| = \begin{vmatrix} 1 & 4 & 2 \\ 2 & 9 & 6 \\ 3 & 12 & 8 \end{vmatrix} =$$

$$|H| = \begin{vmatrix} 1 & 4 & 2 & 1 \\ 2 & 9 & 6 & 4 \\ 3 & 12 & 8 & 7 \\ 4 & 12 & 3 & 4 \end{vmatrix} =$$

4. Mathematica :

Eingabe :

F = {{1,4,2,1},{2,9,6,4},{3,12,8,7}}

G = {{1,4,2},{2,9,6},{3,12,8}}

H = {{1,4,2,1},{2,9,6,4},{3,12,8,7},{4,12,3,4}}

b = {18,45,64}

C1 = {{1,-1,2},{3,1,-2},{4,1,2}}

Operatoren :

Inverse[A]	Inverse A^{-1}
LinearSolve[A,b]	gibt eine Lösung $\vec{x}$ von $A \cdot \vec{x} = \vec{b}$
NullSpace[A]	gibt die Basisvektoren des Lösungsraumes (als Lösung von $A \cdot \vec{x} = \vec{o}$)
Det[A]	Determinante $\lvert A \rvert$

Definieren Sie die Funktionen :

```
mf[A_]:=MatrixForm[A]
mfn[A_]:=MatrixForm[A]//N
```

4.1

Ci = Inverse[C1]	
mf[Ci]	
mfn[Ci]	

Probe :

mf[C1.Ci]	$\stackrel{?}{=} E$

4.2

a0 = LinearSolve[F,b]	
a1 = NullSpace[F]	

Lösungsraum :

Probe :

F.a0	$\stackrel{?}{=} \vec{b}$
F.(a0+2 a1)	$\stackrel{?}{=} \vec{b}$

4.3

x = LinearSolve[G,b]	
NullSpace[G]	Kontrolle ob der Lösungsraum die Dimension 0 hat.
Gi = Inverse[G]	
mfn[Gi]	

Probe :

G.x	$\stackrel{?}{=}\vec{b}$
mf[G.Gi]	$\stackrel{?}{=}E$
Gi.b	$\stackrel{?}{=}\vec{x}$

4.4

Det[G]	
Det[H]	

Praktikum 5	Seite 1

Name:	Sem:	Datum:

Angewandte Aufgaben zu linearen Gleichungssystemen und Matrix - Algebra

Aufgabe 1 : Kräfteparallelotop

1.1 Gegeben sind die Kräfte :

$$\vec{F}_1 = \begin{pmatrix} 2 \\ 1 \\ 4 \end{pmatrix}, \qquad \vec{F}_2 = \begin{pmatrix} -1 \\ 3 \\ 6 \end{pmatrix}, \qquad \vec{F}_3 = \begin{pmatrix} 5 \\ 2 \\ 8 \end{pmatrix}$$

Mit welchen Faktoren x_i sind diese Kräfte einzusetzen, damit die benötigte resultierende Kraft $\vec{F} = \begin{pmatrix} 25 \\ -53 \\ -72 \end{pmatrix}$ erzeugt werden kann ? Bei welchen Kräften ist eine Schubumkehr erforderlich ?

1.2 Zusatzaufgabe :

Gegeben ist zusätzlich die Kraft $\vec{F}_4 = \begin{pmatrix} 7 \\ 2 \\ 12 \end{pmatrix}$

Lösen Sie nun die Aufgabe 1.1 mit 4 Kräften, geben Sie drei verschiedene Lösungen und die Menge aller Lösungen an.

Aufgabe 2 : Vektoralgebra

2.1 Gegeben sind die Vektoren $\vec{a} = \begin{pmatrix} 4 \\ 2 \\ 7 \end{pmatrix}$, $\vec{b} = \begin{pmatrix} 3 \\ 4 \\ -6 \end{pmatrix}$.

Berechnen Sie alle Vektoren $\vec{x}$ mit der Länge 1, die mit $\vec{a}$ den Winkel $\varphi_a = \varphi(\vec{a}, \vec{x}) = 50°$ und $\vec{b}$ den Winkel $\varphi_b = \varphi(\vec{b}, \vec{x}) = 65°$ einschließen .

2.2 Zusätzlich ist $\vec{c} = \begin{pmatrix} 7 \\ 3 \\ 2 \end{pmatrix}$ gegeben und ein Winkel $\varphi_c = \varphi(\vec{c}, \vec{x}) = 70°$.

Gibt es einen Vektor $\vec{x}$ der Länge 1, der mit $\vec{a}, \vec{b}, \vec{c}$ die Winkel $\varphi_a, \varphi_b, \varphi_c$ einschließt ?

Aufgabe 3 : Interpolation

Gegeben sind die Punkte :

i	1	2	3	4	5	6
x_i	0	1	2	3	5	10
y_i	1	2	6	8	6	1

Bestimmen Sie die Koeffizienten a_j des Polynoms :

$P_5(x) = a_0 + a_1 x + a_2 x^2 + a_3 x^3 + a_4 x^4 + a_5 x^5$ so, daß $P_5(x_i) = y_i$ ist .

Aufgabe 4 : Mathematica

Lösen Sie mit Mathematica die Aufgaben 1., 2., 3. und vergleichen Sie damit Ihre Ergebnisse .

4.1 Kräfteparallelotop

4.2 Vektoralgebra

4.3 Interpolation

1. Kräfteparallelotop

1.1 Gegeben sind die Kräfte :

$$\vec{F}_1 = \begin{pmatrix} 2 \\ 1 \\ 4 \end{pmatrix}, \quad \vec{F}_2 = \begin{pmatrix} -1 \\ 3 \\ 6 \end{pmatrix}, \quad \vec{F}_3 = \begin{pmatrix} 5 \\ 2 \\ 8 \end{pmatrix}, \quad \vec{F} = \begin{pmatrix} 25 \\ -53 \\ -72 \end{pmatrix}$$

Mit welchen Faktoren x_i sind die Kräfte $\vec{F}_1, \vec{F}_2, \vec{F}_3$ einzusetzen, damit die benötigte Kraft $\vec{F}$ erzeugt werden kann ? Bei welchen Kräften ist eine Schubumkehr erforderlich ?

Vektorgleichung für $\vec{F}$:

$\vec{F} =$

mit Zahlenwerten :

$$\begin{pmatrix} 25 \\ -53 \\ -72 \end{pmatrix} =$$

Gleichungssystem :

(1)

(2)

(3)

Lösungsverfahren : Gauß Jordan

x_1	x_2	x_3	RS

⇒

	RS

⇒

	RS

⇒

	RS

⇒

	RS

⇒

	RS

⇒

	RS

x_1	
x_2	
x_3	

Schubumkehr bei den Kräften :

1.2 Zusatzaufgabe :

Gegeben ist zusätzlich die Kraft $\vec{F}_4 = \begin{pmatrix} 7 \\ 2 \\ 12 \end{pmatrix}$.

Mit welchen Faktoren x_i sind die Kräfte $\vec{F}_1, \vec{F}_2, \vec{F}_3, \vec{F}_4$ einzusetzen, damit die benötigte resultierende Kraft $\vec{F}$ erzeugt werden kann ?

Geben Sie drei verschiedene Lösungen und die Menge aller Lösungen an .

Vektorgleichung für $\vec{F}$:

$\vec{F} =$

mit Zahlenwerten :

$\begin{pmatrix} 25 \\ -53 \\ -72 \end{pmatrix} =$

Gleichungssystem :

(1)
(2)
(3)

Lösungsverfahren : Gauß Jordan

x_1 x_2 x_3 x_4	*RS*

$\Rightarrow$

	RS

$\Rightarrow$

	RS

$\Rightarrow$

	RS

$\Rightarrow$

	RS

$\Rightarrow$

	RS

$\Rightarrow$

	RS

$x_1 =$
$x_2 =$
$x_3 =$
$x_4 =$

x_4 ist frei wählbar
$\Rightarrow x_4 = \alpha, \quad \alpha \in R$

=
=
=

$$\vec{x} = \begin{pmatrix} x_1 \\ x_2 \\ x_3 \\ x_4 \end{pmatrix} = \begin{pmatrix} \\ \\ \\ \\ \end{pmatrix} + \alpha \cdot \begin{pmatrix} \\ \\ \\ \\ \end{pmatrix}$$

Drei verschiedene Lösungen :

$\alpha =$: $\vec{x} =$
$\alpha =$: $\vec{x} =$
$\alpha =$: $\vec{x} =$

Lösungsmenge :

$$L = \{ \vec{x} | \quad \}$$

2. Vektoralgebra :

2.1 Gegeben sind die Vektoren $\vec{a} = \begin{pmatrix} 4 \\ 2 \\ 7 \end{pmatrix}$, $\vec{b} = \begin{pmatrix} 3 \\ 4 \\ -6 \end{pmatrix}$.

Berechnen Sie alle Vektoren $\vec{x}$ mit der Länge 1, die mit $\vec{a}$ den Winkel $\varphi_a = \varphi(\vec{a}, \vec{x}) = 50°$ und $\vec{b}$ den Winkel $\varphi_b = \varphi(\vec{b}, \vec{x}) = 65°$ einschließen .

$$\cos\varphi_a(\vec{a}, \vec{x}) = \frac{\vec{a} \cdot \vec{x}}{|\vec{a}| \cdot |\vec{x}|} = \frac{\vec{a} \cdot \vec{x}}{|\vec{a}|}$$

$\Rightarrow$ $\boxed{\vec{a} \cdot \vec{x} = |\vec{a}| \cdot \cos\varphi_a \qquad (1)}$

$$\cos\varphi_b(\vec{b}, \vec{x}) = \text{———} = \text{———}$$

$\Rightarrow$ $\boxed{\quad = \qquad (2)}$

Einsetzen der Zahlenwerte in (1) und (2) :

$|\vec{a}| =$
$\cos\varphi_a =$
$|\vec{a}| \cdot \cos\varphi_a =$

$|\vec{b}| =$
$\cos\varphi_b =$
$|\vec{b}| \cdot \cos\varphi_b =$

(1) :	$\begin{pmatrix} \\ \\ \end{pmatrix} \cdot \begin{pmatrix} \\ \\ \end{pmatrix} =$
(2) :	$\begin{pmatrix} \\ \\ \end{pmatrix} \cdot \begin{pmatrix} \\ \\ \end{pmatrix} =$

Lineares Gleichungssystem :

(1) :

(2) :

Lösungsverfahren : Gauß Jordan

x_1	x_2	x_3	*RS*

$\Rightarrow$

	RS

$\Rightarrow$

	RS

$\Rightarrow$

	RS

$\Rightarrow$

	RS

=

=

$x_1 =$

$x_2 =$

$x_3 =$

$$\vec{x} = \begin{pmatrix} x_1 \\ x_2 \\ x_3 \end{pmatrix} = \begin{pmatrix} \\ \\ \end{pmatrix} + \alpha \cdot \begin{pmatrix} \\ \\ \end{pmatrix}$$

Wie groß muß α sein, damit $\vec{x}$ die Länge 1 hat ?

$\lvert\vec{x}\rvert = \sqrt{x_1^2 + x_2^2 + x_3^2}$ 1= $\alpha_{1,2} =$

$\alpha_1 =$	$\alpha_2 =$

α_1 und α_2 in den Vektor $\vec{x}$ eingesetzt :

$\alpha_1 = \quad : \ \vec{x}_1 = \begin{pmatrix} \\ \\ \\ \end{pmatrix} + \cdot \begin{pmatrix} \\ \\ \\ \end{pmatrix} = \begin{pmatrix} \\ \\ \\ \end{pmatrix}$
$\alpha_2 = \quad : \ \vec{x}_2 = \begin{pmatrix} \\ \\ \\ \end{pmatrix} + \cdot \begin{pmatrix} \\ \\ \\ \end{pmatrix} = \begin{pmatrix} \\ \\ \\ \end{pmatrix}$

2.2 Zusätzlich ist $\vec{c} = \begin{pmatrix} 7 \\ 3 \\ 2 \end{pmatrix}$ gegeben und ein Winkel $\varphi_c = \varphi(\vec{c}, \vec{x}) = 70°$.

Gibt es einen Vektor $\vec{x}$ der Länge 1, der mit $\vec{a}, \vec{b}, \vec{c}$ die Winkel $\varphi_a, \varphi_b, \varphi_c$ einschließt ?

$$\cos\varphi_c(\vec{c}, \vec{x}) = \text{——} = \text{——}$$

$\Rightarrow$ | $=$ (3) |

Einsetzen der Werte in (3)

$|\vec{c}| =$

$\cos\varphi_c =$

$|\vec{c}| \cdot \cos\varphi_c =$

$$(3)\ :\ \begin{pmatrix} \\ \\ \\ \end{pmatrix} \cdot \begin{pmatrix} \\ \\ \\ \end{pmatrix} =$$

Lineares Gleichungssystem :

(1) :

(2) :

(3) :

Lösungsverfahren : Gauß Jordan

x_1	x_2	x_3	RS

$\Rightarrow$

	RS

$\Rightarrow$

	RS

$\Rightarrow$

	RS

$\Rightarrow$

	RS

$\Rightarrow$

	RS

$\Rightarrow$

	RS

x_1

x_2

x_3

$$\vec{x} = \begin{pmatrix} x_1 \\ x_2 \\ x_3 \end{pmatrix} = \begin{pmatrix} \\ \\ \\ \end{pmatrix}$$

Hat der Vektor $\vec{x}$ die Länge 1 ?

$|\vec{x}| =$

Gibt es also einen Vektor $\vec{x}$ der Länge 1, der mit $\vec{a},\vec{b},\vec{c}$ die Winkel $\varphi_a, \varphi_b, \varphi_c$ einschließt ?

3. Interpolation

Gegeben sind die Punkte :

i	1	2	3	4	5	6
x_i	0	1	2	3	5	10
y_i	1	2	6	8	6	1

Bestimmen Sie die Koeffizienten a_j des Polynoms :

$P_5(x) = a_0 + a_1 x + a_2 x^2 + a_3 x^3 + a_4 x^4 + a_5 x^5$ so, daß $P_5(x_i) = y_i$ ist .

Aufstellen der Gleichungen $P_5(x_i) = y_i$, i = 1,2,...,6

i = 1	$P_5(\ ) = \qquad =$	(1)
i = 2	$P_5(\ ) = \qquad =$	(2)
i = 3	$P_5(\ ) = \qquad =$	(3)
i = 4	$P_5(\ ) = \qquad =$	(4)
i = 5	$P_5(\ ) = \qquad =$	(5)
i = 6	$P_5(\ ) = \qquad =$	(6)

Matrix des Gleichungssystems :

a_0	a_1	a_2	a_3	a_4	a_5	RS

$\Rightarrow$

a_0	a_1	a_2	a_3	a_4	a_5	RS

$\Rightarrow$

a_0	a_1	a_2	a_3	a_4	a_5	RS

$\Rightarrow$

a_0	a_1	a_2	a_3	a_4	a_5	RS

$\Rightarrow$

a_0	a_1	a_2	a_3	a_4	a_5	RS

$\Rightarrow$

a_0	a_1	a_2	a_3	a_4	a_5	RS

$\Rightarrow$

a_0	a_1	a_2	a_3	a_4	a_5	RS

$\Rightarrow$

a_0	a_1	a_2	a_3	a_4	a_5	RS

$a_0 =$
$a_5 =$
$a_4 =$
$a_3 =$
$a_2 =$
$a_1 =$
$P_5(x) =$

4. Mathematica

Eingabe :

Matrizen : zeilenweise, mögliche Variable : A, B, C1, D1, E1

z.B.: $A = \{\{a_{11}, a_{12}\}, \{a_{21}, a_{22}\}\}$

Vektoren : mögliche Variable : a, b, c, ...

z.B.: $b = \{b_{11}, b_{12}, b_{13}\}$

Operatoren :

LinearSolve[A,b] gibt eine Lösung $\vec{x}$ von $A\vec{x}=\vec{b}$

NullSpace[A] gibt die Basisvektoren des Lösungsraumes (als Lösung von $A\vec{x}=\vec{o}$)

MatrixForm[A] stellt die Matrix A in Tabellenform dar

Definieren Sie die Funktionen :

```
mf[a_]:=MatrixForm[A]
mfn[A_]:=MatrixForm[A]//N
ls[A_,b_]:=LinearSolve[A,b]
ns[A_]:=NullSpace[A]
```

4.1.1 Geben Sie die Matrix des linearen Gleichungssystems aus der Aufgabe 1.1 und die Kraft $\vec{F}$ ein . Berechnen Sie den Vektor $\vec{x}$ mit LinearSolve[A,b] .

Ergebnis :

$$\vec{x}=\begin{pmatrix} \\ \\ \end{pmatrix}$$

4.1.2 Geben Sie die Matrix des linearen Gleichungssystems aus der Aufgabe 1.2 ein. Berechnen Sie den Vektor $\vec{x}$ mit LinearSolve[A,b] und NullSpace[A].

Ergebnis :

$$\vec{x}=\begin{pmatrix} \\ \\ \end{pmatrix}+\alpha\cdot\begin{pmatrix} \\ \\ \end{pmatrix}$$

4.2.1 Berechnen Sie die Beträge der Vektoren $\vec{a}$ und $\vec{b}$ und $\cos\varphi_a$ sowie $\cos\varphi_b$ und schließlich $|\vec{a}|\cos\varphi_a$ und $|\vec{b}|\cos\varphi_b$. Geben Sie dann die Matrix des linearen Gleichungssystems und den Ergebnisvektor aus Aufgabe 2.1 ein. Berechnen Sie den Vektor $\vec{x}$ mit LinearSolve[A,b] und Nullspace[A] .

Ergebnis :

$|\vec{a}|\cos\varphi_a$ $|\vec{b}|\cos\varphi_b$
$\vec{x} = \begin{pmatrix} \\ \\ \end{pmatrix} + \alpha \cdot \begin{pmatrix} \\ \\ \end{pmatrix}$

4.2.2 Berechnen Sie wie in 4.2.1 $|\vec{c}|$, $\cos\varphi_c$, $|\vec{c}| \cdot \cos\varphi_c$ und den Vektor $\vec{x}$ mit LinearSolve[A,b] .

Ergebnis :

$|\vec{c}| \cdot \cos\varphi_c$
$\vec{x} = \begin{pmatrix} \\ \\ \end{pmatrix}$

4.3 Geben Sie die Matrix des linearen Gleichungssystems und den Ergebnisvektor aus Aufgabe 3. ein und berechnen Sie den Lösungsvektor $\vec{a}$.

Ergebnis :

$\vec{a} =$

Name: Sem: Datum:

Funktionen

Gegeben sind die Funktionen :

$$f(x) = 2x^3 - 3 \qquad g(x) = \cos x \qquad h(x) = \sqrt{x}$$

$$v(x) = \frac{1}{x-2} \qquad P_3(x) = 2 - 3x - 5x^2 - x^3$$

$$r(x) = \frac{2 - 3x - 5x^2 - x^3}{(x-2)^2} + x^4 \qquad s_5(x) = \sum_{i=1}^{5} \frac{x^i}{i!}$$

$$pr(x) = \prod_{i=1}^{5} \frac{x^2 - 3x}{i} \qquad s_{15}(x) = \sum_{i=1}^{15} \frac{x^i}{i!}$$

Aufgabe 1:

Definitionsbereich, Wertetabelle, Graph, Komposition

1.1 Ermitteln Sie für die Funktionen die Definitionsbereiche D_i .

1.2 Erstellen Sie eine Wertetabelle für eine Schrittweite Ihrer Wahl in $D_i \cap [-5,5]$

1.3 Zeichnen Sie die Graphen der Funktionen im Intervall $D_i \cap [-5,5]$, und vergleichen Sie vor allem $s_5(x)$ und $s_{15}(x)$.

1.4 Ermitteln Sie die Definitionsbereiche und Graphen der Funktionen :

$$(2f + 3h)(x), \quad (f \circ g)(x), \quad (g \circ f)(x), \quad (f \circ h)(x),$$

$$(h \circ f)(x), \quad (f \circ g \circ v)(x), \quad (f \circ f \circ v)(x), \quad (v \circ v \circ g)(x) .$$

Aufgabe 2 : Mathematica

2.1 Eingabe und Operatoren

2.2 Wertetabellen der Funktionen

2.3 Graphen der Funktionen

2.4 Graphen folgender verknüpfter Funktionen :

$$(2f+3h)(x), \quad (f\circ g)(x), \quad (g\circ f)(x), \quad (f\circ h)(x),$$
$$(h\circ f)(x), \quad (f\circ g\circ v)(x), \quad (f\circ f\circ v)(x), \quad (v\circ v\circ g)(x)$$

1. Definitionsbereich, Wertetabelle, Graph, Komposition

1.1 Ermitteln Sie für die Funktionen die Definitionsbereiche D_i .

$f(x)=2x^2-3$	
$g(x)=\cos x$	
$h(x)=\sqrt{x}$	
$v(x)=\dfrac{1}{x-2}$	
$P_3(x)=2-3x-5x^2-x^3$	
$r(x)=\dfrac{2-3x-5x^2-x^3}{(x-2)^2}$	
$s_5(x)=\sum_{i=1}^{5}\dfrac{x^i}{i!}$	
$s_{15}(x)=\sum_{i=1}^{15}\dfrac{x^i}{i!}$	
$pr(x)=\prod_{i=1}^{5}\dfrac{x^2-3x}{i}$	

1.2 Erstellen Sie eine Wertetabelle für eine Schrittweite Ihrer Wahl
in $D_i \cap [-5,5]$

x_i	-5	-4.5	-4	-3.5	-3	-2.5	-2	-1.5	-1	-0.5	0
f(x_i)											
g(x_i)											
h(x_i)											
v(x_i)											
$P_3(x_i)$											
r(x_i)											
$s_5(x_i)$											
$s_{15}(x_i)$											
pr(x_i)											

x_i	0.5	1	1.5	2	2.5	3	3.5	4	4.5	5
f(x_i)										
g(x_i)										
h(x_i)										
v(x_i)										
$P_3(x_i)$										
r(x_i)										
$s_5(x_i)$										
$s_{15}(x_i)$										
pr(x_i)										

1.3 Zeichnen Sie die Graphen der Funktionen im Intervall $D_i \cap [-5{,}5]$, und vergleichen Sie vor allem $s_5(x)$ und $s_{15}(x)$.

g(x)

h(x)

v(x)

f(x)

P_3(x)

r(x)

$s_{15}(x)$

$s_5(x)$

$pr(x)$

1.4 Ermitteln Sie die Definitionsbereiche und Graphen der Funktionen :

	Funktionsausdruck	D
$(2f + 3h)(x) =$		
$(f \circ g)(x) = f(g(x))$		
$(g \circ f)(x) =$		
$(f \circ h)(x) =$		
$(h \circ f)(x) =$		
$(f \circ g \circ v)(x) =$		
$(f \circ f \circ v)(x) =$		
$(v \circ v \circ g)(x) =$		

2. Mathematica

2.1 Eingabe undOperatoren

Operatoren :

x^2	x^2
x^i	x^i
Cos[x]	cosx
Sqrt[x]	$\sqrt{x}$
5!	5!

Definition der Funktion :

```
f[x_]:=2 x^2-3
g[x_]:=Cos[x]//N
P3[x_]:=2-3 x-5 x^2-x^3//N
s5[x_]:=Sum[x^i/i!,{i,1,5}]//N
s15[x_]:=Sum[x^i/i!,{i,1,15}]//N
pr[x_]:=Product[(x^2-3)/i,{i,1,5}]//N
```

Befehle :

Table[f[x],{x,a,b,Δx}]	gibt die Wertemenge { y_i } für alle x_i im Intervall [a,b] mit einer Schrittweite von Δx
Table[{x,f[x]},{x,a,b,Δx}]	gibt die Menge aller Zahlenpaare { x_i, y_i }
ListPlot[Table[...]]	Punkteplot
Plot[f[x],{x,a,b}]	Graph im Intervall [a,b]

2.2 Wertetabellen :

Ergänzen Sie die Wertetabelle in Aufgabe 1.2 . Verwenden Sie dazu den Befehl Table[...], um geeignete Wertemengen zu erhalten .

Beispiel :

```
Table[f[x],{x,-5,5,0.5}]
Table[{x,f[x]},{x,-5,5,0.5}]
```

2.3 Graphen der Funktionen :

Sehen Sie sich die Graphen der Funktionen an und skizzieren Sie sie. Verwenden Sie dazu den Befehle ListPlot[...] und Plot[...] .

Beispiel:

```
ListPlot[Table[f[x],{x,-5,5,0.5}]]
Plot[f[x],{x,-5,5}]
```

2.4 Graphen der kombinierten Funktionen :

Erstellen Sie eine Wertetabelle für mindestens zwei verknüpfte Funktionen Ihrer Wahl und skizzieren Sie diese.
Verwenden Sie dazu die Befehle Table[...] und Plot[...] .

Beispiel:

```
u[x_]:=2 f[x]+3 h[x]
Table[u[x],{x,-5,5,1}]
Plot[u[x],{x,-5,5}]

fg[x_]:=f[g[x]]
Table[fg[x],{x,-5,5,1}]
Plot[fg[x],{x,-5,5}]
```

x_i Funktion	-5	-4	-3	-2	-1	0	1	2	3	4	5

Skizzen :

Praktikum 7	Seite 1

Name:	Sem:	Datum:

Aufgaben zur Differentialrechnung

Aufgabe 1:

Gegeben ist die Funktion $u(x) = 4 \cdot \sqrt[3]{x^5} - 4 + \sin(2.5x)$

1.1 Bestimmen Sie die Definitionsmenge D_u .
1.2 Erstellen Sie eine Wertetabelle für x = 0 bis x = 10 mit der Schrittweite 1 .
1.3 Zeichnen Sie den Funktionsgraphen .

Aufgabe 2 :

Gegeben ist die Funktion $g(x) = \sin^2(ax) + \cos^2(\sqrt{bx});\qquad a,b > 0$

2.1 Bestimmen Sie die Definitionsmenge D_g .
2.2 Berechnen Sie die 1.,2. und 3. Ableitung .

Aufgabe 3 :

Gegeben ist die Funktion $v(x) = u \cdot \sin(x)$

3.1 Bestimmen Sie die Definitionsmenge D_v .
3.2 Ertsellen Sie eine Wertetabelle .
3.3 Zeichnen Sie den Funktionsgraphen .
3.4 Berechnen Sie die 1.,2. und 3. Ableitung .

Aufgabe 4 :

Gegeben sind die Funktionen :

4.1 $f(x) = \dfrac{1}{\sin^4 x}$ $\quad ,B = [0,10]$

4.2 $f(x) = \tan(\cos x)$ $\quad ,B = [0,10]$

4.3 $f(x) = \cos(\tan x)$ $\quad ,B = [0,10]$

4.4 $f(x) = x^{\sin x}$ $\quad ,B = [0,10]$

Bestimmen Sie für die Funktionen in dem jeweils angegeben Bereich $B \subseteq R$ die Teilmengen $D \subseteq B$, in denen die Funktionen definiert sind .

Berechnen Sie die 1. Ableitung .

Überprüfen Sie gegebenfalls die Identität Ihrer Therme mit den Lösungen von Mathematica (Aufgabe 5.4) .

Erstellen Sie mit Mathematica einen Funktionenplot für $D \subseteq B$ (Aufgabe 5.3) .

Aufgabe 5 : Mathematica

5.1 Definition der Funktionen
5.2 Wertetabellen
5.3 Punkteplot, kontinuierlicher Plot, Graph
5.4 Ableitungen

1 Gegeben ist die Funktion $u(x) = 4 \cdot \sqrt[3]{x^5} - 4 + \sin(2.5x)$

1.1 Bestimmen Sie die Definitionsmenge D_u .

$D_u =$

1.2 Erstellen Sie eine Wertetabelle für x = 0 bis x = 10 mit der Schrittweite 1 .

x	0	1	2	3	4	5	6	7	8	9	10
u(x)											

1.3 Zeichnen Sie den Funktionsgraphen .

1.4 Berechnen Sie die 1.,2. und 3. Ableitung .

1. Ableitung

u'(x)=

2. Ableitung

u''(x)=

3. Ableitung

u'''(x)=

2.Gegeben ist die Funktion $g(x) = \sin^2(ax) + \cos^2(\sqrt{bx});\qquad a,b > 0$

2.1 Bestimmen Sie die Definitionsmenge D_g .

D_g =

2.2 Berechnen Sie die 1.,2. und 3. Ableitung .

1. Ableitung

g'(x)=

2. Ableitung

g''(x)=

3. Ableitung

$g'''(x)=$

3. Gegeben ist die Funktion :

$$v(x) = u \cdot \sin(x)$$

3.1 Bestimmen Sie die Definitionsmenge D_v .

$D_v =$

3.2 Ertsellen Sie eine Wertetabelle .Beachten Sie dabei die Definitionsmenge .

x	0	1	2	3	π	2π	7	8	9	3π
v(x)=										

3.3 Zeichnen Sie den Funktionsgraphen .

3.4 Berechnen Sie die 1.,2. und 3. Ableitung .

1. Ableitung

v'(x)=

2. Ableitung

v''(x)=

3. Ableitung

v'''(x)=

4. Gegeben sind die Funktionen :

4.1 $f(x) = \dfrac{1}{\sin^4 x}$ $\quad ,B = [0,10]$

4.2 $f(x) = \tan(\cos x)$ $\quad ,B = [0,10]$

4.3 $f(x) = \cos(\tan x)$ $\quad ,B = [0,10]$

4.4 $f(x) = x^{\sin x}$ $\quad ,B = [0,10]$

Bestimmen Sie für die Funktionen in dem jeweils angegeben Bereich $B \subseteq R$ die Teilmengen $D \subseteq B$, in denen die Funktionen definiert sind .

Berechnen Sie die 1. Ableitung und kontrollieren Sie Ihre Ergebnisse mit Mathematica (Aufgabe 5.4) .

Überprüfen Sie gegebenfalls die Identität Ihrer Therme mit den Lösungen von Mathematica .

Man definiert analog zu $\dfrac{1}{\tan x} = \cot x;$ $\quad \dfrac{1}{\sin x} = \csc x$ (Cosecans)

$$\frac{1}{\cos x} = \sec x \quad \text{(Secans)}$$

Erstellen Sie mit Mathematica einen Funktionenplot (Aufgabe 5.3) .

4.1 $f(x) = \dfrac{1}{\sin^4 x}$ $\quad ,B = [0,10]$

D = B \ { }

$f_1'(x) =$

4.2 $f(x) = \tan(\cos x)$ $\quad ,B = [0,10]$

D =

$f_2'(x) =$

Nachweis der Identität der Terme :

4.3 $f(x) = \cos(\tan x)$ $\quad ,B = [0,10]$

D = B \ { }

$f_3'(x) =$

Nachweis der Identität der Terme :

4.4 $f(x) = x^{\sin x}$, $B = [0,10]$

D =

Berechnen Sie die 1. Ableitung durch implizietes Differenzieren, nach dem Sie $y = x^{\sin x}$ logarithmiert haben :

$\ln y = \sin x \cdot \ln x, \qquad (\ln x)' = \frac{1}{x}$

5. Mathematica

5.1 Definition der Funktionen :

Eingabe :

```
u[x_]:=4 x^(5/3)-4+Sin[2.5 x]
g[x_]:=Sin[a x]^2+Cos[(b x)^1/2]^2
v[x_]:=u[Sin[x]]

f1[x_]:=1/(Sin[x])^4
f2[x_]:=Tan[Cos[x]]
f3[x_]:=Cos[Tan[x]]
f4[x-]:=x^Sin[x]
```

Aufrufen : z.B. u[x] , f1[x] , f4[2 Pi]

5.2 Wertetabellen :

Table[u[x],{x,0,10,1}]
erstellt eine Wertemenge für x = 0 bis x = 10 mit der Schrittweite .

Table[v[x],{x,0,1,2,Pi}]
erstellt eine Wertemenge für x = 0, x = 1, x =2 und x = π .

Table[{x,f4[x]},{x,0,10,1}]
erstellt die Menge der Wertepaare $\{x_i, f_4(x)\}$.

5.3 Punkteplot, kontinuierlicher plot, Graph

ListPlot[Table[g[x],{x,0,10,0.2}]]
ergibt einen Punkteplot im Bereich [0,10] mit der Schrittweite 0.2 .

Plot[u[x],{x,0,10}]
zeichnet den Graph der Funktion u(x) im Bereich [0,10] .

5.4 Ableitungen

1. Ableitung : u'(x) : D[u[x],x] oder u'[x]
   g'(x) : D[g[x],x]

2. Ableitung : u''(x) : D[u[x],{x,2}] oder u''[x]
   g''(x) : D[g[x],{x,2}]

3. Ableitung : u'''(x) : D[u[x],{x,3}] oder u'''[x]
   g'''(x) : D[g[x],{x,3}]

u'(x) =
u''(x) =
u'''(x) =

g'(x) =
g''(x) =
g'''(x) =

v'(x) =
v''(x) =
v'''(x) =

$f_1'(x) =$

$f_2'(x) =$

$f_3'(x) =$

$f_4'(x) =$

Name :	Sem :	Datum :

Integralrechnung

Aufgabe 1 :

Gegeben ist die Funktion $f(x) = (x+1)^3 + 2$

1.1 Erstellen Sie eine Wertetabelle für x = 0 bis x = 1 mit einer Schrittweite von 0.2 .

1.2 Zeichnen Sie den Funktionsgraphen .

1.3 Lösen Sie das Integral $\int_0^1 ((x+1)^3 + 2)dx$

1.4 Lösen Sie das Integral $\int_0^c ((x+a)^3 + b)dx$

Aufgabe 2 :

Lösen Sie die Integrale :

2.1 $\int_0^4 \frac{x^2}{(x^3+2)^2}\, dx$

2.2 $\int 2x \cdot \sin(x^2 - 3)dx$

2.3 $\int ax \cdot \sin(x^2 - 3)dx$

2.4 $\int x^2 \sin(x-3)dx$

2.5 $\int_1^2 \frac{dx}{\sqrt{7x-5}}$ $\quad \int_{\frac{5}{7}}^1 \frac{dx}{\sqrt{7x-5}}$ $\quad \int \frac{a \cdot dx}{\sqrt{bx-c}}$

Aufgabe 3 :

3.0 Eingabe und Operatoren

3.1 $f(x) = (x+1)^3 + 2$

3.1.1 Wertetabelle der Funktion

3.1.2 Funktionsgraph

3.1.3 $\int_0^1 ((x+1)^3 + 2)dx$

3.1.4 $\int_0^c ((x+a)^3 + b)dx$

3.2.1 $\int_0^4 \frac{x^2}{(x^3+2)^2}\, dx$

3.2.2 $\int 2x \cdot \sin(x^2 - 3)dx$

3.2.3 $\int ax \cdot \sin(x^2 - 3)dx$

3.2.4 $\int x^2 \sin(x-3)dx$

3.2.5 $\int_1^2 \frac{dx}{\sqrt{7x-5}}$ $\int_{\frac{5}{7}}^1 \frac{dx}{\sqrt{7x-5}}$ $\int \frac{a \cdot dx}{\sqrt{bx-c}}$

1.1 Werteteballe

x	0	0.2	0.4	0.6	0.8	1
f(x) =						

1.2 Zeichnen Sie den Funktionsgraphen .

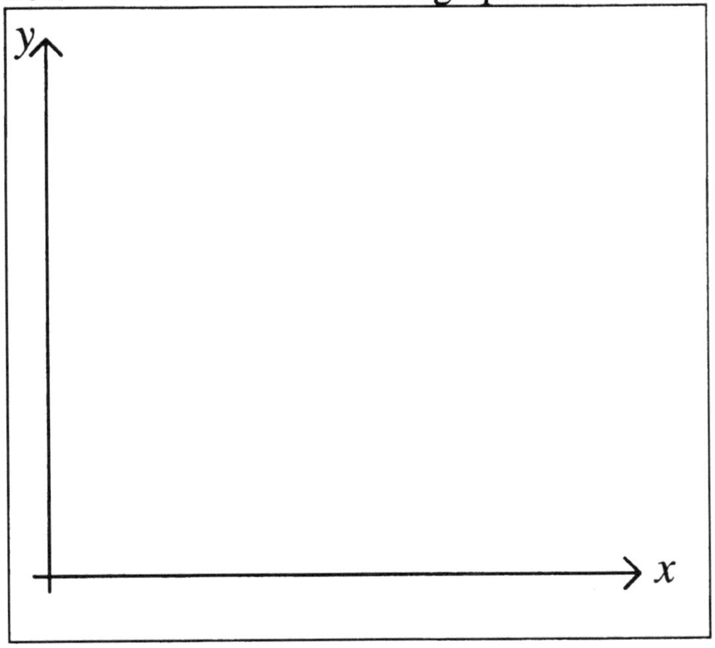

1.3 Lösen Sie das folgende Integral :

$$\int_0^1 ((x+1)^3 + 2)dx$$

1.4 Lösen Sie das folgende Integral :

$$\int_0^c ((x+a)^3+b)dx$$

2.1 $f(x)=\dfrac{x^2}{(x^3+2)^2}\quad dx \qquad ,x\in[0,4]$

Wertetabelle :

x	0	0.5	1	1.5	2	2.5	3	3.5	4
f(x) =									

Funktionsgraph :

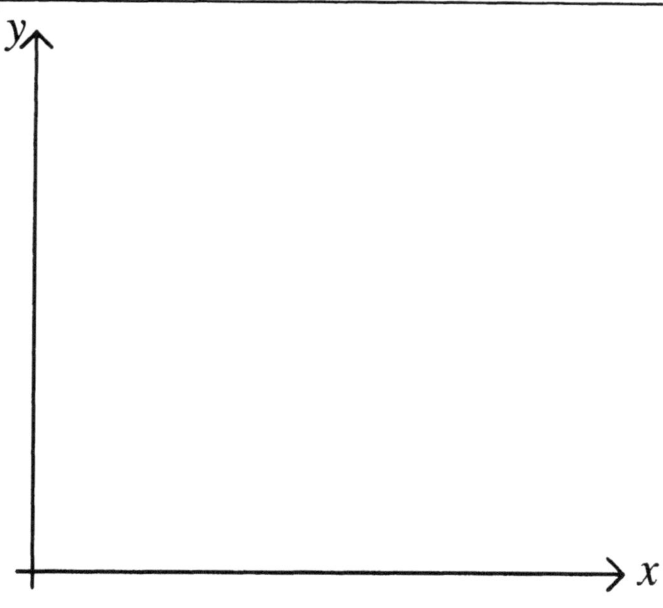

Integration :

$$\int_0^4 \frac{x^2}{(x^3+2)^2}\, dx$$

2.2 Lösen Sie folgendes unbestimmtes Integral :

$$\int 2x \cdot \sin(x^2-3)dx$$

2.3 Lösen Sie folgendes unbestimmtes Integral :

$$\int ax \cdot \sin(x^2 - 3)dx$$

2.4 Lösen Sie folgendes unbestimmtes Integral :

$$\int x^2 \sin(x - 3)dx$$

2.5 Lösen Sie folgendes bestimmtes Integral :

$$\int_1^2 \frac{dx}{\sqrt{7x-5}}$$

Lösen Sie folgendes uneigentliches Integral :

$$\int_{\frac{5}{7}}^{1} \frac{dx}{\sqrt{7x-5}} = \lim_{k \to \frac{5}{7}+0} \int_k^1 \frac{dx}{\sqrt{7x-5}}$$

Lösen Sie folgendes unbestimmtes Integral :

$$\int \frac{a \cdot dx}{\sqrt{bx - c}}$$

3.0 Operatoren :

Integrate[f[x],x]	unbestimmte Integration / Stammfunktion
NIntegrate[f[x],{x,a,b}]	numerische Integration

3.1 Eingabe der Funktion $f(x) = (x+1)^3 + 2$ f1[x_]:=(x+1)^3+2

3.1.1 Wertetabelle : Table[f1[x],{x,0,1,0.2}]

3.1.2 Funktionsgraph : Plot[f1[x],{x,0,1}]

3.1.3 Unbestimmte Integration : Integrate[f1[x],x]

Bestimmte Integration : NIntegrate[f1[x],{x,a,b}]

3.1.4 Unbestimmte Integration : Integrate[(x+a)^3+b,x]

Bestimmte Integration mit Stammfunktion :
F[u_]:=Integrate[(u+a)^3+b,{u,0,1}]

F[u]

F[c]

3.2.1 Eingabe der Funktion $f(x)=\frac{x^2}{(x^3+2)^2}$ f2[x_]:=x^2/(x^3+2)^2

Wertetabelle : Table[f2[x],{x,0,4,0.5}]

Funktionsgraph : Plot[f2[x],{x,0,4}]

Unbestimmte Integration : Integrate[f2[x],x]

Numerische Integration : NIntegrate[f2[x],{x,04}]

3.2.2 Integrate[2 x Sin[x^2-3],x]

3.2.3 Integrate[a x Sin[x^2-b],x]

3.2.4 Integrate[x^2 Sin[x-3],x]

3.2.5 Unbestimmte Integration : Integrate[1/Sqrt[7 x-5],x]

Integrate[[a/Sqrt[7 x-5],x]

Bestimmte Integration : NIntegrate[1/Sqrt[7 x-5],{x,1,2}]

Uneigentliche Integration : NIntegrate[1/Sqrt[7 x-5],{x,5/7,1}]

Name: Sem: Datum:

Aufgaben zur Kurvendiskussion

Aufgabe 1:

$$f(x) = \frac{1}{2}\left(e^x - e^{-x}\right)$$

$$g(x) = \frac{1}{2}\left(e^x + e^{-x}\right)$$

Aufgabe 2:

$$h(x) = y = \frac{x^2}{\ln x}$$

Aufgabe 1:

$$f(x) = \frac{1}{2}\left(e^{x} - e^{-x}\right)$$

$$g(x) = \frac{1}{2}\left(e^{x} + e^{-x}\right)$$

1. Definitionbereich

D_f:	
D_g:	

2. Symmetrie?

3. Periodizität

f	
g	

4. Nullstellen

f(x)	
g(x)	

5. Unstetigkeitsstellen

Verhalten im Unendlichen

$\lim_{x \to -\infty} f(x) =$

$\lim_{x \to \infty} f(x) =$

$\lim_{x \to -\infty} g(x) =$

$\lim_{x \to \infty} g(x) =$

6. Ableitungen

$f'(x) =$

$g'(x) =$

$f''(x) =$

$g''(x) =$

Welche interessante Regel finden Sie?

7. Untersuchung auf Asymptoten

horizontal ?

vertikal ?

schiefe ?

8. Monotonie, Extrema

f(x):	Ergebnis:
g(x):	Ergebnis:

9. Krümmung, Wendepunkte

f(x):	Ergebnis:
g(x):	Ergebnis:

10. Wertetabelle, Graph

x=-5 (0.5) 5

x	-5	-4.5	-4	-3.5	-3	-2.5	-2	-1.5	-1	-0.5	0	0.5	1	1.5	2	2.5	3	3.5	4	4.5	5
f(x)																					
g(x)																					

Funktionsgraphen:

11. Integral

$F(x) = \int f(x)dx$

$G(x) = \int g(x)dx$

Welche Regel finden Sie?

12. Flächenberechnung

$A(u) = \int_0^u (g(x) - f(x))dx$

$\lim_{u \to \infty} A(u) =$

13. Reihenentwicklung

$$f(x) = \sum_{i=0}^{\infty} \frac{f^{(i)}(0)}{i!} X^i =$$

$$g(x) = \sum_{i=0}^{\infty} \frac{g^{(i)}(0)}{i!} X^i =$$

Aufgabe 2:

$$h(x) = y = \frac{x^2}{\ln x}$$

1. Definitionsbereich

D_h:

2. Nullstellen

3. Unstetigkeitsstellen

x=

$\lim\limits_{x \to +0} h(x) =$

$\lim\limits_{x \to \infty} h(x) =$

4. Ableitungen

$h'(x) =$

$h''(x) =$

5. Untersuchung auf Asymptoten

horizontal ?

vertikal ?

schiefe ?

6. Monotonie, Extrema

$h'(x) =$	Extremum: Monotoniebereiche:

7. Krümung, Wendepunkte

$h''(x) =$	Wendepunkt: Krümmung:

8. Wertetabelle, Graph

$x \in D_h$, Schrittweite $\Delta x = 0.2$

x	0	0.2	0.4	0.6	0.8	1	1.2	1.4	1.6	1.8	2	2.2	2.4
h(x)													
x	2.6	2.8	3	3.2	3.4	3.6	3.8	4	4.2	4.4	4.6	4.8	5
h(x)													

Funktionsgraph:

Berechnen Sie die Fläche, die der Graph von h(x) im Intervall [1.5,3] mit der Abszisse einschließt.

Anleitung zur Integration:

1.

$$\int \frac{x^2 dx}{\ln x} = \int \frac{x^3 dx}{x \ln x}$$

2. Substitution y= ln x , dy=

$$x = e^y$$

3. Nochmals substituieren: 3y = z

4. Lösen von:

$$\int \frac{e^u du}{u} =$$

e^u in Potenzreihe bis 5. Glied entwickeln:

$e^u =$

$$\Rightarrow \frac{e^u}{u} =$$

⇒ gliedweise integrieren:

$$\int \frac{e^u du}{u} =$$

5. Grenzen einsetzen:

$$\int_{1.5}^{3} \frac{x^2 dx}{\ln x} =$$

10. Volumenberechnung

Das Kurvenstück K = { (x,h(x) | $1.5 \le x \le 3$ } rotiert um die x-Achse.
Berechnen Sie das Volumen des Rotationskörpers.

Anleitung:
Numerische Integration mit der Trapezregel:
Schrittweite:

$\Delta x_1 = 0.3$
$\Delta x_2 = 0.1$

Lösung mit Mathematica:

Integrate numerisch mit: NIntegrate[f[x],{x,1.5,3}]

bzw: NIntegrate[x^2/Log[x],{x,1.5,3}]

Name: Sem: Datum:

Rauminhalte von Rotationskörpern

Rotation der Funktion y = f(x), $a \le x \le b$
um die x-Achse:

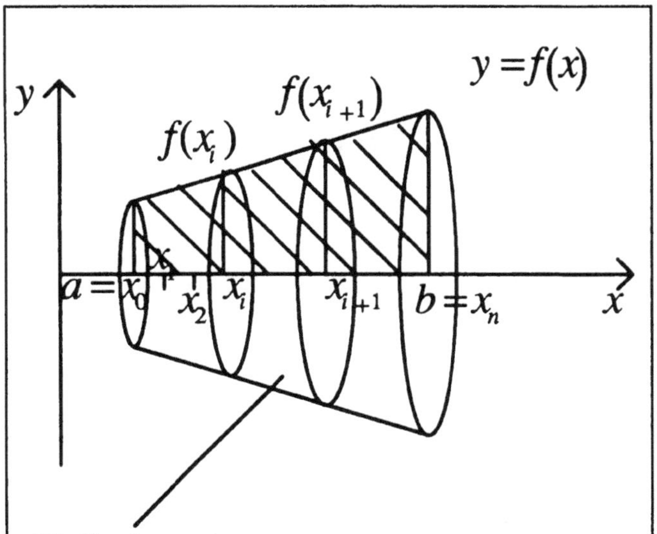

Zylinder V_{x_i}: Radius: $f(x_i)$, Höhe: Δx

Aquidistante Teilung von [a,b] in n-Teile der Breite Δx :

$$\Delta x = \frac{b-a}{n}$$

$$x_0 = a$$

$$\vdots$$

$$x_i = a + i\Delta x$$

$$\vdots$$

$$x_n = a + n\Delta x$$

$$V_x \approx \sum_{i=0}^{n-1} V_{x_i} = \sum_{i=0}^{n-1} f^2(x_i)\pi\Delta x$$

$$V_x = \lim_{\substack{n \to \infty \\ (\Delta x \to 0)}} \sum_{i=0}^{n-1} f^2(x_i)\pi\Delta x$$

$$V_x = \pi \int_{x=a}^{x=b} f^2(x)dx = \pi \int_{x=a}^{x=b} y^2 dx = \int_a^b dV_x$$

mit Volumenelement:

$$dV_x = \pi f^2(x)dx = \pi y^2 dx$$

Rotation der Funtion y = f(x), $a \leq x \leq b$ um die y-Achse :

Aquidistante Teilung von [a,b] in n-Teile :

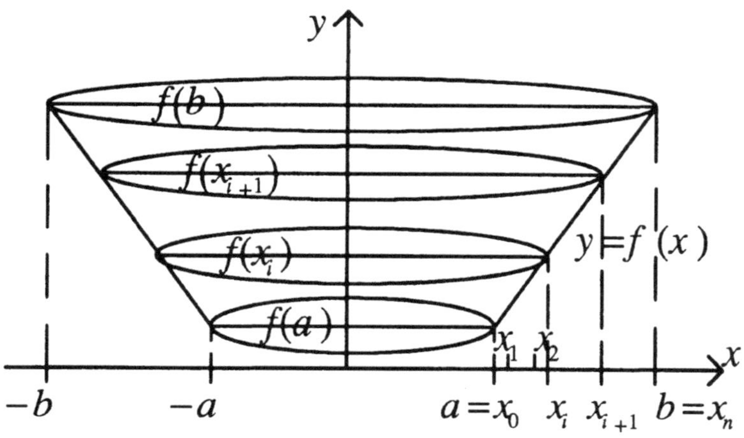

Zylinder V_{Yi}
Radius = x_i
Höhe = Δy_i

$$V_y \approx \sum_{i=0}^{n-1} V_{Vi} = \sum_{i=0}^{n-1} x_i^2 \pi \Delta y_i$$

$$V_y = \lim_{\substack{n \to \infty \\ (\Delta x \to 0)}} \sum_{i=0}^{n-1} x_i^2 \pi \Delta y_i$$

$$\Rightarrow V_y = \pi \int_{y=f(a)}^{y=f(b)} x^2 dy = \pi \int_{x=a}^{x=b} x^2 f'(x) dx = \int_{y=f(a)}^{y=f(b)} dV_y$$

da dy = $f'(x)dx$

mit Volumenelement :

$$dV_y = \pi x^2 f'(x) dx = \pi x^2 dy$$

Aufgabe 1 :

Gegeben ist die Funktion : $y = f(x) = \cosh x$, $x \in [1,2]$
und die dazugehörige Kurve : $K = \{(x,y) | \ y = \cosh x, \ x \in [1,2]\}$

1. Graph und Rotationskörper
   Skizzieren Sie K für x = 1 (0.1) 2 und die zugehörigen Rotationskörper, bei Rotation um die x- und y-Achse.

2. K rotiert um die x-Achse.
   Skizzieren Sie den dabei entstehenden Rotationskörper.
   Berechnen Sie das Volumen V_x.

3. Nun rotiert K um die y-Achs.
   Skizzieren Sie den Rotationskörper.
   Berechnen Sie das Volumen V_y .

Manuelle Lösung :

1.Wertetabelle

x	1	1.1	1.2	1.3	1.4	1.5	1.6	1.7	1.8	1.9	2.0
f(x)= coshx											

Graph von K :
Skizze der Rotationskörper bei Rotation um x- und y-Achse :

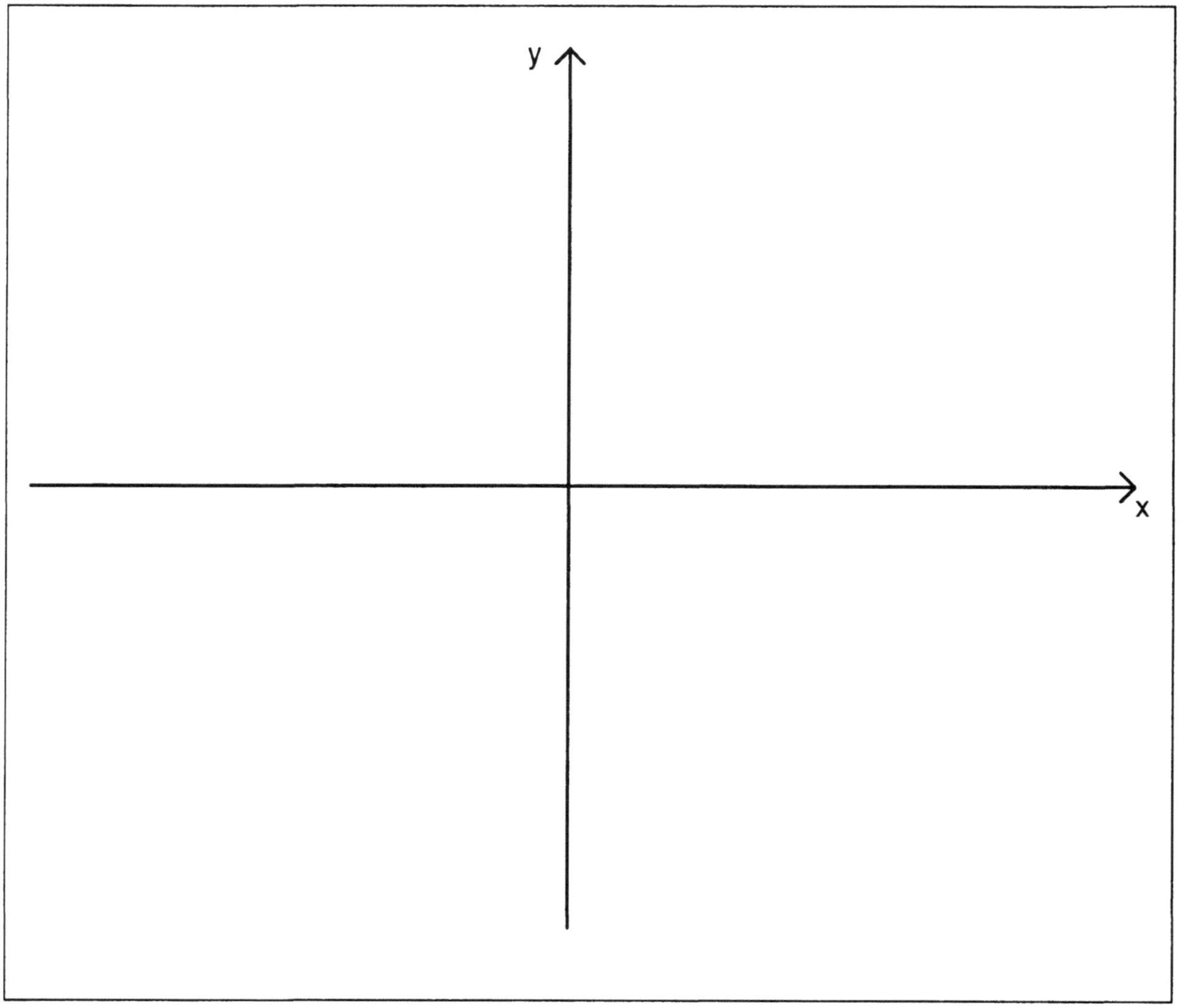

2.Berechnung von V_x :

Integration:

$$V_x = \pi\int_a^b f^2(x)dx = \pi\int_1^2 \cosh^2 x dx$$

Nebenrechnung:
Unbestimmte Integration :

1. Partielle Integration :

$$\int \cosh^2 x dx = \int \cosh x \cosh x dx$$

2.Elegantere Methode:

cosh 2x = $\cosh^2 x + \sinh^2 x =$

$\cosh^2 x - \sinh^2 x = 1$

$=$

$\Rightarrow \cosh 2x =$

(Ausdruck in dem nur cosh 2x vorkommt)

$\Rightarrow \int \cosh^2 x dx$

3. Berechnung von V_y:

Integration :

$$V_y = \pi \int_a^b x^2 f'(x) dx = \pi \int_1^2 \qquad \text{dx}$$

$=$

Nebenrechnung :

$$\int x^2 \sinh x dx =$$

Kontrolle:
Lösung mit MATHEMATICA :

1. Plotten der Kurve K

```
Plot[Cosh[x],{x,1,2}]
```

2. Plotten des Rotationskörpers bei Rotation um die x-Achse :

Erläuterung des Prinzips :

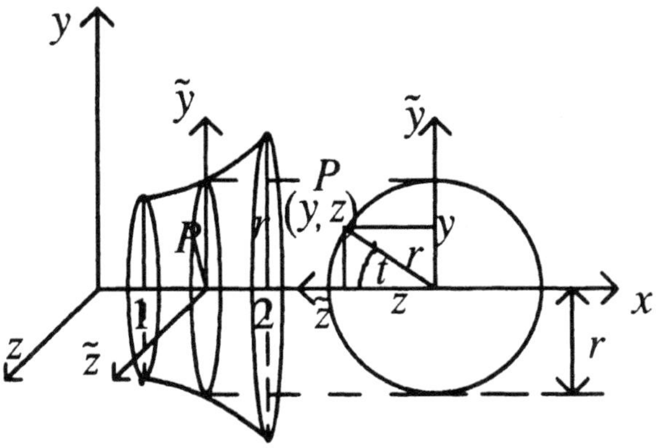

Parameter :
x : $1 \le x \le 2$
t : $0 \le t \le 2\pi$
Radius an der Stelle x : r = f(x) = cosh x

Oberfläche des Rotationskörpers :

$$O_x = \{(x,y,z) \mid y = f(x) \sin t,\ z = f(x) \cos t,\ 1 \le x \le 2, 0 \le t \le 2\pi\ \}$$
$$= \{(x,y,z) \mid y = r \sin t,\ z = r \cos t,\ 1 \le x \le 2, 0 \le t \le 2\pi\ \}$$
$$= \{(x,y,z) \mid y = \cosh x \sin t,\ z = \cosh x \cos t,\ 1 \le x \le 2, 0 \le t \le 2\pi\ \}$$

MATHEMATICA :
ParametricPlot3D[{x,Cosh[x] Sin[t], Cosh[x] Cos[t],{x,1,2},{t,0,2 Pi}]

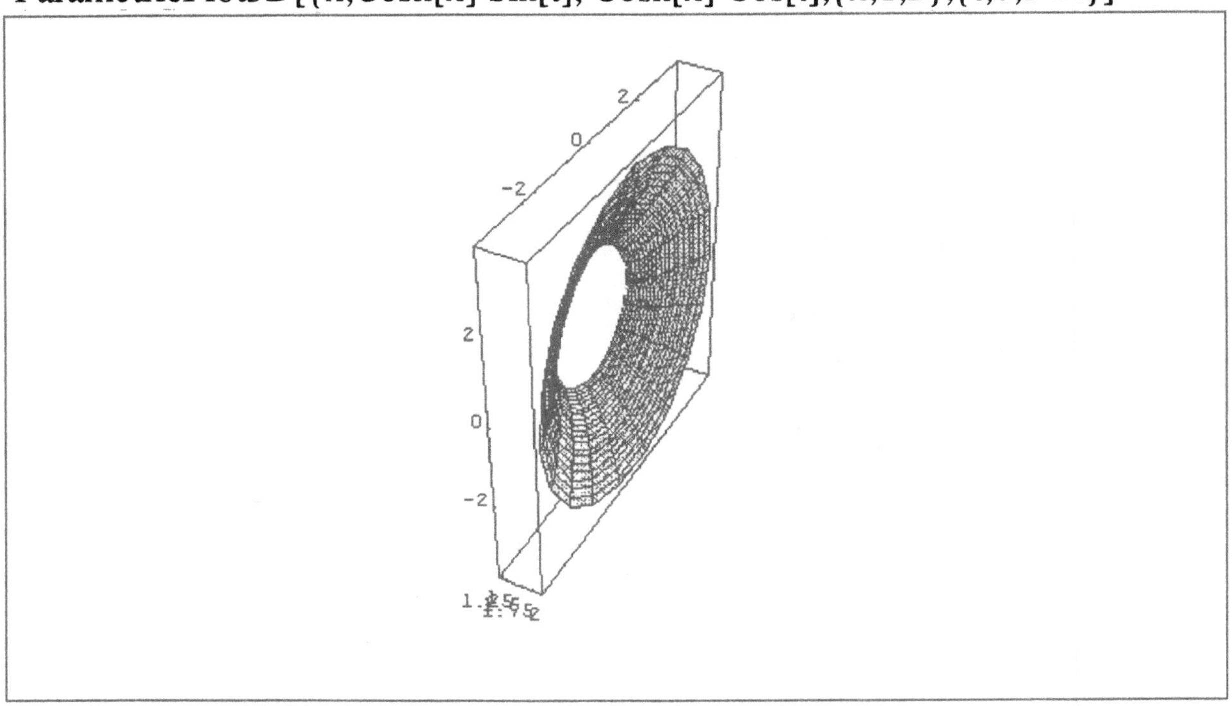

3. Plotten des Rotationskörpers bei Rotation um die y-Achse :

Erläuterung des Prinzips :

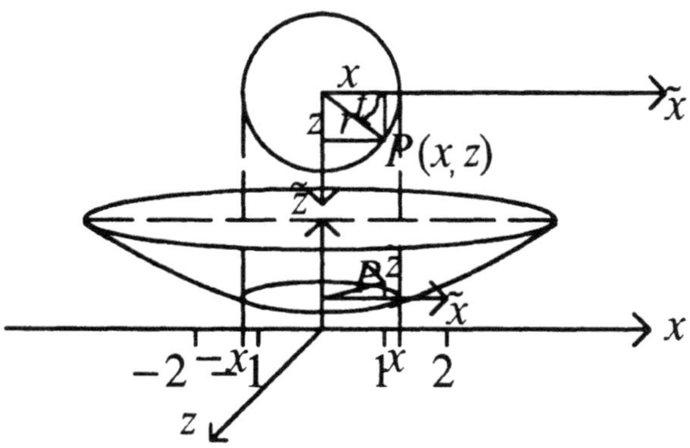

Parameter :
r : $1 \leq r \leq 2$
t : $0 \leq t \leq 2\pi$

Oberfläche des Rotationskörpers :

O_y = {(x,y,z) | x = r cos t, y = f(r)[1], z = r sin t, $1 \leq r \leq 2, 0 \leq t \leq 2\pi$ }
= {(x,y,z) | x = r cos t, y = cosh r, z = r sin t, $1 \leq r \leq 2, 0 \leq t \leq 2\pi$ }

MATHEMATIA :

ParametricPlot3D[{r Cos[t], Cosh[r], r Sin[t]},{r,1,2},{t,0,2 Pi}]

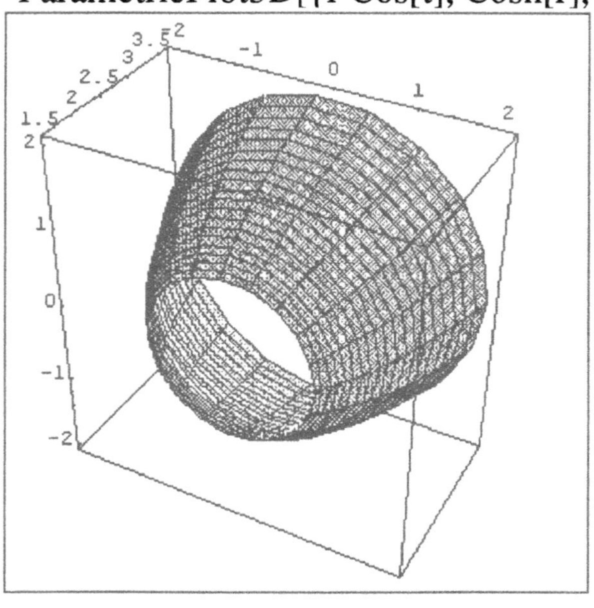

[1] y hat für alle Werte von x,z mit demselben r den gleichen Wert y = f(r)

4. Berechnung von V_x:

Integrate[Pi Cosh [x]^2,{x,1,2}]

symbolisches Ergebnis

N[%]

numerisches Ergebnis

5. Berechnung von V_y:

Integrate[Pi x^2 *Cosh'*[x],{x,1,2}]

symbolisches Ergebnis

N[%]

numerisches Ergebnis

Aufgabe 2 :

1. Gegeben ist die Funktion :

$$y = f(x) = \cosh\left(\frac{2}{3}x+1\right), \frac{5}{3} \le x \le 3$$

und die dazugehörige Kurve :

$$K = \{(x,y) \mid y = y = \cosh\left(\frac{2}{3}x+1\right), \frac{5}{3} \le x \le 3\}$$

2. Skizzieren Sie K für $\frac{5}{3}$ (0.1) 3 und die rotationskörper bei Rotation um die x- und y-Achse.

3. Berechnen Sie V_x, V_y.

Name : Sem : Datum :

Drehmomente, Schwerpunkt

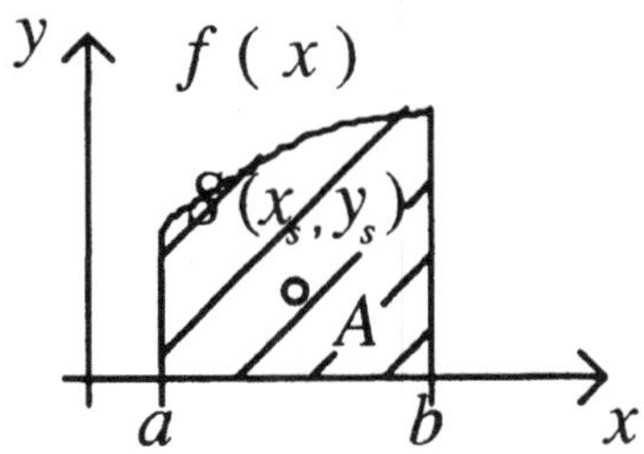

f(x)

1. Das Flächenstück sei homogen mit Masse belegt.
   M_x: Drehmoment bei Rotation um die x-Achse
   M_y: Drehmoment bei Rotation um die y-Achse

Drehmomente sind additiv

$M_x = \int\limits_{(A)} y\,dA = \frac{1}{2}\int\limits_a^b f^2(x)dx = y_s A$	Schwerpunkt $S(x_s, y_s)$
$M_y = \int\limits_{(A)} x\,dA = \int\limits_a^b x f(x)dx = x_s A$	$x_s = \frac{M_y}{A}$
$A = \int\limits_{(A)} dA = \int\limits_a^b f(x)dx$	$y_s = \frac{M_x}{A}$

2.

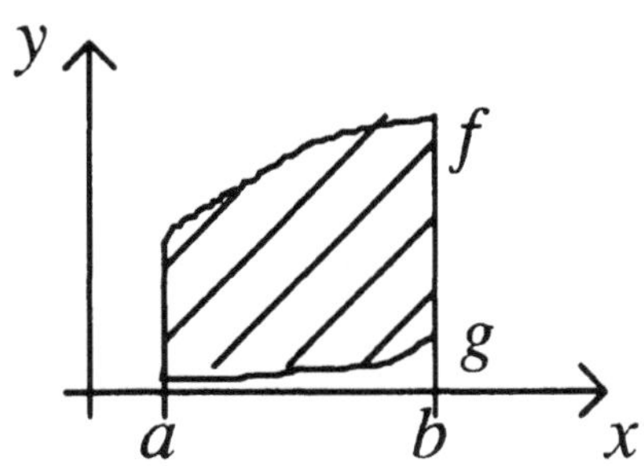

$$M_{f-g} = M_f - M_g$$

3. Guldinische Regel

$$V_x = \pi\int_a^b f^2(x)dx,\; M_x = \frac{1}{2}\int_a^b f^2(x)dx = y_s A \Rightarrow$$

$V_x = 2 y_s \pi A$	$M_x = \frac{V_x}{2\pi}$

Aufgabe 1 :

1. Gegeben ist das durch $y = f(x) = \cosh x$, $x \in [1,2]$, $y = 0$, $x = a = 1$, $x = b = 2$, definierte Flächenstück A.
   Berechnen Sie A.

2. Berechnen Sie das Drehmoment M_x bei Rotation um die x-Achse und das Moment M_y bei Rotation um die y-Achse .

3. Berechnen Sie die Schwerpunktskoordinaten von A .
   Zeichnen Sie Schwerpunkt S und den Graph von f(x) in das Diagramm.

4. Berechnen Sie V_x , das Volumen des Rotationskörpers, wenn A um die x-Achse rotiert nach der Guldinischen Regel .

Manuelle Lösung :

1. Fläche A

$$A = \int_a^b f(x)dx =$$

A =

2. Momente

$$M_x = \frac{1}{2}\int_a^b f^2(x)dx =$$

$M_x =$

Nebenrechnung : unbestimmte Integration

$$\int f^2(x)dx =$$

$$M_y = \int_a^b xf(x)dx =$$

$M_y =$

Nebenrechnung : unbestimmte Integration

$$\int xf(x)dx =$$

3. Schwerpunktsbestimmung

$$x_s = \frac{M_y}{A} =$$

$$y_s = \frac{M_x}{A} =$$

S (,)

4. Guldinische Regel :

Berechnung von V_x:

$$V_x = 2 y_s \pi A =$$

Vergleichen Sie das Resultat mit dem von Aufgabe 10.

Lösung mit MATHEMATICA Kontrolle :

1. Flächenberechnung

```
A = Integrate[Cosh[x],{x,1,2}]//N
```

Anzeige von A :

```
A
```

2. Momentenberechnung

```
Mx = 0.5 Integrate[Cosh[x]^2,{x,1,2}]//N
```

```
My = Integrate[x Cosh[x],{x,1,2}]//N
```

3. Schwerpunktsberechnung

Kopplung zweier Befehle :

```
xs = My/A ; ys = Mx/A
```

Ausgabe des Punktvektors :

```
{xs,ys}
```

Plotten der Fläche A und des Schwerpunktes S

Oben haben wir jedesmal die Funktion cosh[x] in die Integratiosbefehle eingetragen- aus Übungsgründen.
zur verkürzung der Schreibarbeit führen wir nun die folgende Funktionsdefinition ein .

Funktionsdefnition :
f[x_]:= Cosh[x]

Definition von Graphikelementen :
Plot der Funktion :
pA=Plot[f[x],{x,1,2}]
Rand von A :

pRand= Graphics[Line[{{1,f[1]},{1,0},{2,0},{2,f[2]}}]]

Schwerpunkt :

pS= Graphics[Point[{xs,ys}]]

Plot der Fläche und der Ränder von A und des Schwerpunktes S :

Show[pA,pRand,pS]

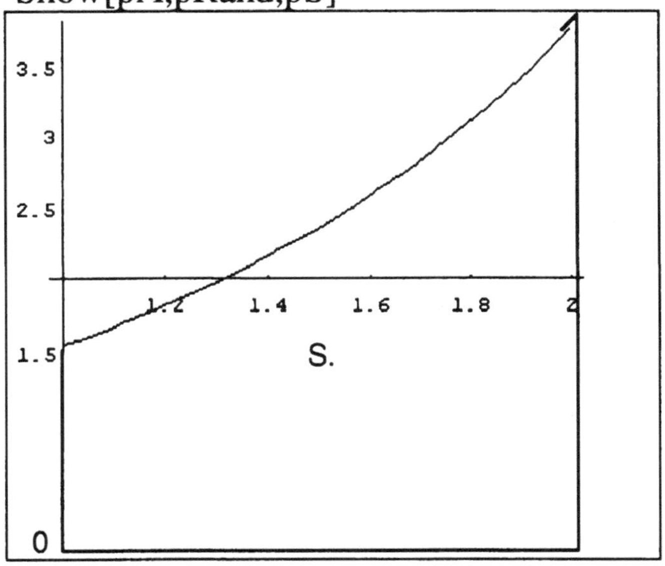

Aufgabe 2 :

Lösen Sie die Aufgabenpunkte der Aufgabe 11.1 mit der Funktion : $y = f(x) = \cosh(\frac{2}{3}x + 1), \frac{5}{3} \le x \le 3$

Trägheitsmomente

$$E_T = \frac{1}{2} m v^2 \qquad E_R = \frac{1}{2} m \omega^2 r^2 = \frac{1}{2} I \omega^2 \text{ mit } I = mr^2 = \text{Trägheitsmoment}$$

Trägheitsmomente sind additiv

mr^2 Trägheitsmoment eines Massenpunktes

I = $\sum_{i=1}^{n} m_i r_i^2$ Trägheitsmoment eines Systems von Massenpunkten

$\int_{(m)} r^2 dm, \int r^2 dA$ Trägheitsmoment von kontinuierlich verteilten Massenpunkten

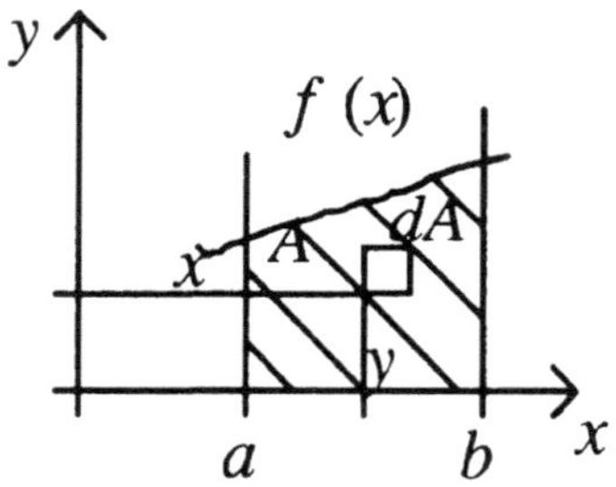

$$I_x = \int_{(A)} y^2 dA \frac{1}{3} \int_a^b f^3(x) dx$$ bei Rotation von A um die x-Achse

$$I_y = \int_{(A)} x^2 dA = \int_a^b x^2 f(x) dx$$ bei Rotation von A um die y-Achse

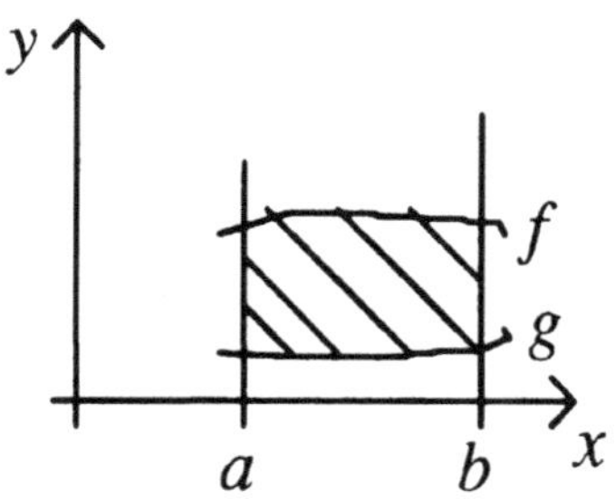

$$I_p = I_x + I_y$$ bei Rotation von A um die z-Achse (polares Moment)

$$I_{f-g} = I_f - I_g$$ bezüglich Rotation um x-, y-, z-Achse

Satz von Steiner

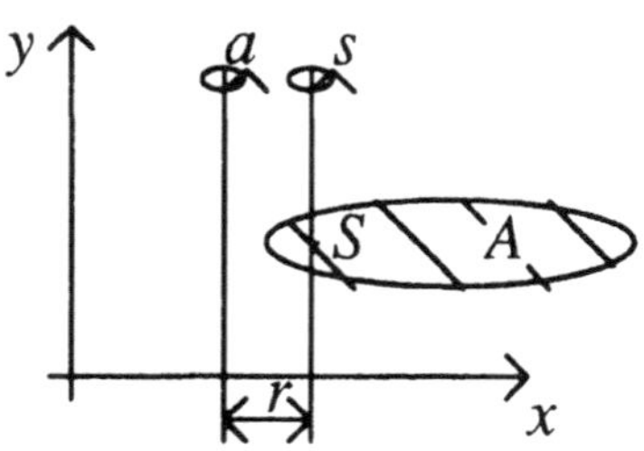

a : Drehachse der Fläche A
S : Schwerpunkt von A
s : Drehachse durch S ll a
I_a : Trägheitsmoment von A bezogen auf a
I_s : Trägheitsmoment von A bezogen auf s
r : Abstand der Achsen a und s

$$I_a = I_s + Ar^2$$

Aufgabe 3 :

1. Gegeben ist die durch $y = f(x) = \cosh x$, $y = 0$, $x = a = 1$, $x = b = 2$, definierte Flächenstück A .

2. Berechnen Sie die Trägheitsmomente I_x bei Rotation um die x-Achse, I_y bei Rotation um die y-Achse sowie das polare Moment I_p .

3. Aus der Platte wird ein zylindrisches Teil Z = (Mittelpunkt = Schwerpkt. $S(x_s, y_s)$ siehe Aufgabe 1, Radius $r = 0.4$) herausgeschnitten .
   Berechnen Sie für das Reststück AR : I_x, I_y, I_p.
   Skizzieren Sie AR .

Manuelle Lösung :

2.

Moment $I_x = \frac{1}{3}\int_a^b f^3(x)dx =$

$I_x =$

Nebenrechnung : unbestimmte Integration

$\int f^3(x)dx = \int \cosh^3 x dx = \int \cosh^2 x \; \cosh x dx$

sinh x einführen und substituieren

Moment $I_y = \int_a^b x^2 f(x)dx =$

$I_y =$

Nebenrechnung : unbestimmte Integration

$\int x^2 f(x)dx = \int x^2 \cosh x dx =$

Polares Moment $I_p =$

3. Skizze des Flächenstücks AR :
   Schwerpunkt $S(x_s, y_s) = (\quad , \quad)$

Lösungsprinzip :

$I_A = I_{AR} + I_Z$, jeweils für Rotation um x-, y-, z-Achse .

Berechnung von I_z: bezüglich y-Achse

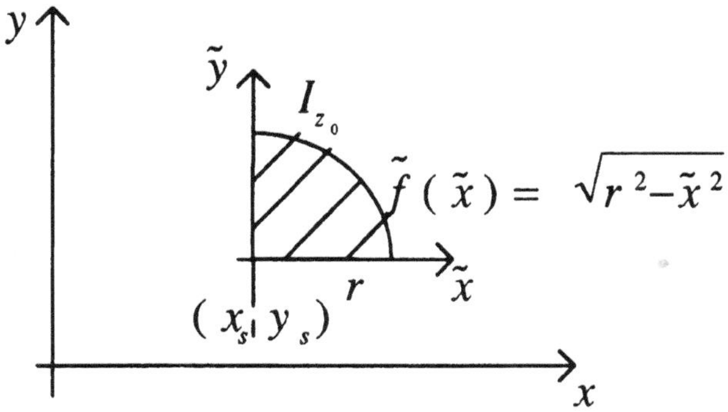

$$I_z = I_{z_0} + Ax_s^2$$
$$= I_{z_0} + r^2\pi x_s^2$$

$I_{z_0} = 4\ I_V \leftarrow$ Trägheitsmoment Viertelkreis

$$I_v = \int_0^r x^2\sqrt{r^2 - x^2}\,dx$$

($x = \tilde{x}$ in Graphik)

(r = 0.4)

$I_v =$

$I_{z_0} = 4I_v =$

$I_z = I_{z_0} + r^2\pi x_s^2 =$

Nebenrechnung :

$$\int_0^r x^2 \sqrt{r^2 - x^2}\, dx$$

Substitution : x = r cos t   Transformieren Sie die Grenzen mit!

Anleitung : verwenden Sie 1. : $1 - \cos^2 t = \sin^2 t$

2. : $\sin^2 t = 2 \sin t \ \cos t$

Lösen Sie die Integrale mit MATHEMATICA!

Name : Sem : Datum :

Funktionen in 2 Veränderlichen

Aufgabe 1 :

0. Gegeben ist die Fläche
   $F = \{(x,y,z) \mid z = f(x,y) = \sin x \cosh y \,;\, -\pi \le x \le \pi; -\pi \le y \le \pi \}$

1. Berechnen Sie die 1. und 2. partiellen Ableitungen .

2. Berechnen Sie im Punkt P(0,1,f(0,1)) den Neigungswinkel in x- und y-Richtung und in Richtung der Vektoren (1,-1) , (1,1) .

3. Im Punkt P ändert sich x um $\Delta x = 0.2$; y um $\Delta y = -0.1$.
   Wie groß ist angenähert die Änderung von z .

4. Stellen Sie im Punkt P die Gleichung der Tangentenebene in Parameter- und Normalenform auf .

5. Berechnen Sie die Gleichung der Höhenlinie, welche durch den Punkt P geht. Stellen Sie diese graphisch dar (Wertetabelle) .

6. Berechnen Sie das Volumen, welches die Fläche über dem Dreieck $D = \{(x,y); 0 \le y \le \pi, 0 \le x \le y \}$ mit der x-y-Ebene einschließt .

7. Ermitteln Sie durch Ausprobieren 3 Kandidaten für Extrema .
   Prüfen Sie, ob Extrema vorliegen .

8. Berechnen Sie eine Wertetabelle von F für
   1.: $dx = dy = \dfrac{\pi}{2}$, 2.: $dx = dy = \dfrac{\pi}{4}$
   und skizzieren Sie eine Ansicht der Fläche F .

Einige Mathemathica-Befehle :

Partielle Ableitungen

f_x: D[f[x,y],x]	f_{xx}: D[f[x,y],x,x] usw.

Totales Differential

df(x,y) = dz :	Dt[f[x,y]]
df/ds :	Dt[f[x,y],s]

Wertetabelle

```
Table[f[x,y],{x,a,b,dx},{y,c,d,dy}]
```

Graph

```
Plot3D[f[x,y],{x,a,b},{y,c,d}]
```

Manuelle Lösung :

1. Partielle Ableitungen

f(x,y) = sinx cosh y

$f_x =$	
$f_y =$	
$f_{xx} =$	
$f_{xy} =$	
$f_{yx} =$	
$f_{yy} =$	
grad f =	

2. Richtungsableitung Neigungswinkel

z = f(x,y) = sin x cosh y
P(0,1,f(0,1)) =

Totales Differential

dz =

Richtungsableitung

dz / ds = tan ϕ =

Bedingung für Richtungsvektor :

(1) Richtung $\vec{a}_1 = (1,-1)$

Nomierung von $\vec{a}_1$:

tan ϕ =

ϕ =

(2) Richtung $\vec{a}_2 = (1,1)$

3. Fehlerabschätzung

$dz = f_x dx + f_y dy \qquad \Rightarrow$

$\Delta z \approx$

allgemeine Formel

Einsetzen der Daten in P : x = 0, y = 1

$\Delta x = 0.2$; y um $\Delta y = -0.1 \Rightarrow$

$\Delta z \approx$

4. Tangentialebene in P :

- in Parameterform :

$$\bar{x} = \bar{x}_0 + \alpha \vec{t}_x + \beta \vec{t}_y$$

$$= \begin{pmatrix} x_0 \\ y_0 \\ f(x_0, y_0) \end{pmatrix} + \alpha \begin{pmatrix} 1 \\ 0 \\ f_x(x_0, y_0) \end{pmatrix} + \beta \begin{pmatrix} 0 \\ 1 \\ f_y(x_0, y_0) \end{pmatrix} \quad \Rightarrow$$

	Rechnung :	Wert :
Mit $x_0 = 0, y_0 = 1 \quad z_0 = f(x_0, y_0) = f(0,1) =$		
$f_x(x_0, y_0) = f_x(0,1) =$		
$f_y(x_0, y_0) = f_y(0,1) =$		

$\Rightarrow$ Tangentialebene

$$\bar{x} = \begin{pmatrix} \\ \\ \\ \end{pmatrix} + \alpha \begin{pmatrix} \\ \\ \\ \end{pmatrix} + \beta \begin{pmatrix} \\ \\ \\ \end{pmatrix}$$

- in Normalenform :

$$\vec{t}_x = \begin{pmatrix} \\ \\ \end{pmatrix}, \vec{t}_y = \begin{pmatrix} \\ \\ \end{pmatrix}, \qquad \vec{n} = \vec{t}_x \times \vec{t}_y = \begin{pmatrix} \\ \\ \end{pmatrix} \times \begin{pmatrix} \\ \\ \end{pmatrix} = \begin{pmatrix} \\ \\ \end{pmatrix}$$

Normalenvektor $\vec{n}$ in P

$\vec{n} \cdot \vec{x} = c =$ konstant

Bestimmung von c : P und Ortsvektor $\vec{x}_0 = (0,1,f(0,1))$ einsetzen .

$$\vec{n} \cdot \vec{x}_0 = \begin{pmatrix} \\ \\ \end{pmatrix} \cdot \begin{pmatrix} \\ \\ \end{pmatrix} = c =$$

$\Rightarrow$ Normalengleichung :

5. Höhenlinien durch P

Berechnung der Höhe : $z_0 = f(x_0, y_0) =$

Gleichung der Höhenlinie : f(x,y) = $= z_0$ $\Rightarrow$

Zusatzaufgabe :

Gleichung weiterer Höhenlinien zum Niveau $z_0 =$ in D

Skizze :

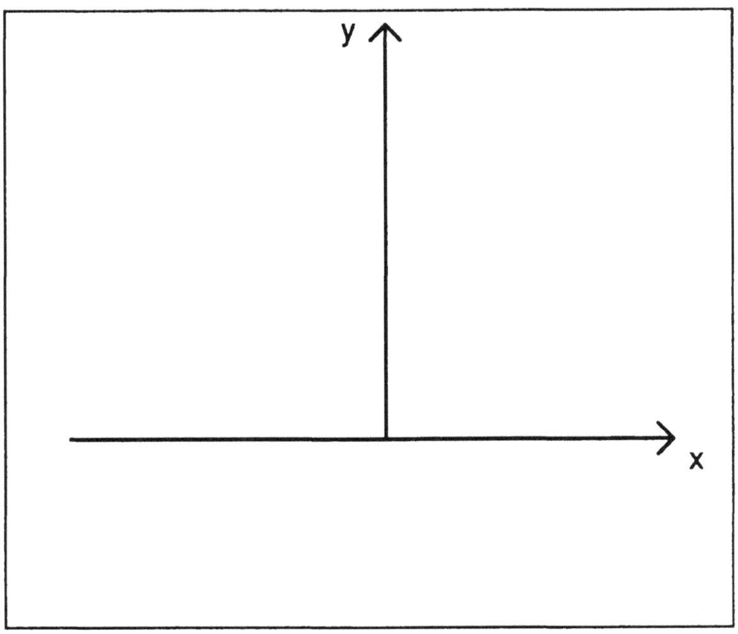

6. Volumenberechnung

Skizze des Integrationsgebietes D = { (x,y) | $0 \leq y \leq \pi, 0 \leq x \leq y$ }

Vorzeichen von f(x,y) = sin x cosh y in D

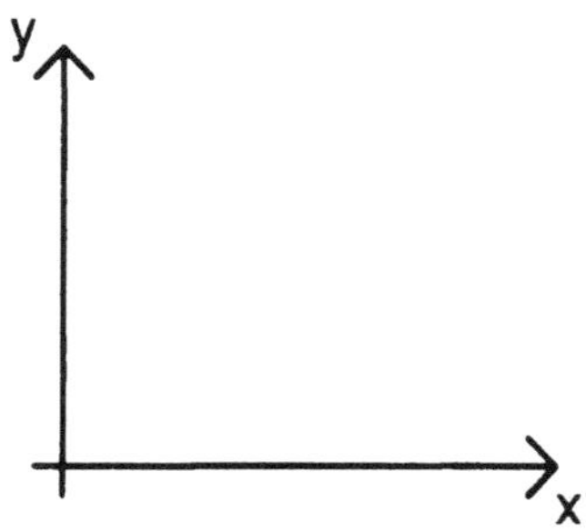

$$V = \iint f(x,y)dxdy = \iint$$

Rechnung :

Nebenrechnung :

$$\int \cosh y \cdot \qquad dy =$$

7. Untersuchung auf Extrema

f(x,y) = sin x cosh y

Bereich : $-\pi \leq x \leq \pi$ $-\pi \leq y \leq \pi$

1. Ableitungen = 0

$f_x =$	$= 0 \Rightarrow$	x = y =
$f_y =$	$= 0 \Rightarrow$	x = y = x =
$\Rightarrow$ Kandidaten für Extrema :		$P_1($, $)$ $P_2($, $)$

2. Ableitungen

$f_{xx} =$

$f_{xy} =$

Probe : $f_{yx} =$

$f_{yy} =$

Funktionaldeterminante

$$D = \begin{vmatrix} f_{xx} & f_{xy} \\ f_{yx} & f_{yy} \end{vmatrix} =$$

Untersuchung auf Hochpunkt HP,Tiefpunkt TP :

Punkt P_1:

D(x,y) =

$f_{xx}(x,y) =$

Punkt P_2:

D(x,y) =

$f_{xx}(x,y) =$

8. Wertetabelle, Skizze

$$x = -\pi(\frac{\pi}{2})\pi, \qquad y = -\pi(\frac{\pi}{2})\pi$$

x = y =	$-\pi$	$-\frac{\pi}{2}$	0	$\frac{\pi}{2}$	π
$-\pi$					
$-\frac{\pi}{2}$					
0					
$\frac{\pi}{2}$					
π					

Skizze :

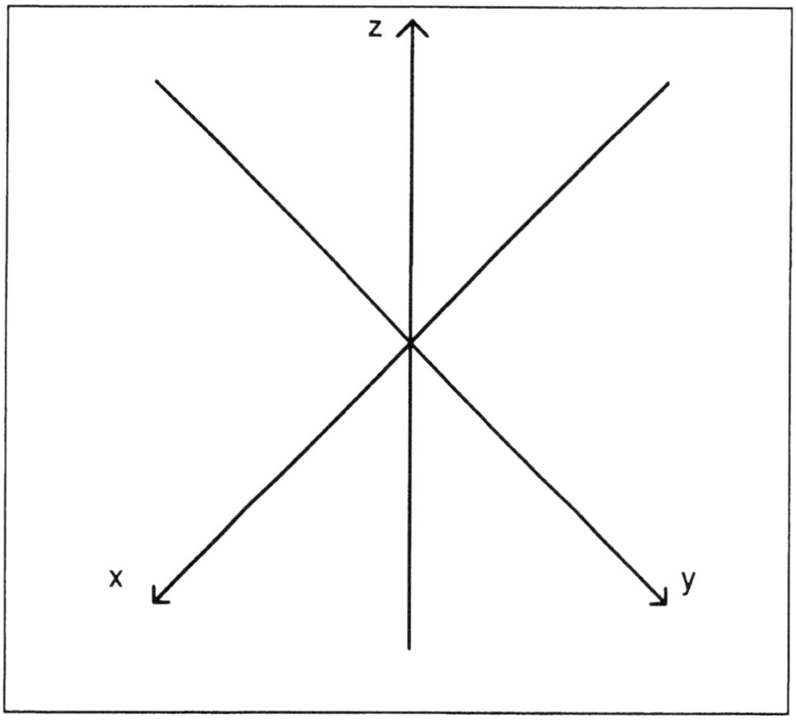

Praktikum 13	Seite 1

Name:	Sem:	Datum:

Funktion in 2 Veränderlichen

Aufgabe 1:

0. Gegeben ist die Fläche

$$F= \left\{(x,y,z) \middle| z = \sin 2x \sin y; 0 \le x \le \frac{\pi}{2}; 0 \le y \le \pi \right\}$$

1. Berechnen Sie im Punkt P(1,2,?) die Tangentialebene.

2. Berechnen Sie im Punkt P(1,2,?) die Steigung in x-Richtung, y-Richtung und in Richtung der Vektoren (-4,3) und (3,4) .

3. Ermitteln Sie die Richtung des steilsten Anstiegs.

4. Bestimmen Sie das Volumen über dem Gebiet :

$$G_1 = \left\{(x,y) \middle| 0 \le x \le \frac{\pi}{2}; 0 \le y \le \pi \right\}$$

5. Bestimmen Sie das Volumen über dem Gebiet :

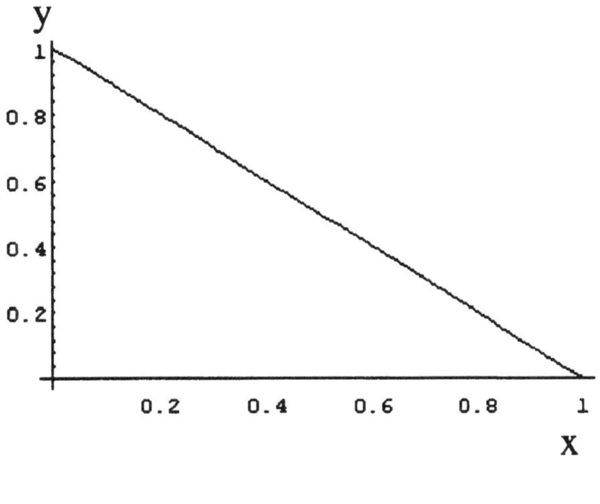

$$G_2 = \left\{(x,y) \middle| \ldots\ldots\ldots\ldots\ldots\ldots \right\}$$

6. Prüfen Sie ob ein Schnitt $S = F \cap E$ mit $E = \left\{ (x,y,z) \middle| z = \frac{1}{2} - x \right\}$ existiert .

7. Berechnen Sie gegebenfalls die Schnittkurve S :
$$S = \left\{ (x,y,z) \middle| y = h(x), z = \frac{1}{2} - x; 0 \le x \le \frac{\pi}{2} \right\}$$

8. Ermitteln Sie die Extrema von der Fläche F im gegebenen Definitionsbereich .

9. Erstellen Sie mit MATHEMATICA die graphische Repräsentation von F, E, S zunächst in getrennten Anschauungen, danach in einem Bild zusammen .

```
gF:=Plot3D[f[x,y],{x,0,Pi/2},{y,0,Pi}]
gE:=Plot3D[1/2-x,{x,0,Pi/2},{y,0,Pi}]
gS:=ParametricPlot3D[{x,........................, 1/2-x,{x,0,Pi/2}}]
```

```
Show[gF]
Show[gE]
Show[gS]
Show[gF,gE]
Show[gF,gE,gS]
Show[gF,gS]
Show[gE,gS]
```

Fläche F: F= $\left\{(x,y,z)\middle| z=\sin 2x \sin y; 0 \le x \le \frac{\pi}{2}; 0 \le y \le \pi\right\}$

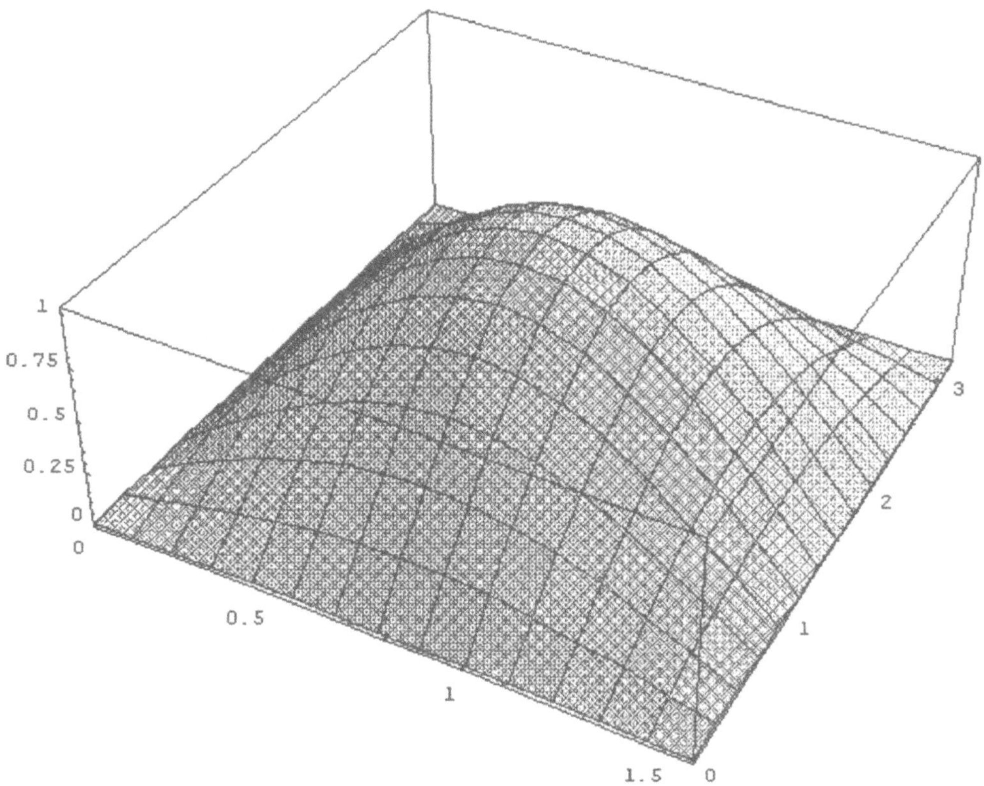

Plot3D[Sin[2 x] Sin[y],{x,0,Pi/2},{y,0,Pi},ViewPoint->{Pi/2,0,0.5}]

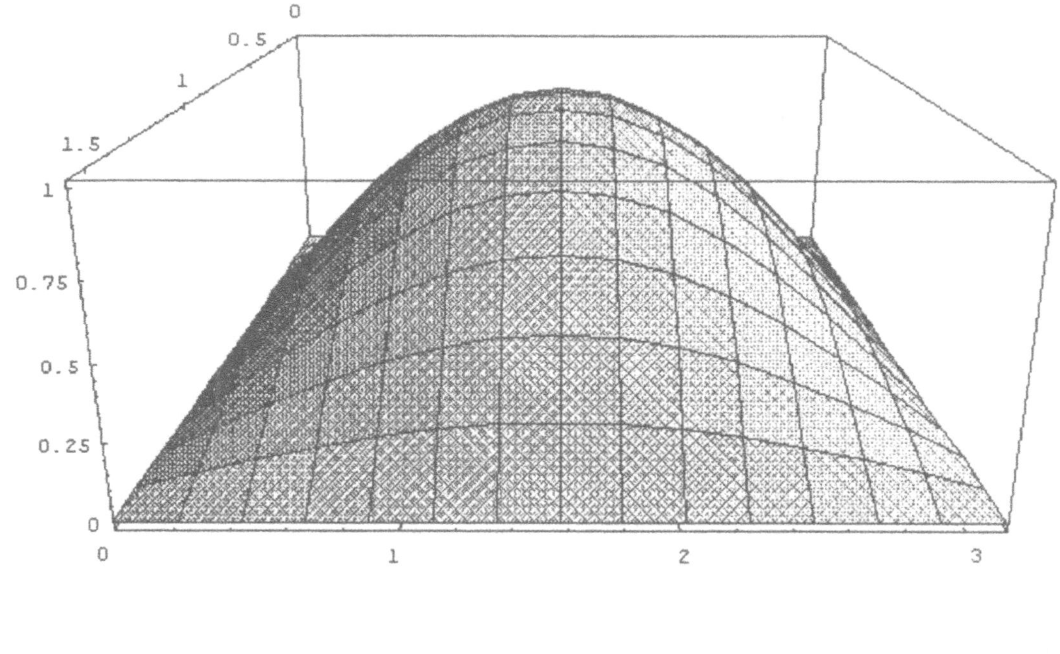

1. Berechnen Sie im Punkt P(1,2,?) die Tangentialebene .

2. Steigung in x-Richtung,y-Richtung und in Richtung der Vektoren (-4,3) , (3,4) im Punkt P (1,2,?) .

3. Ermitteln Sie die Richtung des steilsten Anstiegs .

4. Bestimmen Sie das Volumen uber dem Gebiet G_1:

5. Bestimmen Sie das Volumen über dem Gebiet G_2:

6. Prüfen Sie ob ein Schnitt $S = F \cap E$ mit $E = \left\{ (x, y, z) \middle| z = \frac{1}{2} - x \right\}$ existiert .

7. Berechnen Sie gegebenfalls die Schnittkurve S :

$$S = \left\{ (x, y, z) \middle| y = h(x), z = \frac{1}{2} - x; 0 \leq x \leq \frac{\pi}{2} \right\}$$

8. Ermitteln Sie die Extrema von der Fläche F im gegebenen Definitionsbereich .

9. Erstellen Sie mit MATHEMATICA die graphische Repräsentation von F, E, S zunächst in getrennten Anschauungen, danach in einem Bild zusammen .

gF:=Plot3D[f[x,y],{x,0,Pi/2},{y,0,Pi}]

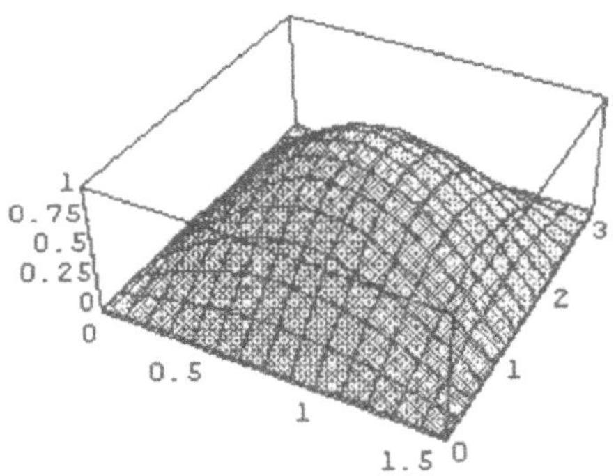

Show[gF,gE]

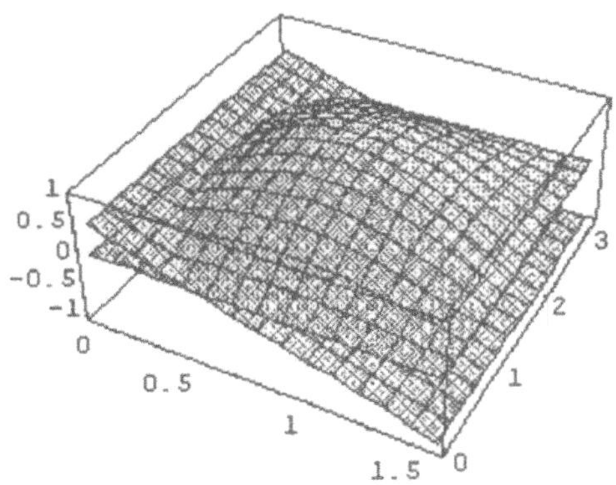

gE:=Plot3D[1/2-x,{x,0,Pi/2},{y,0,Pi}]

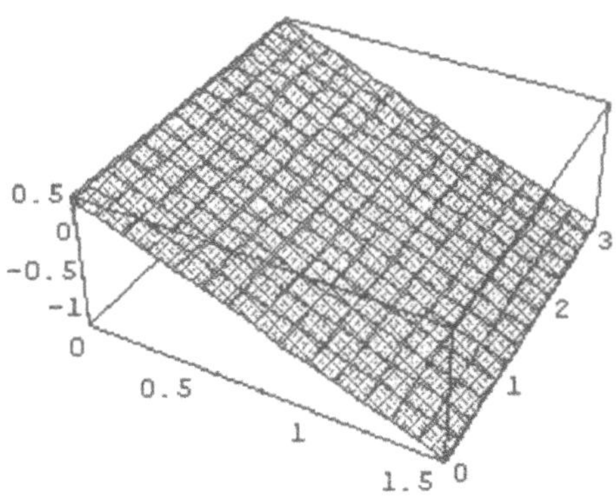

Praktikum 14	Seite 1

Name :	Sem :	Datum :

Elemente der Differentialgeometrie

Aufgabe 1 :

0. Gegeben ist die Kurve K = {(x,y) | $x = \cos^3 t,\ y = \sin^3 t,\ 0 \le t \le 2\pi$ }

1. Berechnen Sie die Ableitungen y', y'', die Steigungen für $t = 0, \frac{\pi}{2}, \pi, \frac{3}{2}\pi$, sowie die Krümmung und eine Wertetabelle für $t = k \cdot \frac{\pi}{4}, k = 0,1,\ldots.8$. Skizzieren Sie K .

2. $K^* \subseteq K$ sei die Teilkurve für die Parameterwerte $0 \le t \le \frac{\pi}{2}$. Berechnen Sie die Bogenlänge von K^* und die Sektorfläche K^* .

3. Berechnen Sie den Krümmungskreis für $t = \frac{\pi}{4}$ und zeichnen Sie diesen in den Graphen ein .

4. Ein Teilchen gleitet auf K, $\tau = \frac{t}{5}$ sei der Zeitparameter . Stellen Sie die Bahngleichung des Teilchens und die Geschwindigkeit für $\tau = 0$ und $\tau = 7.85$ (ZE) auf .

Manuelle Lösung :

$K = \{(x,y) \mid x = \cos^3 t,\ y = \sin^3 t,\ 0 \leq t \leq 2\pi\ \}$

1. Wertetabelle

t	0	$\frac{\pi}{4}$	$\frac{\pi}{2}$	$\frac{3}{4}\pi$	π	$\frac{5}{4}\pi$	$\frac{3}{2}\pi$	$\frac{7}{4}\pi$	2π
x(t) =									
y(t) =									

Graph von Kurve K :

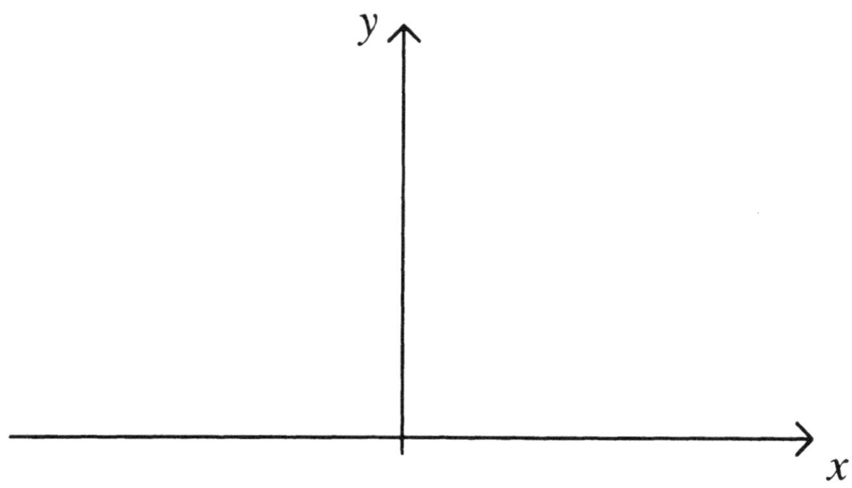

Ableitungen :

$\dot{x} =$
$\dot{y} =$
$\ddot{x} =$
$\ddot{y} =$

$y' = \frac{\dot{y}}{\dot{x}} =$
$y'' = \frac{\ddot{y}\dot{x} - \dot{y}\ddot{x}}{\dot{x}^3} =$

Krümmung : $k = \frac{\ddot{y}\dot{x} - \dot{y}\ddot{x}}{(\dot{x}^2 + \dot{y}^2)^{\frac{3}{2}}}$

t	0	$\frac{\pi}{2}$	π	$\frac{3}{2}\pi$
$y' =$				
$y'' =$				
$k =$				

2. Bogenlänge

$$l(K^*) = \int_{t=0}^{t=\frac{\pi}{2}} \sqrt{\dot{x}^2 + \dot{y}^2}\,dt$$

$$=$$

Nebenrechnung :

$\int \sqrt{\dot{x}^2 + \dot{y}^2}\,dt =$

Sektorfläche nach Leibniz :

$$A = \frac{1}{2}\int_{\varphi=\alpha}^{\varphi=\beta} r^2 d\varphi = \frac{1}{2}\int_{t=a}^{t=b} (x\dot{y} - \dot{x}y)dt =$$

$$A = \int_{0}^{2\pi} y\dot{x}dt =$$

Nebenrechnung :

$$\int (x\dot{y} - \dot{x}y)dt =$$

3. Krümmungskreis an $(x, y) \in K$

$$\zeta(t) = x(t) - \frac{\dot{y}(t) \cdot \varsigma(t)}{\sqrt{\dot{x}^2(t) + \dot{y}^2(t)}}$$

$$\eta(t) = y(t) + \frac{\dot{x}(t) \cdot \varsigma(t)}{\sqrt{\dot{x}^2(t) + \dot{y}^2(t)}}$$

$$\varsigma(t) = \frac{1}{k(t)} = \frac{(\dot{x}^2(t) + \dot{y}^2(t))^{\frac{3}{2}}}{\dot{x}(t) \cdot \ddot{y}(t) - \ddot{x}(t) \cdot \dot{y}(t)}$$

$\zeta(t) =$

$\eta(t) =$

$\varsigma(t) =$

$\varsigma(\frac{\pi}{4}) =$

$\zeta(\frac{\pi}{4}) =$

$\eta(\frac{\pi}{4}) =$

Gleichung des Krümmungskreises für $t = \frac{\pi}{4}$:

4. Bahngleichung des Teilchens :

Zeit = $\tau = \frac{t}{5}$:

$$\tilde{K} = \{(x(\tau), y(\tau)| \dots\dots\dots\dots \}$$

$$v(\tau) = \sqrt{(\frac{dx}{d\tau})^2 + (\frac{dy}{d\tau})^2} =$$

$$v(7.85) =$$

Name : Sem : Datum :

Elemente der Differentialgeometrie

Aufgabe 1 :

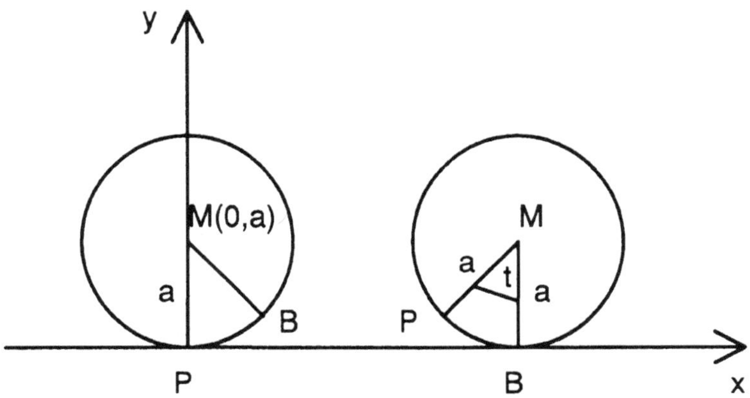

Ein Rad rollt mit Radius a auf einer horizontalen Geraden ab.

1. Stellen Sie die Gleichung der Kurve auf, welche der Punkt P der Peripherie beim abrollen beschreibt (Zykloide z), und zeichnen Sie z für a = 2m .

2. Berechnen Sie die Bogenlänge der Zykloide bei einer Umdrehung des Rades.

3. Diskutieren Sie die Kurve.
3.1 Nullstellen, Periodizität, Extrema, Monotonie, Krümmung k .
3.2 Wie groß ist die Steigung für $t = 0$ und $t = 2\pi$.
3.3 Berechnen Sie den Krümmungskreis für $t = \pi$ und die Evolute von z .
Zeichnen Sie beide .

4. Berechnen Sie den Geschwindigkeitsvektor $\vec{v}$ eines Punktes, der sich auf der Zykloide bewegt, in Abhängigkeit von der Zeit, wenn eine Umdrehung des Rades in 2 sec erfolgt, sowie v_x , v_y für $\tau = 0(0.5)2$.
$t = 2\pi \Rightarrow \tau = 2\sec \Rightarrow t = f(\tau) =$..............................

5. Berechnen Sie die Fläche unter der Zykloide .

---

1. Stellen Sie die Gleichung der Kurve auf, welche der Punkt P der Peripherie beim abrollen beschreibt (Zykloide z), und zeichnen Sie z für a = 2m .

   a = 2
   x(t) = abgewickelter Bogen - Rückwärtsbewegung von P
   y(t) = Anstieg von P

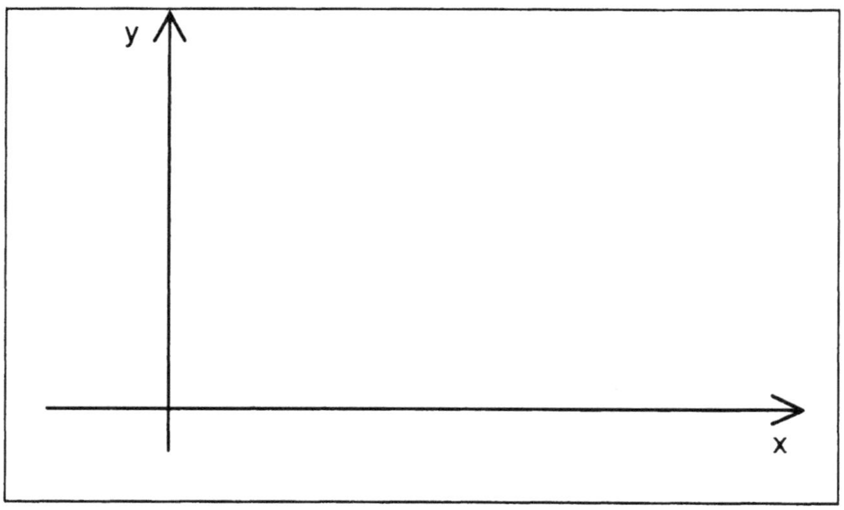

Table[{x[t],y[t]},{t,0,2 Pi,Pi/4}]//N
gz = ParametricPlot[{x[t],y[t]},{t,0,2 Pi}]

Lösung: x(t) =at-a sint ,y(t) =a-a cost

2. Berechnen Sie die Bogenlänge der Zykloide bei einer Umdrehung des Rades.

Numerische Integration : NIntegrate
Analytische Lösung : Integrate probieren

3. Diskutieren Sie die Kurve.
3.1 Nullstellen, Periodizität, Extrema, Monotonie, Krümmung k .
3.2 Wie groß ist die Steigung für $t = 0$ und $t = 2\pi$.

Nullstellen :

Periodizität :

Extrema :

Monotonie :

Krümmung k :

$$k = \frac{\ddot{y}\dot{x} - \dot{y}\ddot{x}}{(\dot{x}^2 + \dot{y}^2)^{\frac{3}{2}}}$$

Steigung für $t = 0$ und $t = 2\pi$:

3.3 Berechnen Sie den Krümmungskreis für $t = \pi$ und die Evolute von z . Zeichnen Sie beide .

$$\zeta(t) = x(t) - \frac{\dot{y}(t) \cdot \varsigma(t)}{\sqrt{\dot{x}^2(t) + \dot{y}^2(t)}} =$$

$$\eta(t) = y(t) + \frac{\dot{x}(t) \cdot \varsigma(t)}{\sqrt{\dot{x}^2(t) + \dot{y}^2(t)}} =$$

$$\varsigma(t) = \frac{1}{k(t)} = \frac{(\dot{x}^2(t) + \dot{y}^2(t))^{\frac{3}{2}}}{\dot{x}(t) \cdot \ddot{y}(t) - \ddot{x}(t) \cdot \dot{y}(t)} =$$

ς : ro[t_]:=(x'[t]^2+y'[t]^2)^1.5/(x'[t] y''[t]-x''[t] y'[t])

ξ : xk[t_]]:=

η : yk[t_]:=

ro[Pi]=
xk[Pi]=
yk[Pi]=

gEv = ParametricPlot[{xk[t],yk[t]},{t,0,2 Pi}]

Abbildung beider Plots : Show[gz,gEv]

4. Berechnen Sie den Geschwindigkeitsvektor $\vec{v}$ eines Punktes, der sich auf der Zykloide bewegt, in Abhängigkeit von der Zeit, wenn eine Umdrehung des Rades in 2 sec erfolgt, sowie v_x, v_y für $\tau = 0(0.5)2$,
$t = 2\pi \Rightarrow \tau = 2\sec \Rightarrow t = f(\tau) =$

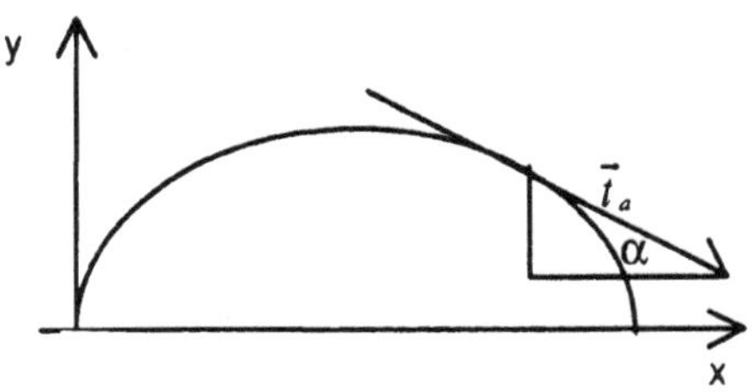

$\tan\alpha = y' = \frac{\dot{y}}{\dot{x}}$

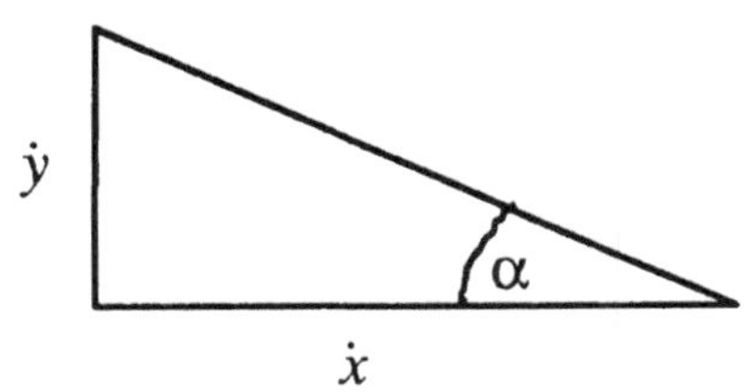

Tangentialvektor = Geschwindigkeit , wenn Kurvenparameter = Zeit

$\vec{t}_a = \begin{pmatrix} \dot{x} \\ \dot{y} \end{pmatrix} \qquad \Rightarrow \vec{v} = \begin{pmatrix} \dot{x} \\ \dot{y} \end{pmatrix} = \begin{pmatrix} v_x \\ v_y \end{pmatrix} \qquad v = |\vec{v}| = \sqrt{\vec{x}^2 + \vec{y}^2}$

Mit Mathematica :

```
x1[ta_]:=

y1[ta_]:=

v[ta_]:= Sqrt[x1'[ta]^2+y1'[ta]^2]
Table[v[ta],{ta,0,2 Pi}]//N
```

5. Berechnen Sie die Fläche unter der Zykloide .

Aufgabe 2 :

Gegeben ist die elliptische Schraubenlinie :
S ={(x,y,z)| x = a cos t , y = b sin t , z = c t , $0 \le t \le 10\pi$ }
a = 4 , b = 2 , c = 1.5

1. Erstellen Sie eine Wertetabelle für t = $0(\frac{\pi}{4})4\pi$

   x[t_]:=
   y[t_]:=
   z[t_]:=

   Ta = Table[{t,x[t],y[t],z[t]},{t,0,4 Pi,Pi/4}]//N

   und einen punkteweisen Plot :

   g1 = ListPlot [Ta]
   g2 = ListPlot [Ta,Prolog→PointSize[0.03]]
   0.1
   Show[Graphics[g2]]

2. Plotten Sie die Funktion .
   Überlagern Sie den Punkte-Plot .

   g3 = ParametricPlot3D[{x[t],y[t],z[t]},{t,0,10 Pi}]
   Show[g3]
   Show[Graphics[g2],g3]
   (Probieren Sie es umgekehrt ; es klappt nicht)

3. Berechnen Sie die Bogenlänge von S :

$$l(S) = \int_{t=0}^{t=10\pi} \sqrt{\dot{x}^2(t) + \dot{y}^2(t) + \dot{z}^2(t)}dt$$

   Mathematicca :

   vs[t_]:=Sqrt[x'[t]^2+y'[t]^2+z'[t]^2]

   Lösung durch numerische Integration :

   l = NIntegrate[vs[t],{t,0,10 Pi}]

Praktikum 16	Seite 1

Name :	Sem :	Datum:

Differentialgleichungen :

Aufgabe 1 :

Lösen Sie das allgemeine Integral der folgenden Differentialgleichungen :

1. DG : $y' = \frac{2y}{x} - 3$

2. DG : $y' = (\frac{2y}{x} - 3)^2$

Aufgabe 2 :

Lösen Sie die folgenden Anfangswertprobleme und erstellen Sie die Wertetabellen und die Graphen der Lösungsfunktionen für
$0 \leq x \leq 2, \Delta x = 0.2$

1. DG : $y' = 4(3x - 4y + 7)$ AW : y(0) = 2

2. DG : $y' = \cosh(y - 4)$ AW : y(0) = 0

Aufgabe 3 :

Lösen Sie das Anfangswertproblem und erstellen Sie die Wertetabelle und den Graphen der Lösungsfunktion für $0 \leq x \leq 3, \Delta x = 0.25$

DG : $\dot{y} + y = \cos 3t$ AW : y(0) = − 1

Lösung mit Mathematica :

Lösen einer Differentialgleichung :

DSolve[DG,y[x],x]

Lösen eines Anfangswertproblems :

DSolve[{DG,AW},y[x],x] oder
NDSolve[{DG,AW},y[x],x]

Plotten der Lösung des Anfangswertproblems oder der Differentialgleichung im Intervall [xmin,xmax]

Plot[Evaluate[y[x]/.%],{x,xmin,xmax}]

Beispiel :

DG : y[x]+ 2 y'[x] - 4x == 2x^2
AW: y[0] == 1

DSolve[{y[x]+ 2 y'[x] -4 x == 2 x^2,y[0] == 1},y[x],x]

$$\left\{\left\{y[x] \to 8 - \frac{7}{E^{\frac{x}{2}}} - 4x + 2x^2\right\}\right\}$$

Plot[Evaluate[y[x]/.%],{x,-5,5}]

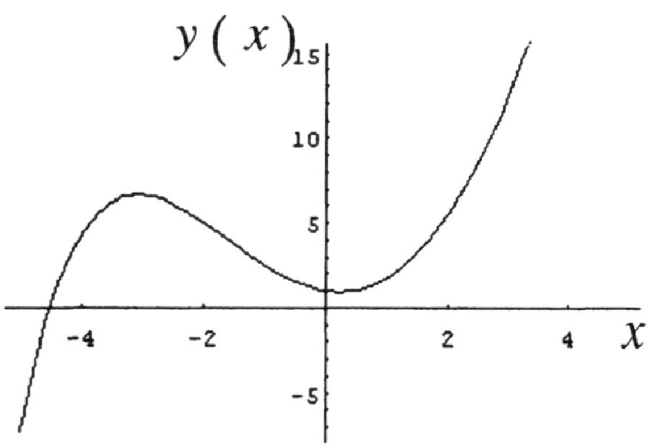

Aufgabe 1 :

Lösen Sie das allgemeine Integral der folgenden Differentialgleichungen :

1. DG : $y' = \frac{2y}{x} - 3$

<u>Substitution :</u> $u = \frac{y}{x} \Rightarrow$

y =
y' =

$\Rightarrow$ DG :

Separation :
Integration :
Allgemeine Lösung in u (x) = in y (x) =

2. DG : $y' = (\frac{2y}{x} - 3)^2$

Substitution : $u = \frac{y}{x} \Rightarrow$

y =

y' =

$\Rightarrow$ DG :

Separation :

Integration :

Allgemeine Lösung in u (x) =

in y (x) =

Aufgabe 2 :

Lösen Sie die folgenden Anfangswertprobleme und erstellen Sie die Wertetabellen und die Graphen der Lösungsfunktionen für
$0 \leq x \leq 2, \Delta x = 0.2$

1. DG : $y' = 4(3x - 4y + 7)$ AW : y(0) = 2

Allgemeine Lösung :

Substitution : $u = 3x - 4y + 7 \Rightarrow$

u' =
y' =

$\Rightarrow$ DG :

Separation :
Integration :
Allgemeine Lösung in u (x) = in y (x) =
Bestimmung der Integrationskonstanten des Anfangswertproblems : x = 0 $\Rightarrow$ y (0) =2 Einsetzen in DG $\Rightarrow$:

Wertetabelle :

x	0	0.2	0.4	0.6	0.8	1.0	1.2	1.4	1.6	1.8	2.0
y											

Graph :

2. DG : $y' = \cosh(y-4)$ AW : y(0) = 0

Allgemeine Lösung :

Substitution : $u = y - 4 \Rightarrow$

u' =

y' =

$\Rightarrow$ DG :

Separation :

Integration :

Allgemeine Lösung in u (x) =

in y (x) =

Bestimmung der Integrationskonstanten des Anfangswertproblems :

x = 0 $\Rightarrow$ y (0) = 0 Einsetzen in DG $\Rightarrow$:

Wertetabelle :

x	0	0.2	0.4	0.6	0.8	1.0	1.2	1.4	1.6	1.8	2.0
y											

Graph :

Aufgabe 3 :

Lösen Sie das Anfangswertproblem und erstellen Sie die Wertetabelle und den Graphen der Lösungsfunktion für $0 \le t \le 3, \Delta t = 0.25$.

DG : $\dot{y} + y = \cos 3t$ AW : y(0) = − 1

Allgemeine Lösung der homogenen Differentialgleichung :

$\dot{y} + y = 0$

Separation : $\dot{y} = \dfrac{dy}{dt}$
Integration :
$y_{ah} =$

Partikuläre Lösung der inhomogenen Differentialgleichung :

Variation der Konstante : $c \rightarrow c(t)$

Einsetzen in DG und bestimmen von $c(t)$:

$y_{pi} =$

$y_{ai} = y_{pi} + y_{ah}$

$=$

Anfangswerte : $\Rightarrow c$

$y(0) = -1$ $x_0 = 0$ $y_0 = -1$ in y_{ai}:

$\Rightarrow$

Lösungsfunktion :

c =

$\Rightarrow$ y = f(t) =

Wertetabelle :

x	0	0.25	0.5	0.75	1.0	1.25	1.5	1.75	2.0	2.25	2.5	2.75	3.0
y=f(t)													

Graph :

Praktikum 17	Seite 1

Name :	Sem :	Datum:

Differentialgleichungen :

Aufgabe 1 :

Lösen Sie das allgemeine Integral der folgenden Differentialgleichungen :

1.DG : $y'' - 4y' + 3y = 0$

2.DG : $y'' - 4y' + 4y = 0$

3.DG : $y'' - 4y' + 5y = 0$

Manuelle Lösung :

1.DG :

Lösungsansatz :

$y = e^{kx}$	$y' =$	$y'' =$

in DG :

charakteristisches Polynom :

Lösung des charakteristisches Polynom : Lösung des DG :

$k_1 =$	$y_1 =$	$k_2 =$	$y_2 =$

Allgemeines Integral der DG :

Probe :

$y' =$

$y'' =$

In DG einsetzen :

2. DG :

Lösungsansatz :

$y = e^{kx}$	$y' =$	$y'' =$

in DG :

charakteristisches Polynom :

Lösung des charakteristisches Polynom : Lösung des DG :

$k_1 =$	$y_1 =$	$k_2 =$	$y_2 =$

Allgemeines Integral der DG :

3. DG :

Lösungsansatz :

$y = e^{kx}$	$y' =$	$y'' =$

in DG :

charakteristisches Polynom :

Lösung des charakteristisches Polynom : Lösung des DG :

$k_1 =$	$k_2 =$	$\delta =$	$\varpi =$

$y_1 =$	$y_2 =$

Allgemeines Integral der DG :

Probe :

$y' =$

$y'' =$

In DG einsetzen :

Lösung mit Mathematica :

1.DG :

```
DSolve[y"[x] - 4 y'[x] +3 y[x] == 0, y[x],x]
```
Lösung :

2.DG :

```
DSolve[y"[x] - 4 y'[x] +4 y[x] == 0, y[x],x]
```
Lösung :

3.DG :

```
DSolve[y"[x] - 4 y'[x] +5 y[x] == 0, y[x],x]
```
Lösung :

Aufgabe 2 :

Lösen Sie die Anfangswertprobleme :

1.DG : $y'' - 4y' + 3y = x$ AW : $y(0) = 0$ $y'(0) = 1$

2.DG : $y'' - 4y' + 5y = x\cos 2x$ AW : $y(0) = 0$ $y'(0) = 2$

Manuelle Lösung :

1.DG : $y'' - 4y' + 3y = xe^{0x} = xe^{\alpha x}$

$\alpha = 0$ Lösung des charakteristischen Polynoms?

ja?	nein?

Ansatz für partikuläre Lösung :

$y_{pi} = (b_0 + b_1 x)e^{\alpha x} =$
$y'_{pi} =$
$y''_{pi} =$

Einsetzen in DG :

Koeffizientenvergleich :

Partikuläre Lösung :

Allgemeines Integral der DG :

$y_{ai} =$
AW : $y_{ai}(0) =$

$y'_{ai} =$
AW : $y'_{ai}(0) =$

Berechnung der Konstanten aus dem Anfangswertproblem :

	$c_1 =$
	$c_2 =$
Lösung des Anfangwertproblems : $y_{ai} =$	

2.DG : $y'' - 4y' + 5y = x\cos 2x = x\cos\beta x$

Ist $i\beta =$ Lösung des charakteristischen Polynoms?

ja?	nein?

Ansatz für partikuläre Lösung :

$y_{pi} =$
$y'_{pi} =$
$y''_{pi} =$

Einsetzen in DG und Koeffizientenvergleich :

DG :

Koeffizienten der partikulären Lösung :

Partikuläre Lösung :

$y_{pi} =$

Allgemeines Integral der DG :

$y_{ai} =$

AW : $y_{ai}(0) =$

$y'_{ai} =$

AW : $y'_{ai}(0) =$

Berechnung der Integrationskonstanten aus dem Anfangswertproblem :

	$c_1 =$
	$c_2 =$
Lösung des Anfangwertproblems : y = f(x) =	

Lösung mit Mathematica :

1.DG : Inhomogene DG :

DSolve[y''[x] - 4 y'[x] +3 y[x] == x, y[x], x]
Lösung :

Anfangswertproblem :

DSolve[{y''[x] - 4 y'[x] +3 y[x] == x, y[0] == 0, y'[0] == 1}, y[x],x]
Lösung :

2 DG : Inhomogene DG :

DSolve[y''[x] - 4 y'[x] +5 y[x] == x Cos[2 x], y[x], x]
Lösung :

Anfangswertproblem :

DSolve[{y''[x] - 4 y'[x] +5 y[x] == x Cos[2 x], y[0] == 0, y'[0] == 2}, y[x],x]
Lösung :

Lösungen

Inhaltsverzeichnis der Lösungen

Praktikum 1	Lösung	Seite 1

Name:	Sem:	Datum:

Aufgabe 1 :

1.1 Gegeben sind die komplexen Zahlen :

$$z = 2 + 3i, \qquad u = 4 + 8i, \qquad v = \frac{1}{i}$$

Berechnen Sie :

$$u \cdot z, \qquad \frac{z}{u}, \qquad 2z + 3u, \qquad v,$$

$$u \cdot v \cdot z, \qquad (u + v)^2$$

(Der Nenner soll rational sein)

1.2 Gegeben sind die komklexen Zahlen :

$$u = 4 - i, \qquad v = 16 + 4i, \qquad w = -\ 6i$$

Berechnen Sie :

$$\overline{u} + v, \qquad u \cdot v, \qquad \frac{u}{v}, \qquad 2u + 3v + w,$$

$$u^2 + v^2, \qquad \operatorname{Re}(u^2), \qquad \operatorname{Im}(u^2), \qquad |u|,$$

$$\overline{u}^2, \qquad \operatorname{Re}(u^2 + v^2), \qquad u \cdot \overline{w}, \qquad \frac{\overline{u} \cdot v}{v + w},$$

$$(1 - i)^7, \qquad (1 - u)^7, \qquad \sqrt{u - 2i}, \qquad (4 - 2i)^{\frac{5}{2}}.$$

Manuelle Lösung :

1.1 $z = 2 + 3i, \qquad u = 4 + 8i, \qquad v = \frac{1}{i}$

$u \cdot z$	$= (4+8i)\cdot(2+3i) = 4\cdot 2 - 8\cdot 3 + (4\cdot 3 + 2\cdot 8)i = -16 + 28i$
$\frac{z}{u}$	$= \frac{2+3i}{4+8i} = \frac{2+3i\cdot(4-8i)}{4+8i\cdot(4-8i)} = \frac{2\cdot 4 - 3\cdot(-8) + (2\cdot(-8) + 3\cdot 4)i}{16-64i^2} = 0.4 - 0.05i$
$2z + 3u$	$= 2\cdot(2+3i) + 3\cdot(4+8i) = 16 + 30i$
v	$= \frac{1}{i} = \frac{i}{i^2} = \frac{i}{-1} = -i$
$u \cdot v \cdot z$	$= (-16+28i)\cdot(-i) = (-16)\cdot 0 - 28\cdot(-1) + ((-16)\cdot(-1) + 0\cdot 28)i =$ $28 + 16i$
$(u+v)^2$	$= (4+8i-i)^2 = (4+7i)^2 = 16 - 49 + (4\cdot 7 + 4\cdot 7)i = -33 + 56i$

1.2 $u = 4 - i, \qquad v = 16 + 4i, \qquad w = -6i$

$\overline{u}$	$= 4 - (-1)i = 4 + i$
$\overline{u} + v$	$= 4 + i + 16 + 4i = 20 + 5i$
$u \cdot v$	$= (4-i)\cdot(16+4i) = 4\cdot 16 + 1\cdot 4 + (4\cdot 4 - 1\cdot 16)i = 68$
$\frac{u}{v}$	$= \frac{4-i}{16+4i} = \frac{4-i\cdot(16-4i)}{16+4i\cdot(16-4i)} = \frac{60-32i}{256-16i^2} = \frac{15}{68} - \frac{2}{17}i$
$2u + 3v + w$	$= 2\cdot(4-i) + 3\cdot(16+4i) + (-6i) = 56 + 4i$
$u^2 + v^2$	$= (4-i)^2 + (16+4i)^2 = 15 - 8i + 240 + 128i = 255 + 120i$

$\mathrm{Re}(u^2)$	$= \mathrm{Re}((15-8i)) = 15$
$\mathrm{Im}(u^2)$	$= \mathrm{Im}((15-8i)) = -8$
$\lvert u\rvert$	$= \sqrt{\mathrm{Re}(u)^2 + \mathrm{Im}(u)^2} = \sqrt{(4)^2 + (-1)^2} = \sqrt{17} = 4.123$
$\overline{u}^2$	$= (4+i)^2 = 15 + 8i$
$\mathrm{Re}(u^2 + v^2)$	$= \mathrm{Re}\left((4-i)^2 + (16+4i)^2\right) = \mathrm{Re}(255 + 120i) = 255$
$u \cdot \overline{w}$	$= (4-i)\cdot(6i) = 6 + 24i$
$\dfrac{\overline{u} \cdot v}{v + w}$	$= \dfrac{(4+i)\cdot(16+4i)}{16-2i} = \dfrac{(60+32i)\cdot(16+2i)}{(16-2i)\cdot(16+2i)} = \dfrac{896+632i}{260}$ $= \dfrac{224}{65} + \dfrac{158}{65}i = 3.446 + 2.431i$
$(1-i)^7$	nach binomischen Lehrsatz : $(\delta\cdot(\cos\varphi + i\sin\varphi))^n = \delta^n \cdot (\cos n\cdot\varphi + i \sin n\cdot\varphi)$ goniometrische Formel : $r = \lvert 1-i\rvert = \sqrt{1^2 + (-1)^2} = \sqrt{2}$ $\varphi = \arg(1-i) = \arctan\left(\dfrac{-1}{1}\right) = -\dfrac{\pi}{4}$ $(1-i)^7 = [r\cdot(\cos\varphi + i\sin\varphi)]^7 = \left[\sqrt{2}\cdot\left(\cos\dfrac{\pi}{4} + i\sin\dfrac{\pi}{4}\right)\right]^7$ $= \sqrt{2}^7 \cdot \left(\cos\left(7\cdot\dfrac{\pi}{4}\right) + i\sin\left(7\cdot\dfrac{\pi}{4}\right)\right) = 8 - 8i$
$(1-u)^7$	$r = \lvert -3+i\rvert = \sqrt{(-3)^2 + 1^2} = \sqrt{10}$ $\varphi = \arg(-3+i) = \arctan\left(\dfrac{1}{-3}\right) = 2.82$ $= (-3+i)^7 = \sqrt{10}^7 \cdot (\cos(7\cdot 2.82) + i\sin(7\cdot 2.82))$ $= 1992 + 2456i$

$\sqrt{4-2i}$	$r = \|4-2i\| = \sqrt{4^2+(-2)^2} = \sqrt{20}$ $\varphi = \arg(4-2i) = \arctan\left(\frac{-2}{4}\right) = -0.464$ $\sqrt{r\cdot(\cos\varphi + i\sin\varphi)} = \sqrt{20}^{\frac{1}{2}}\cdot\left(\cos\left(\frac{1}{2}\cdot(-0.464)\right) + i\sin\left(\frac{1}{2}\cdot(-0.464)\right)\right)$ $= 2.0582 - 0.4859i$
$(4-2i)^{\frac{5}{2}}$	$r = \|4-2i\| = \sqrt{4^2+(-2)^2} = \sqrt{20}$ $\varphi = \arg(4-2i) = \arctan\left(\frac{-2}{4}\right) = -0.464$ $\sqrt{r\cdot(\cos\varphi + i\sin\varphi)} = \sqrt{20}^{\frac{5}{2}}\cdot\left(\cos\left(\frac{5}{2}\cdot(-0.464)\right) + i\sin\left(\frac{5}{2}\cdot(-0.464)\right)\right)$ $= 16.9241 - 38.7612i$

Einige Mathematica - Befehle :

Imaginäre Einheit :

$i = \sqrt{-1} = I$	z.B.: $2.1 + 3.1I$

Realteil und Imaginärteil einer komplexen Zahl z

Re[z]	Im[z]

Absolutbetrag und Argument

Abs[z]	Arg[z]

Berechnen komplexer Ausdrücke :

ComplexExpand[Rechenausdruck]   nur reelle Variable und I   [Rechenausdruck,{ $x_1, x_2, \ldots.$ }]   Liste der komplexen Variablen

Operatoren :

+ - * oder ␣ / ^ $\overline{z}$: Conjugate[z] konjugiert komplexe Zahl

Lösung mit Mathematica :

1.1 $z = 2 + 3I, \qquad u = 4 + 8I, \qquad v = \frac{1}{I}$

u z	-16 + 28 I
z/u	0.4+0.05i
2 z+3 u	16 + 30 I
v	-I
u v z	28 + 16 I
(u+v)^2	-33 + 56 I

1.2 $u = 4 - I, \qquad v = 16 + 4I, \qquad w = -6I$

Conjugate[u]	4 + I
Conjugate[u]+v	20 + 5 I
u v	68
u/v	15 2 I --- - --- 68 17
2 u+3 v+w	56 + 4 I
u^2+v^2	255 + 120 I

Re[u^2]	15
Im[u^2]	-8
Abs[u]	Sqrt[17]
N[%]	4.12311
Conjugate[u]^2	15 + 8 I
Re[u^2+v^2]	255
u Conjugate[w]	6 + 24 I
Conjugate[u] v/(v+w)	224 158 I ---- + ------ 65 65
(1-I)^7	8 + 8 I
(1-u)^7	1992 + 2456 I
Sqrt[4-2I]	Sqrt[4 - 2 I]
Sqrt[4-2I]//N	2.05817 - 0.485868 I
(4-2I)^(5/2)//N	16.9242 - 38.7612 I

Name:	Sem:	Datum:

Vektoren :

symbolischer Vektor : vs = {a,b,c}
numerischer Vektor : vn = {1,-2,4}

Operatoren :

+	Vektoraddition	c+d	
-	Vektorsubtraktion	c-d	
␣ oder *	Multiplikation mit einer Zahl		2␣c oder 2*c
.	Skalarmultiplikation	c.d	

Komponenten :

vs[[1]] = a
vn[[2]] = -2

Aufgabe 1 : Arithmetrik, Metrik, Grafik

Beispiel :

```
In[1]:= vs={v1,v2,v3};vn={6,8,15}
In[2]:= us={u1,u2,u3};un={7,4,5}
In[3]:= us
Out[3]:= {u1,u2,u3}
In[4]:= un
Out[4]:= {7,4,5}
In[5]:= us+vs                    symbolische Vektoraddition
Out[5]:= {u1+v1,u2+v2,u3+v3}
In[6]:= un+vn                    numerische Vektoraddition
Out[6]:= {13,12,20}
```

	Eingabe : In[ ]:=	Ausgabe : Out[ ]:=
Linearkombination	t us 4 un t us+s vs 4 un+7 vn	{tu1,tu2,tu3} {28,16,20} {tu1+sv1,tu2+sv2,tu3+sv3 {70,72,125}
Komponenten eines Vektors	un un[[2]] us[[1]] us[[1]] vs	{7,4,5} 4 u1 {u1v1,u1v2,u1v3}
Skalarprodukt	us.vs un vn un.vn	u1v1+u2v2+u3v3 {7,4,5} {6,8,15} 149
Gleichungen	x = {x1,x2,x3} Solve[un.x==5,x[[1]]] Solve[un.x==5,x[[2]]]//N	{x1,x2,x3} $\{\{x1 \to \frac{-(-5 + 4\ x2 + 5\ x3)}{7}\}\}$ {{x2 -> -0.25 (-5. + 7. x1 + 5. x3)}}
Funktion (Vektor) wird komponentenweise ausgeführt	Sqrt[us] Sqrt[un]//N	{Sqrt[u1], Sqrt[u2], Sqrt[u3]} {2.64575, 2., 2.23607}
Metrik : Länge eines Vektors	Sqrt[us.us] Sqrt[un.un] Sqrt[un.un]//N	$Sqrt[u1^2 + u2^2 + u3^2]$ 3 Sqrt[10] 9.48683
	phis=ArcCos[us.vs]/(Sqrt[us.us] Sqrt[vs.vs]) phin=ArcCos[un.vn]/(Sqrt[un.un] Sqrt[vn.vn])//N	$\frac{ArcCos[u1v1+u2v2+u3v3]}{Sqrt[u1^2+u2^2+u3^2]\ Sqrt[v1^2+v2^2+v3^2]}$ 0.5131...
	N[% 180/Pi] oder N[%/Degree]	29.4...°

Aufgabe 1 :

Gegeben sind die Vektoren :

$\vec{a} = \{4.1, 2, 0\}$, $\vec{b} = \{-2, 7.3, -1.2\}$ $\vec{c} = \{-4.2, -3.1, 0.7\}$

1.1 Geben Sie $\vec{a}, \vec{b}, \vec{c}$ ein .

1.2 Berechnen Sie $|\vec{a}|$, $|\vec{b}|$, $|\vec{c}|$, $\varphi(\vec{a},\vec{b})$, $\varphi(\vec{a},\vec{c})$, $\varphi(\vec{b},\vec{c})$ in Grad ,
$\vec{d} = 2\vec{a} - 3\vec{b}$; $\vec{e} = \vec{a} - \vec{b} + 3\vec{c}$, $|\vec{d}|$, $|\vec{e}|$, $\varphi(\vec{d},\vec{e})$.

1.3 Stellen Sie die Vektoren $\vec{a}, \vec{b}, \vec{c}, \vec{d}, \vec{e}$ in Spaltenform am Bildschirm dar .

Definieren Sie für die Vektoren die Betrags- und Winkelfunktion .
Lösen Sie mit diesen Funktionen Aufgabe 1:

Aufgabe :	Eingabe :	Ergebnis :
$\|\vec{a}\|$	l[a_]:=Sqrt[a.a]//N	----
$\varphi(\vec{a},\vec{b})$	phi[a_,b_]:=ArcCos[a.b/(Sqrt[a.a] Sqrt[b.b])]//N	----
$\vec{a}$	a	{4.1,2,0}
$\vec{b}$	b	{-2,7.3,-1.2}
$\vec{c}$	c	{-4.2,-3.1,0.7}
$\|\vec{a}\|$	l[a]	4.5618
$\|\vec{b}\|$	l[b]	7.66355
$\|\vec{c}\|$	l[c]	5.26688
$\varphi(\vec{a},\vec{b})$	phi[a,b]	1.38669 Rad
$\varphi(\vec{a},\vec{c})$	phi[a,c]	2.91644 Rad
$\varphi(\vec{b},\vec{c})$	phi[b,c]	1.95343 Rad
$\vec{d} =$	2 a-3 b	{14.2, -17.9, 3.6}
$\vec{e} =$	a-b+3 c	{-6.5, -14.6, 3.3}
$\|\vec{d}\|$	l[d]	23.1303
$\|\vec{e}\|$	l[e]	16.3187
$\varphi(\vec{d},\vec{e})$	phi[d,e]	1.07092 Rad

Vektor - Graphik :

Graphik - Elemente : G

Vektoren : x,y : Ortsvektoren z.B.: x = {4,7,-2}

G : Point[x] stellt einen Punkt dar
PointSize[0.02],Point [x] stellt einen Punkt mit der Dicke 0.02 dar

G : Line[{x,y}] stellt eine Linie zwischen x und y dar
Thickness[0.01],Line[{x,y}] stellt eine Linie zw. x und y dar mit der Strichstärke 0.01

G : Text["Vektor x",x] stellt den Text "Vektor x" an der Stelle x also neben dem Vektor x dar

Optionen : O

Axes->True stellt alle Achsen dar
AxesLabel->{"x","y","z"} stellt die Achsenbeschriftung dar
FaceGrids->All alle Flächen werden mit einem Gitter belegt
FaceGrids->{{-1,0,0},{0,1,0},{0,0,-1}} nur die angegeben Flächen, hier die -x, +y, -z Seiten werden mit Gitter belegt
ViewPoint->{0,0,2} stellt den Betrachtungspunkt dar

Graphik erstellen :

zuerst das Menü <<Graphics`Graphics` aufrufen, durch Eingabe

dann den eigentlichen Grafikbefehl :

Show[Graphics3D[{G1,G2,....}, O1,O2,...]]

z.B.: x = {3,6,9}, y = {6,9,3}, z = {9,6,3}, u = {3,3,3}

```
Show[Graphics3D[{
Line[{u+x,u+y}],Line[{u+x,u+z}],Line[{u+y,u+z}]},
Axes->True,AxesLabel->{"x","y","z"},
FaceGrids->{{0,0,1},{0,-1,0},{0,0,1}}]]
```

zeigt dann diese Darstellung :

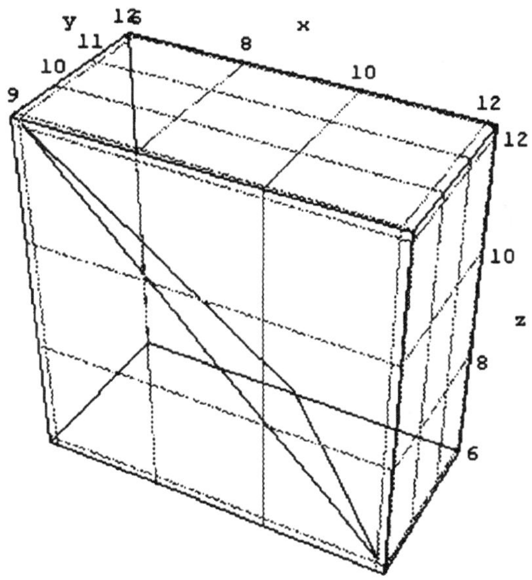

Aufgabe 2 :

Vektor - Graphik

In[ ]:=	Out[ ]:=
un = {7,4,5}	{7,4,5}
vn = {6,8,15}	{6,8,15}
un + {0.2,0.2,0.2}	{7.2,4.2,5.2}
un + 0.2	{7.2,4.2,5.2}
o = {0,0,0}	{0,0,0}

Probieren Sie nun die folgenden Graphiken herzustellen :

Show[Graphics3D[Line[{{0,0,0},un}]]] Darstellung eines Vektors
Show[Graphics3D[Line[{o,un}]]]

Show[Graphics3D[{Line[{o,un}],Point[un]}]] Darstellung von Vektor u. Punkt

Show[Graphics3D[{Line[{o,un}],Point[un],Text["u",un]}]]
Darstellung eines Vektors mit Punkt und Text "u" an der Vektorspitze

Show[Graphics3D[{Line[{o,un}],Point[un],Text["u",un+0.2]}]]
Darstellung eines Vektors mit Punkt und etwas abgesetztem Text "u" an der Vektorspitze

```
Show[Graphics3D[{Line[{o,un}],Point[un],Text["u",un+0.2],
                 Line[{o,vn}],Point[vn],Text["v",vn+0.2]}],
                Axes->True]
```

Fügen Sie weitere Attribute an .

Aufgabenstellung :

2.1 An einem Körper greifen 4 Kräfte $\vec{F}_1, \vec{F}_2, \vec{F}_3, \vec{F}_4$ an .

$$\vec{F}_1 = \begin{pmatrix} 2 \\ 1 \\ 5 \end{pmatrix}, \quad \vec{F}_2 = \begin{pmatrix} 1 \\ -2 \\ 3 \end{pmatrix}, \quad \vec{F}_3 = \begin{pmatrix} -2 \\ 1 \\ 4 \end{pmatrix}, \quad \vec{F}_4 = \begin{pmatrix} 3 \\ 2 \\ 5 \end{pmatrix}$$

2.1.1 Berechnen Sie $\vec{F} = \sum \vec{F}_i$.

2.2.2 Berechnen Sie den Betrag von $\vec{F}_1, \vec{F}_2, \vec{F}_3, \vec{F}_4, \vec{F}$.

$|\vec{F}_1| =$ $\quad , |\vec{F}_2| =$ $\quad , |\vec{F}_3| =$ $\quad ,$

$|\vec{F}_4| =$ $\quad , |\vec{F}| =$ $\quad ,$

Der Körper hat den Ortsvektor $\vec{k}^T = \{2, -1, 3\}$

2.2.3 Stellen Sie den Körper k durch einen dicken Punkt graphisch dar.
Lassen Sie dann die Vektoren $\vec{F}_i$ in der Graphik als Strecken mit einem Punkt an der Vektorspitze erscheinen und stellen Sie $\vec{F}$ durch eine dicke Strecke dar.
Plotten Sie die Graphik .

2.2.4 Berechnen Sie den Winkel, den $\vec{F}_1 + \vec{F}_3, \vec{F}_2 + \vec{F}_4$ miteinander einschließen, sowie die Länge derVektoren .

Länge :	$\lvert\vec{F}_1 + \vec{F}_3\rvert = \sqrt{(2+(-2))^2 + (1+1)^2 + (5+4)^2} = \sqrt{85} = 9.219$	
	$\lvert\vec{F}_2 + \vec{F}_4\rvert = \sqrt{(1+3)^2 + ((-2)+2)^2 + (3+5)^2} = \sqrt{80} = 8.944$	
Winkel :	$\alpha = \arccos \frac{\begin{pmatrix} 0 \\ 2 \\ 9 \end{pmatrix} \cdot \begin{pmatrix} 4 \\ 0 \\ 8 \end{pmatrix}}{\sqrt{85} \cdot \sqrt{80}} = \frac{72}{\sqrt{6800}} = 29.176°$	$\alpha = 29.176°$

2.1.1 Berechnen Sie $\vec{F} = \sum \vec{F}_i$.

$$\vec{F} = \sum \vec{F}_i = \begin{pmatrix} 2 \\ 1 \\ 5 \end{pmatrix} + \begin{pmatrix} 1 \\ -2 \\ 3 \end{pmatrix} + \begin{pmatrix} -2 \\ 1 \\ 4 \end{pmatrix} + \begin{pmatrix} 3 \\ 2 \\ 5 \end{pmatrix} = \begin{pmatrix} 4 \\ 2 \\ 17 \end{pmatrix}$$

2.2.2 Berechnen Sie den Betrag von $\vec{F}_1, \vec{F}_2, \vec{F}_3, \vec{F}_4, \vec{F}$.

$$|\vec{F}_1| = \sqrt{2^2 + 1^2 + 5^2} = \sqrt{30} = 5.477 \qquad |\vec{F}_4| = \sqrt{3^2 + 2^2 + 5^2} = \sqrt{38} = 6.164$$

$$|\vec{F}_2| = \sqrt{1^2 + (-2)^2 + 3^2} = \sqrt{14} = 3.742$$

$$|\vec{F}_3| = \sqrt{(-2)^2 + 1^2 + 4^2} = \sqrt{21} = 4.583$$

$$|\vec{F}| = \sqrt{4^2 + 2^2 + 17^2} = \sqrt{309} = 17.578$$

2.2.3 Graphik :

```
Show[Graphics3D[{PointSize[0.03],Point[k],
Line[{k,k+f1}],PointSize[0.02],Point[k+f1],
Line[{k,k+f2}],PointSize[0.02],Point[k+f2],
Line[{k,k+f3}],PointSize[0.02],Point[k+f3],
Line[{k,k+f4}],PointSize[0.02],Point[k+f4],
Thickness[0.02],Line[{k,k+f}],PointSize[0.02],Point[k+f]}],
Axes->True,AxesLabel->{"x","y","z"},FaceGrids->All]
```

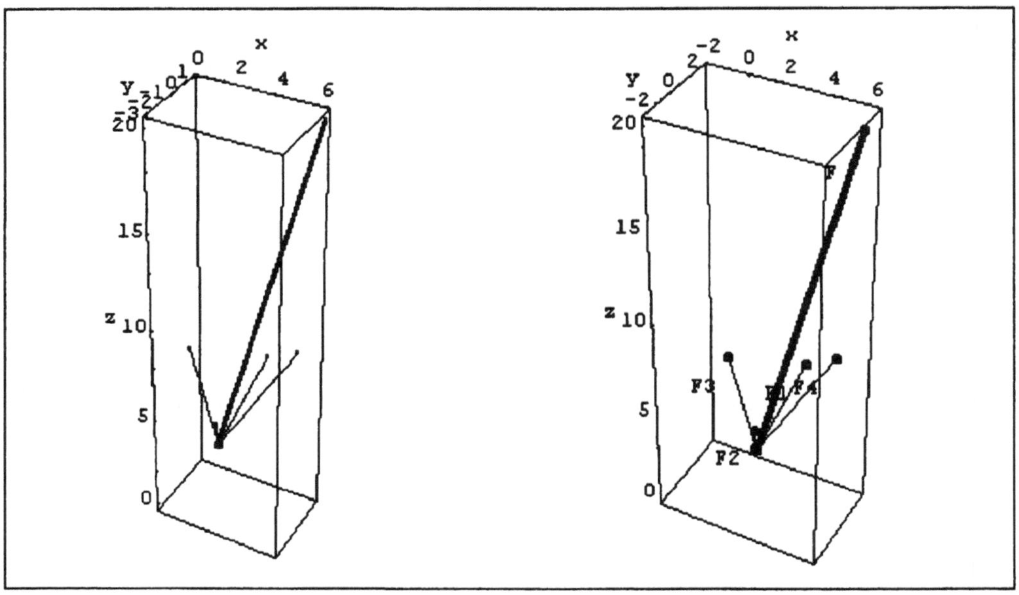

Lösung mit Mathematica :

Geben Sie $\vec{F}_i, \vec{k}, \vec{o}$ ein und berechnen Sie die Beträge, den Winkel der Vektoren
und den Vektor $\vec{F}$.

Vervollständigen Sie die folgende Mathematica-Anweisung, um $\vec{F}_i$ und $\vec{F}$ graphisch darzustellen .

```
Show[Graphics3D[{
PointSize[0.03],Point[k],
Line[{k,k+f1}],PointSize[0.02],Point[k+f1],
Line[{k,k+f2}],PointSize[0.02],Point[k+f2],
Line[{k,k+f3}],PointSize[0.02],Point[k+f3],
Line[{k,k+f4}],PointSize[0.02],Point[k+f4],
Line[{k,k+f}],PointSize[0.02],Point[k+f]}],
Axes->True,AxesLabel->{"x","y","z"},FaceGrids->All]
```

Erweitern Sie die Eingabe, um die Vektorspitzen zu beschriften (Text[....]) und um den Ergebnisvektor $\vec{F}$ etwas stärker darzustellen .

```
Show[Graphics3D[{
PointSize[0.03],Point[k],
Line[{k,k+f1}],PointSize[0.02],Point[k+f1],Text["F1",f1],
Line[{k,k+f2}],PointSize[0.02],Point[k+f2],Text["F2",f2],
Line[{k,k+f3}],PointSize[0.02],Point[k+f3],Text["F3",f3],
Line[{k,k+f4}],PointSize[0.02],Point[k+f4],Text["F4",f4],
Thickness[0.02],Line[{k,k+f}],PointSize[0.02],Point[k+f],Text["F",f],}],
Axes->True,AxesLabel->{"x","y","z"},FaceGrids->All]
```

Vektor - Funktionen :

x,y : reele Variable

$\bar{z} = (z_1, z_2)$

$\bar{u} = (1,2)$

Vektoren

$\bar{n}(\bar{v}) = (n_1(\bar{v}), n_2(\bar{v}))$ Vektor, deren Komponenten Funktionen eines Vektors sind .

Funktion von :	In[ ]:=	Out[ ]:=
einer Veränderlichen	f[x_]:=x^2 f[2]	 4
zweier Veränderlicher	g[x_,y_]:=x^2+y^2 g[2,2]	 8
einem Vektor Dimension des Vektors ist beliebig	z = {z1,z2}; u = {1,2} h[v_]:=v[[1]]^2+v[[2]]^2 h[z] h[u] h[2,2] l[v_]:=Sqrt[v.v]//N l[z] l[u] l[{2,4,-3}]	 z1^2+z2^2 5 8 Sqrt[z1^2+z2^2] 2.23607 5.38516
Funktionsvektor Normalenvektor eines Vektors	n[v_]:={v[[2]],-v[[1]]} n[{2,3}] n[u] u.n[u] n[z]	 {3,-2} {2,-1} 0 {z2,-z1}

Name:	Sem:	Datum:

Vektoralgebra

Aufgabe 1 :

Gegeben sind die Vektoren :

$$\vec{a} = \begin{pmatrix} a_1 \\ a_2 \\ a_3 \end{pmatrix}, \quad \vec{b} = \begin{pmatrix} b_1 \\ b_2 \\ b_3 \end{pmatrix}, \quad \vec{u} = \begin{pmatrix} 1 \\ -2 \\ 4 \end{pmatrix}, \quad \vec{v} = \begin{pmatrix} 6 \\ 8 \\ 15 \end{pmatrix}, \quad \vec{w} = \begin{pmatrix} 3 \\ 0 \\ -2 \end{pmatrix}$$

Berechnen Sie :

1.1 Produkte mit Skalar : $3\vec{a}, \; 2\vec{u}$

1.2 Addition, Linearkombination : $\vec{a}+\vec{b}, \; 2\vec{a}-3\vec{b}, \; \vec{u}+\vec{v}, \; 2\vec{u}-3\vec{v}+5\vec{w}$

1.3 Lösungen von Vektorgleichungen : $2\vec{a}+\vec{x}=3\vec{b} \;\Rightarrow \vec{x}$

$$2\vec{u}-3\vec{v}+2\vec{y}=5\vec{w} \;\Rightarrow \vec{y}$$

1.4 Skalarprodukte : $\vec{a}\cdot\vec{b}, \; \vec{u}\cdot\vec{v}, \; \vec{u}\cdot\vec{w}, \; \vec{v}\cdot\vec{w}$

1.5 Länge der Vektoren : $|\vec{a}|, \; |\vec{u}|, \; |\vec{v}|, \; |\vec{w}|$

1.6 Winkel zwischen den Vektoren : $\varphi(\vec{a},\vec{b}), \; \varphi(\vec{u},\vec{v}), \; \varphi(\vec{u},\vec{w}), \; \varphi(\vec{v},\vec{w})$
(Degree, Rad)

Aufgabe 2 :

Gegeben sind die Vektoren :

$$\vec{a} = \begin{pmatrix} 4.1 \\ 2 \\ 0 \end{pmatrix}, \quad \vec{b} = \begin{pmatrix} -2 \\ 7.3 \\ -1.2 \end{pmatrix}, \quad \vec{c} = \begin{pmatrix} -4.2 \\ -3.1 \\ 0.7 \end{pmatrix}$$

2.1 Berechnen Sie $|\vec{a}|$, $|\vec{b}|$, $|\vec{c}|$, $\varphi(\vec{a},\vec{b})$, $\varphi(\vec{a},\vec{c})$, $\varphi(\vec{b},\vec{c})$ in Grad und Radialmaß .

2.2 Berechnen Sie die Vektoren $\vec{d} = 2\vec{a} - 3\vec{b}$, $\vec{e} = \vec{a} - \vec{b} + 3\vec{c}$ sowie die Längen und Winkel $|\vec{d}|$, $|\vec{e}|$, $\varphi(\vec{d},\vec{e})$.

2.3 Stellen Sie $\vec{a}$, $\vec{b}$, $\vec{c}$, $\vec{d}$, $\vec{e}$ perspektivisch in einem Koordinatenquader dar, den Sie geeignet dimensionieren .

Manuelle Lösung :

1. $\vec{a} = \begin{pmatrix} a_1 \\ a_2 \\ a_3 \end{pmatrix}$, $\vec{b} = \begin{pmatrix} b_1 \\ b_2 \\ b_3 \end{pmatrix}$, $\vec{u} = \begin{pmatrix} 1 \\ -2 \\ 4 \end{pmatrix}$, $\vec{v} = \begin{pmatrix} 6 \\ 8 \\ 15 \end{pmatrix}$, $\vec{w} = \begin{pmatrix} 3 \\ 0 \\ -2 \end{pmatrix}$

1.1 Skalarmultiplikation :

$3\vec{a} = \begin{pmatrix} 3a_1 \\ 3a_2 \\ 3a_3 \end{pmatrix}$	$2\vec{u} = \begin{pmatrix} 2 \\ -4 \\ 8 \end{pmatrix}$

1.2 Addition, Linearkombination :

$\vec{a} + \vec{b} = \begin{pmatrix} a_1 + b_1 \\ a_2 + b_2 \\ a_3 + b_3 \end{pmatrix}$	$2\vec{a} - 3\vec{b} = \begin{pmatrix} 2a_1 - 3b_1 \\ 2a_2 - 3b_2 \\ 2a_3 - 3b_3 \end{pmatrix}$
$\vec{u} + \vec{v} = \begin{pmatrix} 7 \\ 6 \\ 19 \end{pmatrix}$	$2\vec{u} - 3\vec{v} + 5\vec{w} = \begin{pmatrix} -1 \\ -28 \\ -47 \end{pmatrix}$

1.3 Lösungen von Vektorgleichungen :

$2\vec{a} + \vec{x} = 3\vec{b} \quad \Rightarrow \vec{x} = 3\vec{b} - 2\vec{a} = \begin{pmatrix} x_1 \\ x_2 \\ x_3 \end{pmatrix} = \begin{pmatrix} 3b_1 - 2a_1 \\ 3b_2 - 2a_2 \\ 3b_3 - 2a_3 \end{pmatrix}$
$2\vec{u} + 3\vec{v} + 2\vec{y} = 5\vec{w} \quad \Rightarrow \vec{y} = \frac{1}{2} \cdot (5\vec{w} - 3\vec{v} - 2\vec{u}) = \begin{pmatrix} y_1 \\ y_2 \\ y_3 \end{pmatrix} = \begin{pmatrix} -2.5 \\ -10 \\ -31.5 \end{pmatrix}$

1.4 Skalarprodukte :

$\vec{a} \cdot \vec{b} = \begin{pmatrix} a_1 \\ a_2 \\ a_3 \end{pmatrix} \cdot \begin{pmatrix} b_1 \\ b_2 \\ b_3 \end{pmatrix} = a_1 \cdot b_1 + a_2 \cdot b_2 + a_3 \cdot b_3$	$\vec{u} \cdot \vec{v} = \begin{pmatrix} 1 \\ -2 \\ 4 \end{pmatrix} \cdot \begin{pmatrix} 6 \\ 8 \\ 15 \end{pmatrix} = 6 \cdot 1 - 2 \cdot 8 + 4 \cdot 15 = 50$
$\vec{u} \cdot \vec{w} = \begin{pmatrix} 1 \\ -2 \\ 4 \end{pmatrix} \cdot \begin{pmatrix} 3 \\ 0 \\ -2 \end{pmatrix} = 1 \cdot 3 - 2 \cdot 0 - 4 \cdot 2 = -5$	$\vec{v} \cdot \vec{w} = \begin{pmatrix} 6 \\ 8 \\ 15 \end{pmatrix} \cdot \begin{pmatrix} 3 \\ 0 \\ -2 \end{pmatrix} = 6 \cdot 3 + 8 \cdot 0 - 15 \cdot 2 = -12$

1.5 Länge von Vektoren :

$\lvert\vec{a}\rvert = \sqrt{\vec{a} \cdot \vec{a}} = \sqrt{a_1^2 + a_2^2 + a_3^2}$	$\lvert\vec{u}\rvert = \sqrt{1^2 + (-2)^2 + 4^2} = \sqrt{21}$
$\lvert\vec{v}\rvert = \sqrt{6^2 + 8^2 + 15^2} = \sqrt{325} = 18.03$	$\lvert\vec{w}\rvert = \sqrt{3^2 + 0^2 + (-2)^2} = \sqrt{13}$

1.6 Winkel zwischen Vektoren :

$$\varphi(\vec{a}, \vec{b}) = \arccos \frac{\vec{a} \cdot \vec{b}}{\lvert\vec{a}\rvert \cdot \lvert\vec{b}\rvert} = \arccos \frac{a_1 \cdot b_1 + a_2 \cdot b_2 + a_3 \cdot b_3}{\sqrt{a_1^2 + a_2^2 + a_3^2} \cdot \sqrt{b_1^2 + b_2^2 + b_3^2}}$$

$\varphi(\vec{u}, \vec{v}) =$ Grad :	52.75°	$\varphi(\vec{u}, \vec{w}) =$	107.61°	$\varphi(\vec{v}, \vec{w}) =$	100.64°
Rad :	0.92		1.88		1.76

2. $\vec{a} = \begin{pmatrix} 4.1 \\ 2 \\ 0 \end{pmatrix}, \quad \vec{b} = \begin{pmatrix} -2 \\ 7.3 \\ -1.2 \end{pmatrix}, \quad \vec{c} = \begin{pmatrix} -4.2 \\ -3.1 \\ 0.7 \end{pmatrix}$

2.1 Längen und Winkel :

$\lvert\vec{a}\rvert = 4.56$	$\lvert\vec{b}\rvert = 7.66$	$\lvert\vec{c}\rvert = 5.27$
$\varphi(\vec{a},\vec{b}) = 79.44°$	$\varphi(\vec{a},\vec{c}) = 167.05°$	$\varphi(\vec{b},\vec{c}) = 111.92°$

2.2 Längen, Winkel, Vektoren :

$$\vec{d} = 2\vec{a} - 3\vec{b} = 2 \cdot \begin{pmatrix} 4.1 \\ 2 \\ 0 \end{pmatrix} - 3 \cdot \begin{pmatrix} -2 \\ 7.3 \\ -1.2 \end{pmatrix} = \begin{pmatrix} 14.2 \\ -17.9 \\ 3.6 \end{pmatrix}$$

$$\vec{e} = \vec{a} - \vec{b} + 3\vec{c} = \begin{pmatrix} 4.1 \\ 2 \\ 0 \end{pmatrix} - \begin{pmatrix} -2 \\ 7.3 \\ -1.2 \end{pmatrix} + 3 \cdot \begin{pmatrix} -4.2 \\ -3.1 \\ 0.7 \end{pmatrix} = \begin{pmatrix} -6.5 \\ -14.6 \\ 3.3 \end{pmatrix}$$

- Bitte erst Formel, dann Numerik :

$$\lvert\vec{d}\rvert = \sqrt{14.2^2 + (-17.9)^2 + 3.6^2} = 23.13 \qquad \lvert\vec{e}\rvert = \sqrt{(-6.5)^2 + (-14.6)^2 + 3.3^2} = 16.32$$

Formel + Numerik :

$$\varphi(\vec{d},\vec{e}) = \arccos \frac{14.2 \cdot (-6.5) + (-17.9) \cdot (-14.6) + 3.6 \cdot 3.3}{23.13 \cdot 16.32} = 61.36°$$

2.3 Koordinatenquader :

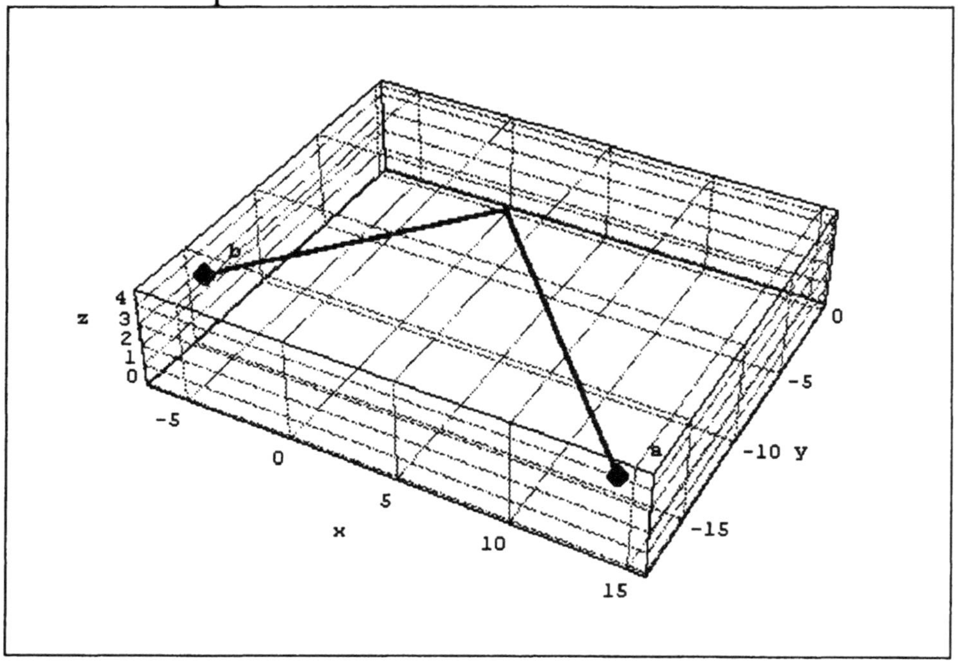

Einige Mathematica-Befehle zur Vektoralgebra :

Vektoren :

a = {a1,a2,a3,a4}	symbolischer 4 D-Vektor
b = {1,-2,4}	numerischer 3 D-Vektor
c = {1.1,-4.0,0,2.7,3.1}	numerischer 5 D-Vektor
d = {1,0,-1,0,1}	numerischer 5 D-Vektor

Vektorkomponenten :

a[[2]]	2. Komponente von a (=a2)
b[[3]]	3. Komponente von b (=4)
c[[4]]	4. Komponente von c (= 2.7)

Operatoren :

+	Vektoraddition	c+d
-	Vektorsubtraktion	c-d
␣ oder *	Multiplikation mit einer Zahl	2␣c oder 2*c
.	Skalarmultiplikation	c.d

Lösung mit Mathematica :

1. $a = \{a1, a2, a3\}, \quad b = \{b1, b2, b3\}$

$u = \{1, -2, 4\}, \quad v = \{6, 8, 15\}, \quad w = \{3, 0, -2\}$

1.1

3 a	{3 a1, 3 a2, 3 a3}
2 u	{2, -4, 8}

1.2

a+b	{a1 + b1, a2 + b2, a3 + b3}
2 a-3 b	{2 a1 - 3 b1, 2 a2 - 3 b2, 2 a3 - 3 b3}
u+v	{7, 6, 19}
2 u-3 v+5 w	{-1, -28, -47}

1.4

a.b	a1 b1 + a2 b2 + a3 b3
u.v	50
u.w	-5
v.w	-12

1.5

Sqrt[a.a]	$\lvert\vec{a}\rvert$ = Sqrt[a1^2 + a2^2 + a3^2]
Sqrt[u.u]//N	$\lvert\vec{u}\rvert$ =4.58258
Sqrt[v.v]//N	$\lvert\vec{v}\rvert$ =18.0278
Sqrt[w.w]//N	$\lvert\vec{w}\rvert$ =3.60555

1.6

$\varphi(\vec{a},\vec{b}) =$	ArcCos[a.b/(Sqrt[a.a] Sqrt[b.b])] = a1 b1 + a2 b2 + a3 b3 ArcCos[--] 2 2 2 2 2 2 Sqrt[a1 + a2 + a3] Sqrt[b1 + b2 + b3]	
$\varphi(\vec{u},\vec{v}) =$	ArcCos[u.v/(Sqrt[u.u] Sqrt[v.v])]	0.920745 Rad
$\varphi(\vec{u},\vec{w}) =$	ArcCos[u.w/([Sqrt[u.u] Sqrt[w.w])]	1.87823 Rad
$\varphi(\vec{v},\vec{w}) =$	ArcCos[v.w/(Sqrt[v.v] Sqrt[w.w])]	1.75648 Rad

Einige Mathematica-Befehle zur Definitiomn von Vektorfunktionen für Längen- und Winkelberechnung :

Länge eines Vektors : l[v_]:=Sqrt[v.v]

Winkel zwischen Vektoren : phi[u_,v_]:=ArcCos[u.v/(l[u] l[v])]

2. $a = \{4.1, 2, 0\},\ b = \{-2.0, 7.3, -1.2\}\ c = \{-4.2, -3.1, 0.7\}$

2.1

l[a]//N	$\|\vec{a}\| = 4.5618$
l[b]//N	$\|\vec{b}\| = 7.66355$
l[c]//N	$\|\vec{c}\| = 5.26688$
phi[a,b]//N	$\varphi(a,b) = 1.38669$ Rad
phi[a,c]//N	$\varphi(a,c) = 2.91644$ Rad
phi[b,c]//N	$\varphi(b,c) = 1.95343$ Rad

2.2

d = 2 a-3 b	{14.2, -17.9, 3.6}
e = a-b+3 c	{-6.5, -14.6, 3.3}
l[d]//N	$\lvert\vec{d}\rvert = 23.1303$
l[e]//N	$\lvert\vec{e}\rvert = 16.3187$
phi[d,e]//N	$\varphi(d,e) = 1.07092$ Rad

Einige Mathematica-Befehle :

Die 3-D Vektoren sind gegeben :
zwei Ortvektoren : Nullvektor o = {0,0,0}, u = {1,1,1}
freie Vektoren : a = {2,4,8}, b = {4,2,8}, c = {8,4,2}

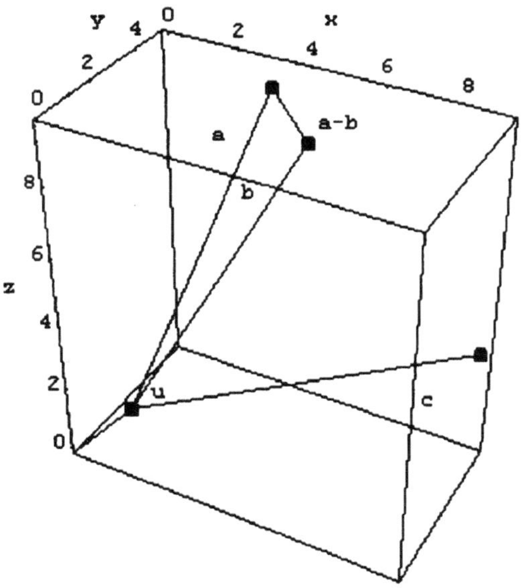

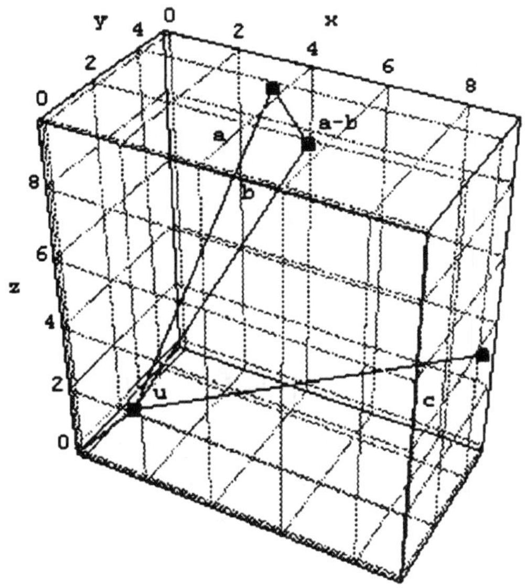

linke Abbildung ohne "Facegrids->All"-Befehl; rechte mit "FaceGrids->All" .

Eingabebefehl:

```
Show[Graphics3D[{
Line[{u,u+a}],PointSize[0.02],Point[u+a],Text["a",a],
Line[{u,u+b}],PointSize[0.02],Point[u+b],Text["b",b],
Line[{u,u+c}],PointSize[0.02],Point[u+c],Text["c",c],
Line[{o,u+o}],PointSize[0.02],Point[o+u],Text["u",u+0.5],
Line[{u+a,u+b}],PointSize[0.02],Point[u+b],Text["a-b",u+b+0.5]}],
Axes->True,AxesLabel->{"x","y","z"},FaceGrids->All]
```

AxesLabel->{"x","y","z"}	gibt die Achsenbeschriftung an,
Axes->True	zeichnet alle Achsen,
FaceGrids->All	gibt Gitterlinien auf allen Flächen dar,
PointSize	regelt die Punktstärke,
Point,Line	sind für die Erzeugung von Punkt und Linie da.

Zusatzaufgabe 3 : a ={ 1,-2,3,4}, b = {2,4,-5,6}

Berechnen Sie $2\vec{a},\ 2\vec{a}-3\vec{b},\ |\vec{a}|,\ |\vec{b}|,\ \varphi(\vec{a},\vec{b})$

Zusatzaufgabe 3 :

$$2\vec{a} = 2\cdot(1 \quad -2 \quad 3 \quad 4) = (2 \quad -4 \quad 6 \quad 8)$$

$$2\vec{a}-3\vec{b} = (2 \quad -4 \quad 6 \quad 8) - 3\cdot(2 \quad 4 \quad -5 \quad 6) = (-4 \quad -16 \quad 21 \quad -10)$$

$$|\vec{a}| = \sqrt{1^2+(-2)^2+3^2+4^2} = \sqrt{30} = 5.477$$

$$|\vec{b}| = \sqrt{2^2+4^2+(-5)^2+6^2} = \sqrt{81} = 9$$

$$\varphi(a,b) = \arccos\frac{1\cdot2-2\cdot4-3\cdot5+4\cdot6}{\sqrt{30}\cdot\sqrt{81}} = 86.51°$$

Name: Sem: Datum:

Matrix - Algebra

Gegeben sind die Matrizen :

$$A = \begin{pmatrix} a_{11} & a_{12} \\ a_{21} & a_{22} \end{pmatrix}, \qquad B = \begin{pmatrix} b_{11} & b_{12} \\ b_{21} & b_{22} \end{pmatrix},$$

$$C = \begin{pmatrix} 1 & -1 & 2 \\ 3 & 1 & -2 \\ 4 & 1 & 2 \end{pmatrix}, \qquad D = \begin{pmatrix} 4 & 2 & 0 \\ 1 & 3 & 1 \\ 2 & 1 & 4 \end{pmatrix}$$

und die Vektoren : $\vec{v} = \begin{pmatrix} v_1 \\ v_2 \end{pmatrix}, \qquad \vec{w} = \begin{pmatrix} 2 \\ 1 \\ 4 \end{pmatrix}.$

Aufgabe 1 :

1.1 Addition : $A + B;\ 2C + D$

1.2 Multiplikation symbolisch : $A \cdot B;\ B \cdot A;\ A \cdot \vec{v};\ \vec{v}^T \cdot A;\ \vec{v}^T \cdot A \cdot \vec{v}$

1.3 Multiplikation numerisch : $C \cdot D;\ D \cdot C;\ C \cdot \vec{w};\ \vec{w}^T \cdot C;\ \vec{w}^T \cdot C \cdot \vec{w}$

1.4 Transponieren : $A^T;\ C^T$

Aufgabe 2 : Berechnen Sie mit Mathematica

2.1 Addition : $A + B;\ 2C + D$

2.2 Multiplikation symbolisch : $A \cdot B;\ B \cdot A;\ A \cdot \vec{v};\ \vec{v}^T \cdot A;\ \vec{v}^T \cdot A \cdot \vec{v}$

2.3 Multiplikation numerisch : $C \cdot D;\ D \cdot C;\ C \cdot \vec{w};\ \vec{w}^T \cdot C;\ \vec{w}^T \cdot C \cdot \vec{w}$

2.4 Transponieren : $A^T;\ C^T$

Gegeben sind die Matrizen :

$$F = \begin{pmatrix} 1 & 4 & 2 & 1 \\ 2 & 9 & 6 & 4 \\ 3 & 12 & 8 & 7 \end{pmatrix}, \qquad G = \begin{pmatrix} 1 & 4 & 2 \\ 2 & 9 & 6 \\ 3 & 12 & 8 \end{pmatrix},$$

$$H = \begin{pmatrix} 1 & 4 & 2 & 1 \\ 2 & 9 & 6 & 4 \\ 3 & 12 & 8 & 7 \\ 4 & 12 & 3 & 4 \end{pmatrix} \text{ und der Vektor } \vec{b} = \begin{pmatrix} 18 \\ 45 \\ 64 \end{pmatrix}.$$

Aufgabe 3 : Berechnen Sie manuell :

3.1 Invertieren numerisch : Inverse C^{-1} von C nach Gauß Jordan

3.2 Lineares Gleichungssystem:
Berechnen Sie den Lösungsraum des linearen Gleichungssystems $F \cdot \vec{x} = \vec{b}$ nach dem Gauß-Jordan-Verfahren .

3.3 Lineares Gleichungssystem mit genau einer Lösung :
Berechnen Sie die Lösung des linearen Gleichungssystems $G \cdot \vec{x} = \vec{b}$ nach dem Gauß-Jordan-Verfahren und die Inverse G^{-1} von G.

3.4 Determinanten :
Berechnen Sie die Determinanten $|G|,|H|$ und die Inhalte der Parallelotope, die von den Vektoren der Matrizen G,H aufgespannt werden .

Aufgabe 4 : Berechnen Sie mit Mathematica :

4.1 Invertieren numerisch : Inverse C^{-1} von C

4.2 Lineares Gleichungssystem:
Berechnen Sie eine Lösung ao und den Basisvektor des Lösungsraumes des linearen Gleichungssystems $F \cdot \vec{x} = \vec{b}$

4.3 Lineares Gleichungssystem mit genau einer Lösung :
Berechnen Sie die Lösung $\vec{x}$ des linearen Gleichungssystems $G \cdot \vec{x} = \vec{b}$ und die Inverse G^{-1} von G.

4.4 Determinanten :
Berechnen Sie die Determinanten $|G|$ und $|H|$.

1. $A=\begin{pmatrix} a_{11} & a_{12} \\ a_{21} & a_{22} \end{pmatrix}$, $B=\begin{pmatrix} b_{11} & b_{12} \\ b_{21} & b_{22} \end{pmatrix}$, $\vec{v}=\begin{pmatrix} v_1 \\ v_2 \end{pmatrix}$, $\vec{w}=\begin{pmatrix} 2 \\ 1 \\ 4 \end{pmatrix}$.

$$C=\begin{pmatrix} 1 & -1 & 2 \\ 3 & 1 & -2 \\ 4 & 1 & 2 \end{pmatrix},\quad D=\begin{pmatrix} 4 & 2 & 0 \\ 1 & 3 & 1 \\ 2 & 1 & 4 \end{pmatrix}$$

1.1 Addition :

$$A+B=\begin{pmatrix} a_{11} & a_{12} \\ a_{21} & a_{22} \end{pmatrix}+\begin{pmatrix} b_{11} & b_{12} \\ b_{21} & b_{22} \end{pmatrix}=\begin{pmatrix} a_{11}+b_{11} & a_{12}+b_{12} \\ a_{21}+b_{21} & a_{22}+b_{22} \end{pmatrix}$$

$$2C+D=2\cdot\begin{pmatrix} 1 & -1 & 2 \\ 3 & 1 & -2 \\ 4 & 1 & 2 \end{pmatrix}+\begin{pmatrix} 4 & 2 & 0 \\ 1 & 3 & 1 \\ 2 & 1 & 4 \end{pmatrix}=\begin{pmatrix} 6 & 0 & 4 \\ 7 & 5 & -3 \\ 10 & 3 & 8 \end{pmatrix}$$

1.2 Multiplikation symbolisch :

$$A\cdot B=\begin{pmatrix} a_{11} & a_{12} \\ a_{21} & a_{22} \end{pmatrix}\cdot\begin{pmatrix} b_{11} & b_{12} \\ b_{21} & b_{22} \end{pmatrix}=\begin{pmatrix} a_{11}\cdot b_{11}+a_{12}\cdot b_{21} & a_{11}\cdot b_{12}+a_{12}\cdot b_{22} \\ a_{21}\cdot b_{11}+a_{22}\cdot b_{21} & a_{21}\cdot b_{12}+a_{22}\cdot b_{22} \end{pmatrix}$$

$$B\cdot A=\begin{pmatrix} b_{11} & b_{12} \\ b_{21} & b_{22} \end{pmatrix}\cdot\begin{pmatrix} a_{11} & a_{12} \\ a_{21} & a_{22} \end{pmatrix}=\begin{pmatrix} b_{11}\cdot a_{11}+b_{12}\cdot a_{21} & b_{11}\cdot a_{12}+b_{12}\cdot a_{22} \\ b_{21}\cdot a_{11}+b_{22}\cdot a_{21} & b_{21}\cdot a_{12}+b_{22}\cdot a_{22} \end{pmatrix}$$

$$A \cdot \bar{v} = \begin{pmatrix} a_{11} & a_{12} \\ a_{21} & a_{22} \end{pmatrix} \cdot \begin{pmatrix} v_1 \\ v_2 \end{pmatrix} = \begin{pmatrix} a_{11} \cdot v_1 + a_{12} \cdot v_2 \\ a_{21} \cdot v_1 + a_{22} \cdot v_2 \end{pmatrix}$$

$$\bar{v}^T \cdot A = (v_1, v_2) \cdot \begin{pmatrix} a_{11} & a_{12} \\ a_{21} & a_{22} \end{pmatrix} = (a_{11} \cdot v_1 + a_{21} \cdot v_2, a_{12} \cdot v_1 + a_{22} \cdot v_2)$$

$$\bar{v}^T \cdot A \cdot \bar{v} = (a_{11} \cdot v_1 + a_{21} \cdot v_2, a_{12} \cdot v_1 + a_{22} \cdot v_2) \cdot \begin{pmatrix} v_1 \\ v_2 \end{pmatrix} =$$

$$= a_{11} \cdot v_1^2 + a_{21} \cdot v_1 \cdot v_2 + a_{12} \cdot v_1 \cdot v_2 + a_{22} \cdot v_2^2$$

oder : $$= (v_1, v_2) \cdot \begin{pmatrix} a_{11} \cdot v_1 + a_{12} \cdot v_2 \\ a_{21} \cdot v_1 + a_{22} \cdot v_2 \end{pmatrix} =$$

$$= a_{11} \cdot v_1^2 + a_{21} \cdot v_1 \cdot v_2 + a_{12} \cdot v_1 \cdot v_2 + a_{22} \cdot v_2^2$$

1.3 Multiplikation numerisch :

$$C \cdot D = \begin{pmatrix} 1 & -1 & 2 \\ 3 & 1 & -2 \\ 4 & 1 & 2 \end{pmatrix} \cdot \begin{pmatrix} 4 & 2 & 0 \\ 1 & 3 & 1 \\ 2 & 1 & 4 \end{pmatrix} =$$

$$= \begin{pmatrix} 1 \cdot 4 - 1 \cdot 1 + 2 \cdot 2 & 1 \cdot 2 - 1 \cdot 3 + 2 \cdot 1 & 1 \cdot 0 - 1 \cdot 1 + 2 \cdot 4 \\ 3 \cdot 4 + 1 \cdot 1 - 2 \cdot 2 & 3 \cdot 2 + 1 \cdot 3 - 2 \cdot 1 & 3 \cdot 0 + 1 \cdot 1 - 2 \cdot 4 \\ 4 \cdot 4 + 1 \cdot 1 + 2 \cdot 2 & 4 \cdot 2 + 1 \cdot 3 + 2 \cdot 1 & 4 \cdot 0 + 1 \cdot 1 + 2 \cdot 4 \end{pmatrix} = \begin{pmatrix} 7 & 1 & 7 \\ 9 & 7 & -7 \\ 21 & 13 & 9 \end{pmatrix}$$

$$D \cdot C = \begin{pmatrix} 4 & 2 & 0 \\ 1 & 3 & 1 \\ 2 & 1 & 4 \end{pmatrix} \cdot \begin{pmatrix} 1 & -1 & 2 \\ 3 & 1 & -2 \\ 4 & 1 & 2 \end{pmatrix} =$$

$$= \begin{pmatrix} 4 \cdot 1 + 2 \cdot 3 + 0 \cdot 4 & -4 \cdot 1 + 2 \cdot 1 + 0 \cdot 1 & 4 \cdot 2 - 2 \cdot 2 + 0 \cdot 2 \\ 1 \cdot 1 + 3 \cdot 3 + 1 \cdot 4 & -1 \cdot 1 + 3 \cdot 1 + 1 \cdot 1 & 1 \cdot 2 - 3 \cdot 2 + 1 \cdot 2 \\ 2 \cdot 1 + 1 \cdot 3 + 4 \cdot 4 & -2 \cdot 1 + 1 \cdot 1 + 4 \cdot 1 & 2 \cdot 2 - 1 \cdot 2 + 4 \cdot 2 \end{pmatrix} = \begin{pmatrix} 10 & -2 & 4 \\ 14 & 3 & -2 \\ 21 & 3 & 10 \end{pmatrix}$$

$$C \cdot \vec{w} = \begin{pmatrix} 1 & -1 & 2 \\ 3 & 1 & -2 \\ 4 & 1 & 2 \end{pmatrix} \cdot \begin{pmatrix} 2 \\ 1 \\ 4 \end{pmatrix} = \begin{pmatrix} 1\cdot 2 - 1\cdot 1 + 2\cdot 4 \\ 3\cdot 2 + 1\cdot 1 - 2\cdot 4 \\ 4\cdot 2 + 1\cdot 1 + 2\cdot 4 \end{pmatrix} = \begin{pmatrix} 9 \\ -1 \\ 17 \end{pmatrix}$$

$$\vec{w}^T \cdot C = (2,1,4) \cdot \begin{pmatrix} 1 & -1 & 2 \\ 3 & 1 & -2 \\ 4 & 1 & 2 \end{pmatrix} =$$

$$= (2\cdot 1 + 1\cdot 3 + 4\cdot 4, -2\cdot 1 + 1\cdot 1 + 4\cdot 1, 2\cdot 2 - 1\cdot 2 + 4\cdot 2) = (21,3,10)$$

$$\vec{w}^T \cdot C \cdot \vec{w} = (2,1,4) \cdot \begin{pmatrix} 1 & -1 & 2 \\ 3 & 1 & -2 \\ 4 & 1 & 2 \end{pmatrix} \cdot \begin{pmatrix} 2 \\ 1 \\ 4 \end{pmatrix} =$$

$$= (21,3,10) \cdot \begin{pmatrix} 2 \\ 1 \\ 4 \end{pmatrix} = 21\cdot 2 + 3\cdot 1 + 10\cdot 4 = 85$$

oder : $$= (2,1,4) \cdot \begin{pmatrix} 9 \\ -1 \\ 17 \end{pmatrix} = 2\cdot 9 + 1\cdot(-1)\cdot 4\cdot 17 = 85$$

1.4 Transponieren :

$$A^T = \begin{pmatrix} a_{11} & a_{12} \\ a_{21} & a_{22} \end{pmatrix}^T = \begin{pmatrix} a_{11} & a_{21} \\ a_{12} & a_{22} \end{pmatrix}$$

$$C^T = \begin{pmatrix} 1 & -1 & 2 \\ 3 & 1 & -2 \\ 4 & 1 & 2 \end{pmatrix}^T = \begin{pmatrix} 1 & 3 & 4 \\ -1 & 1 & 1 \\ 2 & -2 & 2 \end{pmatrix}$$

2. Mathematica :

Einbabe :

A = {{a11,a12},{a21,a22}}
B = {{b11,b12},{b21,b22}}
C = {{1,-1,2},{3,1,-2},{4,1,2}}
D = {{4,2,0},{1,3,1},{2,1,4}}
v = {v1,v2}
w = {2,1,4}

Operatoren :

+	Addition	A + B
␣ oder *	Multiplikation mit Zahl	2 ␣ C oder 2*C
.	Multiplikation zweier Matrizen	A.B
	oder Matrix mit Vektor	A.v

Transpose[A] Transponieren A^T

Darstellung von Matrizen :

Eingabe :	Ausgabe :
A	als Liste : {{a11,a12},{a21,a22}}
MatrixForm oder mf[A]	als Tabelle a11 a12 a21 a22

Zur Abkürzung difiniert man die Funktion mf[A_]:=MatrixForm[A]

2.1

A+B	{{a11 + b11, a12 + b12}, {a21 + b21, a22 + b22}}
mf[A+B]	a11 + b11 a12 + b12 a21 + b21 a22 + b22
mf[2 C+D]	6 0 4 7 5 -3 10 3 8

2.2

A.B	{{a11 b11 + a12 b21, a11 b12 + a12 b22}, {a21 b11 + a22 b21, a21 b12 + a22 b22}}
mf[A.B]	a11 b11 + a12 b21 a11 b12 + a12 b22 a21 b11 + a22 b21 a21 b12 + a22 b22
mf[B.A]	a11 b11 + a21 b12 a12 b11 + a22 b12 a11 b21 + a21 b22 a12 b21 + a22 b22
mf[A.v]	a11 v1 + a12 v2 a21 v1 + a22 v2
mf[v.A]	a11 v1 + a21 v2 a12 v1 + a22 v2
v.A.v	v1 (a11 v1 + a21 v2) + v2 (a12 v1 + a22 v2)

2.3

C.D	{{7, 1, 7}, {9, 7, -7}, {21, 13, 9}}
mf[C.D]	7 1 7 9 7 -7 21 13 9
mf[D.C]	10 -2 4 14 3 -2 21 3 10
w.C	{2 1, 3, 10}
mf[C.w]	21 3 10
w.C.w	85

2.4

mf[A]	a11 a12 a21 a22
mf[Transpose[A]]	a11 a21 a12 a22
mf[C]	1 -1 2 3 1 -2 4 1 2
mf[Transpose[C]]	1 3 4 -1 1 1 2 -2 2

3.1 Invertieren numerisch :

Berechnen Sie nach Gauß Jordan die Inverse C^{-1} von C:

$$\left|\begin{array}{ccc|ccc|l} \vec{c}_1 & \vec{c}_2 & \vec{c}_3 & \vec{e}_1 & \vec{e}_2 & \vec{e}_3 & \\ 1 & -1 & 2 & 1 & 0 & 0 & \\ 3 & 1 & -2 & 0 & 1 & 0 & -3z_1^T \\ 4 & 1 & 2 & 0 & 0 & 1 & -4z_1^T \end{array}\right. \Rightarrow \left|\begin{array}{ccc|ccc|l} 1 & -1 & 2 & 1 & 0 & 0 & \\ 0 & 4 & -8 & -3 & 1 & 0 & \cdot 0.25 \\ 0 & 5 & 6 & -4 & 0 & 1 & \end{array}\right. \Rightarrow$$

$$\left|\begin{array}{ccc|ccc|l} 1 & -1 & 2 & 1 & 0 & 0 & +z_2^T \\ 0 & 1 & -2 & -0.75 & 0.25 & 0 & \\ 0 & 5 & -6 & -4 & 0 & 1 & -5z_2^T \end{array}\right. \Rightarrow \left|\begin{array}{ccc|ccc|l} 1 & 0 & 0 & 0.25 & 0.25 & 0 & \\ 0 & 1 & -2 & -0.75 & 0.25 & 0 & \\ 0 & 0 & 4 & -0.25 & -1.25 & 1 & \cdot 0.25 \end{array}\right. \Rightarrow$$

$$\left|\begin{array}{ccc|ccc|l} 1 & 0 & 0 & 0.25 & 0.25 & 0 & \\ 0 & 1 & -2 & -0.75 & 0.25 & 0 & \cdot 2z_3^T \\ 0 & 0 & 1 & -0.0625 & -0.3125 & 0.25 & \end{array}\right. \Rightarrow \left|\begin{array}{ccc|ccc|} 1 & 0 & 0 & 0.25 & 0.25 & 0 \\ 0 & 1 & 0 & -0.875 & -0.375 & 0.5 \\ 0 & 0 & 1 & -0.0625 & -0.3125 & 0.25 \end{array}\right|$$

$$C^{-1} = \begin{pmatrix} 1 & -1 & 2 \\ 3 & 1 & -2 \\ 4 & 1 & 2 \end{pmatrix}^{-1} = \begin{pmatrix} 0.25 & 0.25 & 0 \\ -0.875 & -0.3125 & 0.5 \\ -0.0625 & -0.3125 & 0.25 \end{pmatrix} = \frac{1}{16} \cdot \begin{pmatrix} 4 & 4 & 0 \\ -14 & -6 & 8 \\ -1 & -5 & 4 \end{pmatrix}$$

3.2 Lineares Gleichungssystem:

Berechnen Sie den Lösungsraum des linearen Gleichungssystems $F \cdot \vec{x} = \vec{b}$ nach dem Gauß-Jordan-Verfahren .

$$\left|\begin{array}{cccc|c|l} x_1 & x_2 & x_3 & x_4 & RS & \\ 1 & 4 & 2 & 1 & 18 & \\ 2 & 9 & 6 & 4 & 45 & -2\vec{z}_1^T \\ 3 & 12 & 8 & 7 & 64 & -3\vec{z}_1^T \end{array}\right. \Longrightarrow \left|\begin{array}{cccc|c|l} x_1 & x_2 & x_3 & x_4 & RS & \\ 1 & 4 & 2 & 1 & 18 & -4\vec{z}_2^T \\ 0 & 1 & 2 & 2 & 9 & \\ 0 & 0 & 2 & 4 & 10 & \end{array}\right. \Longrightarrow$$

$$\left|\begin{array}{cccc|c|l} x_1 & x_2 & x_3 & x_4 & RS & \\ 1 & 0 & -6 & -7 & -18 & \\ 0 & 1 & 2 & 2 & 9 & \\ 0 & 0 & 2 & 4 & 10 & \cdot 0.5 \end{array}\right. \Longrightarrow \left|\begin{array}{cccc|c|l} x_1 & x_2 & x_3 & x_4 & RS & \\ 1 & 0 & -6 & -7 & -18 & +6\vec{z}_3^T \\ 0 & 1 & 2 & 2 & 9 & -2\vec{z}_3^T \\ 0 & 0 & 1 & 2 & 5 & \end{array}\right. \Longrightarrow$$

$$\left|\begin{array}{cccc|c|} x_1 & x_2 & x_3 & x_4 & RS \\ 1 & 0 & 0 & 5 & 12 \\ 0 & 1 & 0 & -2 & -1 \\ 0 & 0 & 1 & 2 & 5 \end{array}\right. \quad \begin{array}{llll} x_1 & & & +5x_4 = 12 \\ & x_2 & & -2x_4 = -1 \Rightarrow \\ & & x_3 & +2x_4 = 5 \end{array} \quad \begin{array}{l} x_1 = 12 - 5x_4 \\ x_2 = -1 + 2x_4 \\ x_3 = 5 - 2x_4 \\ x_4 = 0 + 1x_4 \end{array}$$

x_4 ist frei wählbar $\Rightarrow x_4 = \lambda, \ \lambda \in R$

$$\vec{x} = \begin{pmatrix} x_1 \\ x_2 \\ x_3 \\ x_4 \end{pmatrix} = \begin{pmatrix} 12 \\ -1 \\ 5 \\ 0 \end{pmatrix} + \lambda \cdot \begin{pmatrix} -5 \\ 2 \\ -2 \\ 1 \end{pmatrix}, \ \lambda \in R$$

$$\vec{x} = \vec{a}_0 + \lambda \cdot \vec{a}_1$$

$$L = \{\vec{x} | \vec{x} = \vec{a}_0 + \lambda \cdot \vec{a}_1, \ \lambda \in R\}$$

Lösungsraum : Gerade in V_4 bzw. 1-dim. Unterraum in V_4 .

3.3 Lineares Gleichungssystem mit genau einer Lösung :
Berechnen Sie die Lösung des linearen Gleichungssystems $G \cdot \vec{x} = \vec{b}$ nach dem Gauß-Jordan-Verfahren und die Inverse G^{-1} von G.

$$\left|\begin{array}{ccc|c|ccc|l} x_1 & x_2 & x_3 & RS & \vec{e}_1 & \vec{e}_2 & \vec{e}_3 & \\ 1 & 4 & 2 & 18 & 1 & 0 & 0 & \\ 2 & 9 & 6 & 45 & 0 & 1 & 0 & -2\vec{z}_1^T \\ 3 & 12 & 8 & 64 & 0 & 0 & 1 & -3\vec{z}_1^T \end{array}\right. \Rightarrow$$

$$\left|\begin{array}{ccc|c|ccc|l} x_1 & x_2 & x_3 & RS & & & & \\ 1 & 4 & 2 & 18 & 1 & 0 & 0 & -4\vec{z}_2^T \\ 0 & 1 & 2 & 9 & -2 & 1 & 0 & \\ 0 & 0 & 2 & 10 & -3 & 0 & 1 & \cdot 0.5 \end{array}\right. \Rightarrow$$

$$\left|\begin{array}{ccc|c|ccc|l} x_1 & x_2 & x_3 & RS & & & & \\ 1 & 0 & -6 & -18 & 9 & -4 & 0 & +6\vec{z}_3^T \\ 0 & 1 & 2 & 9 & -2 & 1 & 0 & -2\vec{z}_3^T \\ 0 & 0 & 1 & 5 & -1.5 & 0 & 0.5 & \end{array}\right. \Rightarrow$$

$$\left|\begin{array}{ccc|c|ccc|} x_1 & x_2 & x_3 & RS & & & \\ 1 & 0 & 0 & 12 & 0 & -4 & 3 \\ 0 & 1 & 0 & -1 & 1 & 1 & -1 \\ 0 & 0 & 1 & 5 & -1.5 & 0 & 0.5 \end{array}\right. \begin{array}{l} x_1 = 12 \\ \Rightarrow x_2 = -1 \\ x_3 = 5 \end{array} \Rightarrow \vec{x} = \begin{pmatrix} 12 \\ -1 \\ 5 \end{pmatrix}$$

$$G^{-1} = \begin{pmatrix} 0 & -4 & 3 \\ 1 & 1 & -1 \\ -1.5 & 0 & 0.5 \end{pmatrix}$$

$$L = \{\vec{x} | x_1 = 12, x_2 = -1, x_3 = 5\}$$

3.4 Determinanten :

Berechnen Sie die Determinanten $|G|, |H|$ und die Inhalte der Parallelotope, die von den Vektoren der Matrizen G,H aufgespannt werden .

$$|G| = \begin{vmatrix} 1 & 4 & 2 \\ 2 & 9 & 6 \\ 3 & 12 & 8 \end{vmatrix} =$$

$$= 1\cdot 9\cdot 8 + 4\cdot 6\cdot 3 + 2\cdot 2\cdot 12 - 2\cdot 9\cdot 3 - 1\cdot 6\cdot 12 - 4\cdot 2\cdot 8 =$$

$$= 72 + 72 + 48 - 54 - 72 - 64 = 2$$

$$|H| = \begin{vmatrix} 1 & 4 & 2 & 1 \\ 2 & 9 & 6 & 4 \\ 3 & 12 & 8 & 7 \\ 4 & 12 & 3 & 4 \end{vmatrix} \begin{matrix} \\ -2\vec{z}_1^T \\ -3\vec{z}_1^T \\ -4\vec{z}_1^T \end{matrix} = \begin{vmatrix} 1 & 4 & 2 & 1 \\ 0 & 1 & 2 & 2 \\ 0 & 0 & 2 & 4 \\ 0 & -4 & -5 & 0 \end{vmatrix} \begin{matrix} \\ \\ \\ +4\vec{z}_2^T \end{matrix} =$$

$$= \begin{vmatrix} 1 & 4 & 2 & 1 \\ 0 & 1 & 2 & 2 \\ 0 & 0 & 2 & 4 \\ 0 & 0 & 3 & 8 \end{vmatrix} \begin{matrix} \\ \\ \\ -1.5\vec{z}_3^T \end{matrix} = \begin{vmatrix} 1 & 4 & 2 & 1 \\ 0 & 1 & 2 & 2 \\ 0 & 0 & 2 & 4 \\ 0 & 0 & 0 & 2 \end{vmatrix} =$$

$$= 1\cdot 1\cdot 2\cdot 2 = 4$$

4. Mathematica :

Eingabe :

F = {{1,4,2,1},{2,9,6,4},{3,12,8,7}}

G = {{1,4,2},{2,9,6},{3,12,8}}

H = {{1,4,2,1},{2,9,6,4},{3,12,8,7},{4,12,3,4}}

b = {18,45,64}

C1 = {{1,-1,2},{3,1,-2},{4,1,2}}

Operatoren :

Inverse[A]	Inverse A^{-1}
LinearSolve[A,b]	gibt eine Lösung $\vec{x}$ von $A \cdot \vec{x} = \vec{b}$
NullSpace[A]	gibt die Basisvektoren des Lösungsraumes (als Lösung von $A \cdot \vec{x} = \vec{o}$)
Det[A]	Determinante $\lvert A \rvert$

Definieren Sie die Funktionen :

```
mf[A_]:=MatrixForm[A]
mfn[A_]:=MatrixForm[A]//N
```

4.1

Ci = Inverse[C1]	$\{\{\frac{1}{4}, \frac{1}{4}, 0\}, \{-(\frac{7}{8}), -(\frac{3}{8}), \frac{1}{2}\}, \{-(\frac{1}{16}), -(\frac{5}{16}), \frac{1}{4}\}\}$
mf[Ci]	$\begin{matrix} \frac{1}{4} & \frac{1}{4} & 0 \\ -(\frac{7}{8}) & -(\frac{3}{8}) & \frac{1}{2} \\ -(\frac{1}{16}) & -(\frac{5}{16}) & \frac{1}{4} \end{matrix}$
mfn[Ci]	0.25 0.25 0 -0.875 -0.375 0.5 -0.0625 -0.3125 0.25

Probe :

mf[C1.Ci]	$\begin{matrix} 1 & 0 & 0 \\ 0 & 1 & 0 \\ 0 & 0 & 1 \end{matrix} = E$

4.2

a0 = LinearSolve[F,b]	{12, -1, 5, 0}
a1 = NullSpace[F]	{{-5, 2, -2, 1}}

Lösungsraum : Gerade in V_4 bzw. 1-dim. Unterraum im V_4 .

Probe :

F.a0	{18, 45, 64} = b
F.(a0+2 a1)	{{1, 4, 2, 1}, {2, 9, 6, 4}, {3, 12, 8, 7}} . ({{-10, 4, -4, 2}} + {12, -1, 5, 0})

4.3

x = LinearSolve[G,b]	{12, -1, 5}
NullSpace[G]	{} Kontrolle ob der Lösungsraum die Dimension 0 hat.
Gi = Inverse[G]	$\{\{0, -4, 3\}, \{1, 1, -1\}, \{-(\frac{3}{2}), 0, \frac{1}{2}\}\}$
mfn[Gi]	0 -4. 3. 1. 1. -1. -1.5 0 0.5

Probe :

G.x	{18, 45, 64} = b
mf[G.Gi]	1 0 0 0 1 0 = E 0 0 1
Gi.b	{12, -1, 5} = x

4.4

Det[G]	2
Det[H]	4

Name: Sem: Datum:

Angewandte Aufgaben zu linearen Gleichungssystemen und Matrix - Algebra

Aufgabe 1 : Kräfteparallelotop

1.1 Gegeben sind die Kräfte :

$$\vec{F}_1 = \begin{pmatrix} 2 \\ 1 \\ 4 \end{pmatrix}, \quad \vec{F}_2 = \begin{pmatrix} -1 \\ 3 \\ 6 \end{pmatrix}, \quad \vec{F}_3 = \begin{pmatrix} 5 \\ 2 \\ 8 \end{pmatrix}$$

Mit welchen Faktoren x_i sind diese Kräfte einzusetzen, damit die benötigte resultierende Kraft $\vec{F} = \begin{pmatrix} 25 \\ -53 \\ -72 \end{pmatrix}$ erzeugt werden kann ? Bei welchen Kräften ist eine Schubumkehr erforderlich ?

1.2 Zusatzaufgabe :

Gegeben ist zusätzlich die Kraft $\vec{F}_4 = \begin{pmatrix} 7 \\ 2 \\ 12 \end{pmatrix}$

Lösen Sie nun die Aufgabe 1.1 mit 4 Kräften, geben Sie drei verschiedene Lösungen und die Menge aller Lösungen an.

Aufgabe 2 : Vektoralgebra

2.1 Gegeben sind die Vektoren $\vec{a} = \begin{pmatrix} 4 \\ 2 \\ 7 \end{pmatrix}$, $\vec{b} = \begin{pmatrix} 3 \\ 4 \\ -6 \end{pmatrix}$.

Berechnen Sie alle Vektoren $\vec{x}$ mit der Länge 1, die mit $\vec{a}$ den Winkel $\varphi_a = \varphi(\vec{a},\vec{x}) = 50°$ und $\vec{b}$ den Winkel $\varphi_b = \varphi(\vec{b},\vec{x}) = 65°$ einschließen .

2.2 Zusätzlich ist $\vec{c} = \begin{pmatrix} 7 \\ 3 \\ 2 \end{pmatrix}$ gegeben und ein Winkel $\varphi_c = \varphi(\vec{c},\vec{x}) = 70°$.

Gibt es einen Vektor $\vec{x}$ der Länge 1, der mit $\vec{a}, \vec{b}, \vec{c}$ die Winkel $\varphi_a, \varphi_b, \varphi_c$ einschließt ?

Aufgabe 3 : Interpolation

Gegeben sind die Punkte :

i	1	2	3	4	5	6
x_i	0	1	2	3	5	10
y_i	1	2	6	8	6	1

Bestimmen Sie die Koeffizienten a_j des Polynoms :

$P_5(x) = a_0 + a_1x + a_2x^2 + a_3x^3 + a_4x^4 + a_5x^5$ so, daß $P_5(x_i) = y_i$ ist .

Aufgabe 4 : Mathematica

Lösen Sie mit Mathematica die Aufgaben 1., 2., 3. und vergleichen Sie damit Ihre Ergebnisse .

4.1 Kräfteparallelotop

4.2 Vektoralgebra

4.3 Interpolation

1. Kräfteparallelotop

1.1 Gegeben sind die Kräfte :

$$\vec{F}_1 = \begin{pmatrix} 2 \\ 1 \\ 4 \end{pmatrix}, \quad \vec{F}_2 = \begin{pmatrix} -1 \\ 3 \\ 6 \end{pmatrix}, \quad \vec{F}_3 = \begin{pmatrix} 5 \\ 2 \\ 8 \end{pmatrix}, \quad \vec{F} = \begin{pmatrix} 25 \\ -53 \\ -72 \end{pmatrix}$$

Mit welchen Faktoren x_i sind die Kräfte $\vec{F}_1, \vec{F}_2, \vec{F}_3$ einzusetzen, damit die benötigte Kraft $\vec{F}$ erzeugt werden kann ? Bei welchen Kräften ist eine Schubumkehr erforderlich ?

Vektorgleichung für $\vec{F}$:

$$\vec{F} = x_1 \cdot \vec{F}_1 + x_2 \cdot \vec{F}_2 + x_3 \cdot \vec{F}_3$$

mit Zahlenwerten :

$$\begin{pmatrix} 25 \\ -53 \\ -72 \end{pmatrix} = x_1 \cdot \begin{pmatrix} 2 \\ 1 \\ 4 \end{pmatrix} + x_2 \cdot \begin{pmatrix} -1 \\ 3 \\ 6 \end{pmatrix} + x_3 \cdot \begin{pmatrix} 5 \\ 2 \\ 8 \end{pmatrix}$$

Gleichungssystem :

$$\begin{array}{lllll} (1) & 2x_1 & -x_2 & +5x_3 & =25 \\ (2) & x_1 & +3x_2 & +2x_3 & =-53 \\ (3) & 4x_1 & +6x_2 & +8x_3 & =-72 \end{array}$$

Lösungsverfahren : Gauß Jordan

$$\left|\begin{array}{ccc|c|} x_1 & x_2 & x_3 & RS \\ 2 & -1 & 5 & 25 \\ 1 & 3 & 2 & -53 \\ 4 & 6 & 8 & -72 \end{array}\right. \Rightarrow \left|\begin{array}{ccc|c|l} x_1 & x_2 & x_3 & RS & \\ 1 & 3 & 2 & -53 & \\ 2 & -1 & 5 & 25 & -2\vec{z}_1^T \\ 4 & 6 & 8 & -72 & -4\vec{z}_1^T \end{array}\right. \Rightarrow$$

$$\left|\begin{array}{ccc|c|} x_1 & x_2 & x_3 & RS \\ 1 & 3 & 2 & -53 \\ 0 & -7 & 1 & 131 \\ 0 & -6 & 0 & 140 \end{array}\right. \Rightarrow \left|\begin{array}{ccc|c|l} x_1 & x_3 & x_2 & RS & \\ 1 & 2 & 3 & -53 & -2\vec{z}_2^T \\ 0 & 1 & -7 & 131 & \\ 0 & 0 & -6 & 140 & \end{array}\right. \Rightarrow$$

$$\left|\begin{array}{ccc|c|l} x_1 & x_3 & x_2 & RS & \\ 1 & 0 & 17 & -315 & \\ 0 & 1 & -7 & 131 & \\ 0 & 0 & -6 & 140 & \cdot -1/6 \end{array}\right. \Rightarrow \left|\begin{array}{ccc|c|l} x_1 & x_3 & x_2 & RS & \\ 1 & 0 & 17 & -315 & -17\vec{z}_3^T \\ 0 & 1 & -7 & 131 & +7\vec{z}_3^T \\ 0 & 0 & 1 & -\frac{70}{3} & \end{array}\right. \Rightarrow$$

$$\left|\begin{array}{ccc|c|} x_1 & x_3 & x_2 & RS \\ 1 & 0 & 0 & 245/3 \\ 0 & 1 & 0 & -97/3 \\ 0 & 0 & 1 & -70/3 \end{array}\right.$$

$$x_1 = \frac{245}{3} = 81.67$$

$$x_2 = -\frac{70}{3} = -23.33$$

$$x_3 = -\frac{97}{3} = -32.33$$

Schubumkehr bei den Kräften : $\vec{F}_2$ und $\vec{F}_3$

1.2 Zusatzaufgabe :

Gegeben ist zusätzlich die Kraft $\vec{F}_4 = \begin{pmatrix} 7 \\ 2 \\ 12 \end{pmatrix}$.

Mit welchen Faktoren x_i sind die Kräfte $\vec{F}_1, \vec{F}_2, \vec{F}_3, \vec{F}_4$ einzusetzen, damit die benötigte resultierende Kraft $\vec{F}$ erzeugt werden kann ?

Geben Sie drei verschiedene Lösungen und die Menge aller Lösungen an .

Vektorgleichung für $\vec{F}$:

$$\vec{F} = x_1 \cdot \vec{F}_1 + x_2 \cdot \vec{F}_2 + x_3 \cdot \vec{F}_3 + x_4 \cdot \vec{F}_4$$

mit Zahlenwerten :

$$\begin{pmatrix} 25 \\ -53 \\ -72 \end{pmatrix} = x_1 \cdot \begin{pmatrix} 2 \\ 1 \\ 4 \end{pmatrix} + x_2 \cdot \begin{pmatrix} -1 \\ 3 \\ 6 \end{pmatrix} + x_3 \cdot \begin{pmatrix} 5 \\ 2 \\ 8 \end{pmatrix} + x_4 \cdot \begin{pmatrix} 7 \\ 2 \\ 12 \end{pmatrix}$$

Gleichungssystem :

$$\begin{array}{llllll} (1) & 2x_1 & -x_2 & +5x_3 & +7x_4 & = 25 \\ (2) & x_1 & +3x_2 & +2x_3 & +2x_4 & = -53 \\ (3) & 4x_1 & +6x_2 & +8x_3 & +12x_4 & = -72 \end{array}$$

Lösungsverfahren : Gauß Jordan

$$\left|\begin{array}{cccc|c} x_1 & x_2 & x_3 & x_4 & RS \\ 2 & -1 & 5 & 7 & 25 \\ 1 & 3 & 2 & 2 & -53 \\ 4 & 6 & 8 & 12 & -72 \end{array}\right| \begin{array}{c} \\ \leftarrow \\ \leftarrow \\ \\ \end{array} \Rightarrow \left|\begin{array}{cccc|c} x_1 & x_2 & x_3 & x_4 & RS \\ 1 & 3 & 2 & 2 & -53 \\ 2 & -1 & 5 & 7 & 25 \\ 4 & 6 & 8 & 12 & -72 \end{array}\right| \begin{array}{l} \\ \\ -2\vec{z}_1^T \\ -4\vec{z}_1^T \end{array} \Rightarrow$$

$$\left|\begin{array}{cccc|c} x_1 & x_2 & x_3 & x_4 & RS \\ 1 & 3 & 2 & 2 & -53 \\ 0 & -7 & 1 & 3 & 131 \\ 0 & -6 & 0 & 4 & 140 \end{array}\right| \Rightarrow \left|\begin{array}{cccc|c} x_1 & x_3 & x_2 & x_4 & RS \\ 1 & 2 & 3 & 2 & -53 \\ 0 & 1 & -7 & 3 & 131 \\ 0 & 0 & -6 & 4 & 140 \end{array}\right| \begin{array}{l} \\ -2\vec{z}_2^T \\ \\ \\ \end{array} \Rightarrow$$

(Spalten x_2 und x_3 vertauscht: ↑__↑)

$$\left|\begin{array}{cccc|c} x_1 & x_3 & x_2 & x_4 & RS \\ 1 & 0 & 17 & -4 & -315 \\ 0 & 1 & -7 & 3 & 131 \\ 0 & 0 & -6 & 4 & 140 \end{array}\right| \begin{array}{l} \\ \\ \\ \cdot -\frac{1}{6} \end{array} \Rightarrow \left|\begin{array}{cccc|c} x_1 & x_3 & x_2 & x_4 & RS \\ 1 & 0 & 17 & -4 & -315 \\ 0 & 1 & -7 & 3 & 131 \\ 0 & 0 & 1 & -2/3 & -70/3 \end{array}\right| \begin{array}{l} \\ -17\vec{z}_3^T \\ +7\vec{z}_3^T \\ \\ \end{array} \Rightarrow$$

$$\left|\begin{array}{cccc|c} x_1 & x_3 & x_2 & x_4 & RS \\ 1 & 0 & 0 & 22/3 & 245/3 \\ 0 & 1 & 0 & -5/3 & -97/3 \\ 0 & 0 & 1 & -2/3 & -70/3 \end{array}\right|$$

$$\begin{array}{llll} x_1 & & +\frac{22}{3}x_4 & =\frac{245}{3} \\ & x_3 & -\frac{5}{3}x_4 & =-\frac{97}{3} \\ x_2 & & -\frac{2}{3}x_4 & =-\frac{70}{3} \end{array}$$

x_4 ist frei wählbar

$\Rightarrow x_4 = \alpha, \quad \alpha \in R$

$$x_1 = \frac{245}{3} - \frac{22}{3}\cdot\alpha$$
$$x_2 = -\frac{70}{3} + \frac{2}{3}\cdot\alpha$$
$$x_3 = -\frac{97}{3} + \frac{5}{3}\cdot\alpha$$
$$x_4 = 0 + 1\cdot\alpha$$

$$\vec{x} = \begin{pmatrix} x_1 \\ x_2 \\ x_3 \\ x_4 \end{pmatrix} = \begin{pmatrix} 245/3 \\ -70/3 \\ -97/3 \\ 0 \end{pmatrix} + \alpha \cdot \begin{pmatrix} -22/3 \\ 2/3 \\ 5/3 \\ 1 \end{pmatrix}$$

Drei verschiedene Lösungen :

$$\alpha = 0 \quad : \quad \vec{x} = \begin{pmatrix} 245/3 \\ -70/3 \\ -97/3 \\ 0 \end{pmatrix}$$

$$\alpha = 1 \quad : \quad \vec{x} = \begin{pmatrix} 223/3 \\ -68/3 \\ -92/3 \\ 1 \end{pmatrix}$$

$$\alpha = -1 \quad : \quad \vec{x} = \begin{pmatrix} 89 \\ -24 \\ -34 \\ -1 \end{pmatrix}$$

Lösungsmenge :

$$L = \left\{ \vec{x} \,\middle|\, \vec{x} = \begin{pmatrix} 245/3 \\ -70/3 \\ -97/3 \\ 0 \end{pmatrix} + \alpha \cdot \begin{pmatrix} -22/3 \\ 2/3 \\ 5/3 \\ 1 \end{pmatrix}, \quad \alpha \in R \right\}$$

2. Vektoralgebra :

2.1 Gegeben sind die Vektoren $\vec{a} = \begin{pmatrix} 4 \\ 2 \\ 7 \end{pmatrix}$, $\vec{b} = \begin{pmatrix} 3 \\ 4 \\ -6 \end{pmatrix}$.

Berechnen Sie alle Vektoren $\vec{x}$ mit der Länge 1, die mit $\vec{a}$ den Winkel $\varphi_a = \varphi(\vec{a},\vec{x}) = 50°$ und $\vec{b}$ den Winkel $\varphi_b = \varphi(\vec{b},\vec{x}) = 65°$ einschließen .

$$\cos\varphi_a(\vec{a},\vec{x}) = \frac{\vec{a}\cdot\vec{x}}{|\vec{a}|\cdot|\vec{x}|} = \frac{\vec{a}\cdot\vec{x}}{|\vec{a}|}$$

$$\Rightarrow \quad \boxed{\vec{a}\cdot\vec{x} = |\vec{a}|\cdot\cos\varphi_a \qquad (1)}$$

$$\cos\varphi_b(\vec{b},\vec{x}) = \frac{\vec{b}\cdot\vec{x}}{|\vec{b}|\cdot|\vec{x}|} = \frac{\vec{b}\cdot\vec{x}}{|\vec{b}|}$$

$$\Rightarrow \quad \boxed{\vec{b}\cdot\vec{x} = |\vec{b}|\cdot\cos\varphi_b \qquad (2)}$$

Einsetzen der Zahlenwerte in (1) und (2) :

$$|\vec{a}| = \sqrt{4^2+2^2+7^2} = \sqrt{69} = 8.31$$
$$\cos\varphi_a = \cos 50° = 0.64$$
$$|\vec{a}|\cdot\cos\varphi_a = 8.31\cdot 0.64 = 5.34$$

$$|\vec{b}| = \sqrt{3^2+4^2+(-6)^2} = \sqrt{61} = 7.81$$
$$\cos\varphi_b = \cos 65° = 0.42$$
$$|\vec{b}|\cdot\cos\varphi_b = 7.84\cdot 0.42 = 3.30$$

$$(1)\ :\ \begin{pmatrix} 4 \\ 2 \\ 7 \end{pmatrix}\cdot\begin{pmatrix} x_1 \\ x_2 \\ x_3 \end{pmatrix} = 5.34$$

$$(2)\ :\ \begin{pmatrix} 3 \\ 4 \\ -6 \end{pmatrix}\cdot\begin{pmatrix} x_1 \\ x_2 \\ x_3 \end{pmatrix} = 3.30$$

Lineares Gleichungssystem :

$$\begin{aligned} &(1)\quad 4x_1 + 2x_2 + 7x_3 = 5.34 \\ &(2)\quad 3x_1 + 4x_2 - 6x_3 = 3.30 \end{aligned}$$

Lösungsverfahren : Gauß Jordan

$$\left|\begin{array}{ccc|c} x_1 & x_2 & x_3 & RS \\ 4 & 2 & 7 & 1.33 \\ 3 & 4 & -6 & 3.30 \end{array}\right| \begin{array}{l} \\ \cdot 0.25 \\ \\ \end{array} \Rightarrow \left|\begin{array}{ccc|c} x_1 & x_2 & x_3 & RS \\ 1 & 0.5 & 1.75 & 1.33 \\ 3 & 4 & -6 & 3.30 \end{array}\right| \begin{array}{l} \\ \\ -3\bar{z}_1^T \end{array} \Rightarrow$$

$$\left|\begin{array}{ccc|c} x_1 & x_2 & x_3 & RS \\ 1 & 0.5 & 1.75 & 1.33 \\ 0 & 2.5 & -11.25 & -0.70 \end{array}\right| \begin{array}{l} \\ \\ :2.5 \end{array} \Rightarrow \left|\begin{array}{ccc|c} x_1 & x_2 & x_3 & RS \\ 1 & 0.5 & 1.75 & 1.33 \\ 0 & 1 & -4.5 & -0.28 \end{array}\right| \begin{array}{l} \\ -0.5\bar{z}_2^T \\ \\ \end{array} \Rightarrow$$

$$\left|\begin{array}{ccc|c} x_1 & x_2 & x_3 & RS \\ 1 & 0 & 4 & 1.48 \\ 0 & 1 & -4.5 & -0.28 \end{array}\right|$$

$$\left.\begin{array}{llll} x_1 & & +4x_3 & = 1.48 \\ & x_2 & -4.5x_3 & = -0.28 \end{array}\right\} x_3 \text{ ist frei wählbar}$$

$$\Rightarrow \quad x_3 = \alpha, \quad \alpha \in R$$

$$\begin{aligned} x_1 &= 1.48 - 4 \cdot \alpha \\ x_2 &= -0.28 + 4.5 \cdot \alpha \\ x_3 &= 0 + 1 \cdot \alpha \end{aligned}$$

$$\bar{x} = \begin{pmatrix} x_1 \\ x_2 \\ x_3 \end{pmatrix} = \begin{pmatrix} 1.48 \\ -0.28 \\ 0 \end{pmatrix} + \alpha \cdot \begin{pmatrix} -4 \\ 4.5 \\ 1 \end{pmatrix}$$

Wie groß muß α sein, damit $\vec{x}$ die Länge 1 hat ?

$$|\vec{x}| = \sqrt{x_1^2 + x_2^2 + x_3^2}$$

$$1 = (1.48 - 4\alpha)^2 + (-0.28 + 4.5\alpha)^2 + \alpha^2$$
$$1 = 2.19 - 11.84\alpha + 16\alpha^2 + 0.08 - 2.52\alpha + 20.25\alpha^2 + \alpha^2$$
$$37.25\alpha^2 - 14.36\alpha + 1.27 = 0$$

$$\alpha_{1,2} = \frac{14.36 \pm \sqrt{(-14.36)^2 - 4 \cdot 37.5 \cdot 1.27}}{2 \cdot 37.5} = \frac{14.36 \pm 3.96}{75}$$

$\alpha_1 = 0.14$	$\alpha_2 = 0.25$

α_1 und α_2 in den Vektor $\vec{x}$ eingesetzt :

$$\alpha_1 = 1.48 \quad : \ \vec{x}_1 = \begin{pmatrix} 1.48 \\ -0.28 \\ 0 \end{pmatrix} + 0.14 \cdot \begin{pmatrix} -4 \\ 4.5 \\ 1 \end{pmatrix} = \begin{pmatrix} 0.92 \\ 0.35 \\ 0.14 \end{pmatrix}$$

$$\alpha_2 = 0.25 \quad : \ \vec{x}_2 = \begin{pmatrix} 1.48 \\ -0.28 \\ 0 \end{pmatrix} + 0.25 \cdot \begin{pmatrix} -4 \\ 4.5 \\ 1 \end{pmatrix} = \begin{pmatrix} 0.48 \\ 0.84 \\ 0.25 \end{pmatrix}$$

2.2 Zusätzlich ist $\vec{c} = \begin{pmatrix} 7 \\ 3 \\ 2 \end{pmatrix}$ gegeben und ein Winkel $\varphi_c = \varphi(\vec{c}, \vec{x}) = 70°$.

Gibt es einen Vektor $\vec{x}$ der Länge 1, der mit $\vec{a}, \vec{b}, \vec{c}$ die Winkel $\varphi_a, \varphi_b, \varphi_c$ einschließt ?

$$\cos\varphi_c(\vec{c}, \vec{x}) = \frac{\vec{c} \cdot \vec{x}}{|\vec{c}| \cdot |\vec{x}|} = \frac{\vec{c} \cdot \vec{x}}{|\vec{c}|}$$

$$\Rightarrow \quad \boxed{\vec{c} \cdot \vec{x} = |\vec{c}| \cdot \cos\varphi_c \qquad (3)}$$

Einsetzen der Werte in (3)

$$|\vec{c}| = \sqrt{7^2 + 3^2 + 2^2} = \sqrt{62} = 7.87$$
$$\cos\varphi_c = \cos 70° = 0.34$$
$$|\vec{c}| \cdot \cos\varphi_c = 7.87 \cdot 0.34 = 2.69$$

$$(3) \; : \; \begin{pmatrix} 7 \\ 3 \\ 2 \end{pmatrix} \cdot \begin{pmatrix} x_1 \\ x_2 \\ x_3 \end{pmatrix} = 2.69$$

Lineares Gleichungssystem :

$$\begin{array}{lllll} (1): & 4x_1 & +2x_2 & +7x_3 & = 5.34 \\ (2): & 3x_1 & +4x_2 & -6x_3 & = 3.30 \\ (3): & 7x_1 & +3x_2 & +2x_3 & = 2.69 \end{array}$$

Lösungsverfahren : Gauß Jordan

x_1	x_2	x_3	RS	
4	2	7	5.34	$\cdot 0.25$
3	4	-6	3.30	
7	3	2	2.69	

$\Rightarrow$

x_1	x_2	x_3	RS	
1	0.5	1.75	1.33	
3	4	-6	3.30	$-3\vec{z}_1^T$
7	3	2	2.69	$-7\vec{z}_1^T$

$\Rightarrow$

x_1	x_2	x_3	RS	
1	0.5	1.75	1.33	
0	2.5	-11.25	-0.70	$:2.5$
0	-0.5	-10.25	-6.62	

$\Rightarrow$

x_1	x_2	x_3	RS	
1	0.5	1.75	1.33	$-0.5\vec{z}_2^T$
0	1	-4.5	-0.28	
0	-0.5	-10.25	-6.62	$+0.5\vec{z}_2^T$

$\Rightarrow$

$$\left|\begin{array}{ccc|c|} x_1 & x_2 & x_3 & RS \\ 1 & 0 & 4 & 1.48 \\ 0 & 1 & -4.5 & -0.28 \\ 0 & 0 & -12.5 & -6.76 \end{array} :(-12.5) \right. \Rightarrow \left|\begin{array}{ccc|c|} x_1 & x_2 & x_3 & RS \\ 1 & 0 & 4 & 1.48 \\ 0 & 1 & -4.5 & -0.28 \\ 0 & 0 & 1 & 0.54 \end{array}\right. \begin{array}{l} \\ -4\vec{z}_3^T \\ +4.5\vec{z}_3^T \\ \\ \end{array} \Rightarrow$$

$$\left|\begin{array}{ccc|c|} x_1 & x_2 & x_3 & RS \\ 1 & 0 & 0 & -0.70 \\ 0 & 1 & 0 & 2.16 \\ 0 & 0 & 1 & 0.54 \end{array}\right. \qquad \begin{array}{l} x_1 = -0.70 \\ x_2 = 2.16 \\ x_3 = 0.54 \end{array}$$

$$\boxed{\vec{x} = \begin{pmatrix} x_1 \\ x_2 \\ x_3 \end{pmatrix} = \begin{pmatrix} -0.70 \\ 2.16 \\ 0.54 \end{pmatrix}}$$

Hat der Vektor $\vec{x}$ die Länge 1 ?

$$\boxed{|\vec{x}| = \sqrt{(-0.70)^2 + 2.16^2 + 0.54^2} = 2.33 \neq 1}$$

Gibt es also einen Vektor $\vec{x}$ der Länge 1, der mit $\vec{a}, \vec{b}, \vec{c}$ die Winkel $\varphi_a, \varphi_b, \varphi_c$ einschließt ?

Nein !

3. Interpolation

Gegeben sind die Punkte :

i	1	2	3	4	5	6
x_i	0	1	2	3	5	10
y_i	1	2	6	8	6	1

Bestimmen Sie die Koeffizienten a_j des Polynoms :

$P_5(x) = a_0 + a_1 x + a_2 x^2 + a_3 x^3 + a_4 x^4 + a_5 x^5$ so, daß $P_5(x_i) = y_i$ ist .

Aufstellen der Gleichungen $P_5(x_i) = y_i$, i = 1,2,...,6

i = 1	$P_5(0) = 1 = a_0$ (1)
i = 2	$P_5(1) = 2 = a_0 + a_1 + a_2 + a_3 + a_4 + a_5$ (2)
i = 3	$P_5(2) = 6 = a_0 + 2a_1 + 4a_2 + 8a_3 + 16a_4 + 32a_5$ (3)
i = 4	$P_5(3) = 8 = a_0 + 3a_1 + 9a_2 + 27a_3 + 81a_4 + 243a_5$ (4)
i = 5	$P_5(5) = 6 = a_0 + 5a_1 + 25a_2 + 125a_3 + 625a_4 + 3125a_5$ (5)
i = 6	$P_5(10) = 1 = a_0 + 10a_1 + 100a_2 + 1000a_3 + 10^4 a_4 + 10^5 a_5$ (6)

Matrix des Gleichungssystems :

a_0	a_1	a_2	a_3	a_4	a_5	RS	
1	0	0	0	0	0	1	
1	1	1	1	1	1	2	$-\vec{z}_1^T$
1	2	4	8	16	32	6	$-\vec{z}_1^T$
1	3	9	27	81	243	8	$-\vec{z}_1^T$
1	5	25	125	625	3125	6	$-\vec{z}_1^T$
1	10	100	1000	10^4	10^5	1	$-\vec{z}_1^T$

$\Longrightarrow$

a_0	a_1	a_2	a_3	a_4	a_5	RS	
1	0	0	0	0	0	1	
0	1	1	1	1	1	1	
0	2	4	8	16	32	5	$-2\bar{z}_2^T$
0	3	9	27	81	243	7	$-3\bar{z}_2^T$
0	5	25	125	625	3125	5	$-5\bar{z}_2^T$
0	10	100	1000	10^4	10^5	0	$-10\bar{z}_2^T$

$\Rightarrow$

a_0	a_1	a_2	a_3	a_4	a_5	RS	
1	0	0	0	0	0	1	
0	1	1	1	1	1	1	
0	0	2	6	14	30	3	
0	0	6	24	78	240	4	$-3\bar{z}_3^T$
0	0	20	120	620	3120	0	$-10\bar{z}_3^T$
0	0	90	990	9990	99990	−10	$-45\bar{z}_3^T$

$\Rightarrow$

a_0	a_1	a_2	a_3	a_4	a_5	RS	
1	0	0	0	0	0	1	
0	1	1	1	1	1	1	
0	0	2	6	14	30	3	
0	0	0	6	36	150	−5	
0	0	0	60	480	2820	−30	$-10\bar{z}_4^T$
0	0	0	720	9360	98640	−145	$-12\bar{z}_5^T$

$\Rightarrow$

a_0	a_1	a_2	a_3	a_4	a_5	RS	
1	0	0	0	0	0	1	
0	1	1	1	1	1	1	
0	0	2	6	14	30	3	
0	0	0	6	36	150	−5	
0	0	0	0	120	1320	20	
0	0	0	0	3600	64800	215	$-30\vec{z}_5^T$

$\Rightarrow$

a_0	a_1	a_2	a_3	a_4	a_5	RS	
1	0	0	0	0	0	1	
0	1	1	1	1	1	1	
0	0	2	6	14	30	3	
0	0	0	6	36	150	−5	
0	0	0	0	120	1320	20	:20
0	0	0	0	0	25200	−385	:35

$\Rightarrow$

a_0	a_1	a_2	a_3	a_4	a_5	RS	
1	0	0	0	0	0	1	
0	1	1	1	1	1	1	$-0.5\vec{z}_3^T$
0	0	2	6	14	30	3	$-\vec{z}_4^T$
0	0	0	6	36	150	−5	$-6\vec{z}_5^T$
0	0	0	0	6	66	1	$\cdot 720 \mid :66 \mid -\vec{z}_6^T$
0	0	0	0	0	720	−11	

$\Rightarrow$

a_0	a_1	a_2	a_3	a_4	a_5	RS	
1	0	0	0	0	0	1	
0	1	0	−2	−6	−14	−0.5	
0	0	2	0	−22	−120	8	
0	0	0	6	0	−246	−11	
0	0	0	0	720	0	241	:720
0	0	0	0	0	720	−11	:720

$$a_0 = 1$$
$$a_5 = -11/720 = -0.015$$
$$a_4 = 241/720 = 0.33$$
$$a_3 = \frac{1}{6}\cdot\left(-11 + 246\cdot\frac{-11}{720}\right) = -1771/720 = -2.46$$
$$a_2 = \frac{1}{2}\cdot\left(22\cdot\frac{241}{720} + 120\cdot\frac{-11}{720} + 8\right) = 4871/720 = 6.77$$
$$a_1 = -\frac{1}{2} + 2\cdot\frac{-1771}{720} + 6\cdot\frac{241}{720} + 14\cdot\frac{-11}{720} = -29/8 = -3.625$$

$$P_5(x) = 1 - \frac{29}{8}x + \frac{4871}{720}x^2 - \frac{1771}{720}x^3 + \frac{241}{720}x^4 - \frac{11}{720}x^5$$

4. Mathematica

Eingabe :

Matrizen : zeilenweise, mögliche Variable : A, B, C1, D1, E1

z.B.: $A = \{\{a_{11}, a_{12}\}, \{a_{21}, a_{22}\}\}$

Vektoren : mögliche Variable : a, b, c, ...

z.B.: $b = \{b_{11}, b_{12}, b_{13}\}$

Operatoren :

LinearSolve[A,b]	gibt eine Lösung $\vec{x}$ von $A\vec{x} = \vec{b}$
NullSpace[A]	gibt die Basisvektoren des Lösungsraumes (als Lösung von $A\vec{x} = \vec{o}$)
MatrixForm[A]	stellt die Matrix A in Tabellenform dar

Definieren Sie die Funktionen :

```
mf[a_]:=MatrixForm[A]
mfn[A_]:=MatrixForm[A]//N
ls[A_,b_]:=LinearSolve[A,b]
ns[A_]:=NullSpace[A]
```

4.1.1 Geben Sie die Matrix des linearen Gleichungssystems aus der Aufgabe 1.1 und die Kraft $\vec{F}$ ein . Berechnen Sie den Vektor $\vec{x}$ mit LinearSolve[A,b] .

Ergebnis :

```
 245  70    97
{---, -(--), -(--)}
  3    3    3
```

4.1.2 Geben Sie die Matrix des linearen Gleichungssystems aus der Aufgabe 1.2 ein. Berechnen Sie den Vektor $\vec{x}$ mit LinearSolve[A,b] und NullSpace[A].

Ergebnis :

```
 245  70    97
{---, -(--), -(--), 0} + α {{-22, 2, 5, 3}}
  3    3    3
```

4.2.1 Berechnen Sie die Beträge der Vektoren $\vec{a}$ und $\vec{b}$ und $\cos\varphi_a$ sowie $\cos\varphi_b$ und schließlich $|\vec{a}|\cos\varphi_a$ und $|\vec{b}|\cos\varphi_b$. Geben Sie dann die Matrix des linearen Gleichungssystems und den Ergebnisvektor aus Aufgabe 2.1 ein. Berechnen Sie den Vektor $\vec{x}$ mit LinearSolve[A,b] und Nullspace[A] .

Ergebnis :

$|\vec{a}|\cos\varphi_a = 5.33939$ $|\vec{b}|\cos\varphi_b = 3.30079$
{1.47561, -0.281517, 0} + α{{-8, 9, 2}}

4.2.2 Berechnen Sie wie in 4.2.1 $|\vec{c}|$, $\cos\varphi_c$, $|\vec{c}|\cdot\cos\varphi_c$ und den Vektor $\vec{x}$ mit LinearSolve[A,b] .

Ergebnis :

$|\vec{c}|\cdot\cos\varphi_c = 2.69307$
{-0.697718, 2.16348, 0.543329}

4.3 Geben Sie die Matrix des linearen Gleichungssystems und den Ergebnisvektor aus Aufgabe 3. ein und berechnen Sie den Lösungsvektor $\vec{a}$.

Ergebnis :

```
          29   4871   1771   241   11
a = {1, -(--), ----, -(----), ---, -(---)}
           8   720    720    720   720
```

Funktion des linearen Gleichungssystems :

$$P_5(x) = 1 - \frac{29}{8}x + \frac{4871}{720}x^2 - \frac{1771}{720}x^3 + \frac{241}{720}x^4 - \frac{11}{720}x^5$$

Graph des linearen Gleichungssystems :

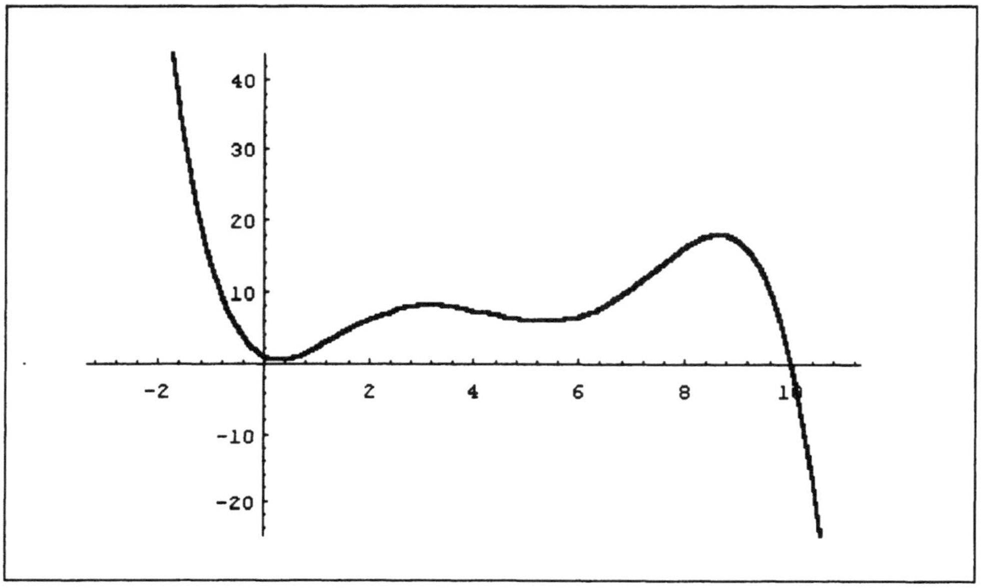

Name:	Sem:	Datum:

Funktionen

Gegeben sind die Funktionen :

$$f(x) = 2x^3 - 3 \qquad g(x) = \cos x \qquad h(x) = \sqrt{x}$$

$$v(x) = \frac{1}{x-2} \qquad P_3(x) = 2 - 3x - 5x^2 - x^3$$

$$r(x) = \frac{2 - 3x - 5x^2 - x^3}{(x-2)^2} + x^4 \qquad s_5(x) = \sum_{i=1}^{5} \frac{x^i}{i!}$$

$$pr(x) = \prod_{i=1}^{5} \frac{x^2 - 3x}{i} \qquad s_{15}(x) = \sum_{i=1}^{15} \frac{x^i}{i!}$$

Aufgabe 1:

Definitionsbereich, Wertetabelle, Graph, Komposition

1.1 Ermitteln Sie für die Funktionen die Definitionsbereiche D_i .

1.2 Erstellen Sie eine Wertetabelle für eine Schrittweite Ihrer Wahl in $D_i \cap [-5,5]$

1.3 Zeichnen Sie die Graphen der Funktionen im Intervall $D_i \cap [-5,5]$, und vergleichen Sie vor allem $s_5(x)$ und $s_{15}(x)$.

1.4 Ermitteln Sie die Definitionsbereiche und Graphen der Funktionen :

$$(2f + 3h)(x), \quad (f \circ g)(x), \quad (g \circ f)(x), \quad (f \circ h)(x),$$

$$(h \circ f)(x), \quad (f \circ g \circ v)(x), \quad (f \circ f \circ v)(x), \quad (v \circ v \circ g)(x) .$$

Aufgabe 2 : Mathematica

2.1 Eingabe und Operatoren

2.2 Wertetabellen der Funktionen

2.3 Graphen der Funktionen

2.4 Graphen folgender verknüpfter Funktionen :

$(2f+3h)(x),\quad (f\circ g)(x),\quad (g\circ f)(x),\quad (f\circ h)(x),$

$(h\circ f)(x),\quad (f\circ g\circ v)(x),\quad (f\circ f\circ v)(x),\quad (v\circ v\circ g)(x)$

1. Definitionsbereich, Wertetabelle, Graph, Komposition

1.1 Ermitteln Sie für die Funktionen die Definitionsbereiche D_i .

$f(x)=2x^2-3$	$D_f=R$
$g(x)=\cos x$	$D_g=R$
$h(x)=\sqrt{x}$	$D_h=R_0^+$
$v(x)=\dfrac{1}{x-2}$	$D_v=R\backslash\{2\}$
$P_3(x)=2-3x-5x^2-x^3$	$D_{P_3}=R$
$r(x)=\dfrac{2-3x-5x^2-x^3}{(x-2)^2}$	$D_r=R\backslash\{2\}$
$s_5(x)=\sum_{i=1}^{5}\dfrac{x^i}{i!}$	$D_{s_5}=R$
$s_{15}(x)=\sum_{i=1}^{15}\dfrac{x^i}{i!}$	$D_{s_{15}}=R$
$pr(x)=\prod_{i=1}^{5}\dfrac{x^2-3x}{i}$	$D_{pr}=R$

1.2 Erstellen Sie eine Wertetabelle für eine Schrittweite Ihrer Wahl
in $D_i \cap [-5,5]$

x_i	-5	-4.5	-4	-3.5	-3	-2.5	-2	-1.5	-1	-0.5	0
$f(x_i)$	47	37.5	29	21.5	15	9.5	5	1.5	-1	-2.5	-3
$g(x_i)$	0.28	-0.21	- 0.65	-0.94	-0.99	-0.80	-0.42	0.07	0.54	0.88	1
$h(x_i)$	n.d.	n.d.	n.d.	n.d.	n.d.	n.d.	n.d.	n.d.	n.d.	n.d.	0
$v(x_i)$	-0.14	-0.15	- 0.17	-0.18	-0.2	-0.22	-0.25	-0.29	-0.33	-0.4	-0.5
$P_3(x_i)$	17	5.38	-2	-5.88	-7	-6.13	-4	-1.38	1	2.38	2
$r(x_i)$	0.35	0.13	- 0.06	-0.19	-0.28	-0.30	-0.25	-0.11	0.11	0.38	0.5
$s_5(x_i)$	-13.3	-7.85	- 4.53	-2.65	-1.65	-1.17	-0.93	-0.79	-0.63	-0.39	0
$s_{15}(x_i)$	-1.00	-0.99	- 0.98	-0.97	-0.95	-0.92	-0.86	-0.78	-0.63	-0.39	0
$pr(x_i)$	4294 6	12728	3094	564.3	64.8	3.02	0.01	-0.00	-0.27	-1.31	-2.03

x_i	0.5	1	1.5	2	2.5	3	3.5	4	4.5	5
$f(x_i)$	-2.5	-1	1.5	5	9.5	15	21.5	29	37.5	47
$g(x_i)$	0.88	0.54	0.07	-0.42	-0.80	-0.99	-0.93	-0.65	-0.21	0.28
$h(x_i)$	0.71	1	1.22	1.41	1.58	1.73	1.87	2	2.12	2.24
$v(x_i)$	-0.67	-1	-2	n.d.	2	1	0.67	0.5	0.4	0.33
$P_3(x_i)$	-0.88	-7	-17.1	-32	-52.4	-79	-112.6	-154	-203.9	-263
$r(x_i)$	-0.39	-7	-68.5	n.d.	-209.5	-79	-50.1	-38.5	-32.6	-29.2
$s_5(x_i)$	0.65	1.72	3.46	6.27	10.67	17.4	27.4	41.9	62.3	90.4
$s_{15}(x_i)$	0.65	1.72	3.48	6.38	11.2	19.1	32.1	53.6	89.0	147.4
$pr(x_i)$	-1.31	-0.27	-0.00	0.01	3.02	64.8	564.3	3094	12728	42946

1.3 Zeichnen Sie die Graphen der Funktionen im Intervall $D_i \cap [-5,5]$, und vergleichen Sie vor allem $s_5(x)$ und $s_{15}(x)$.

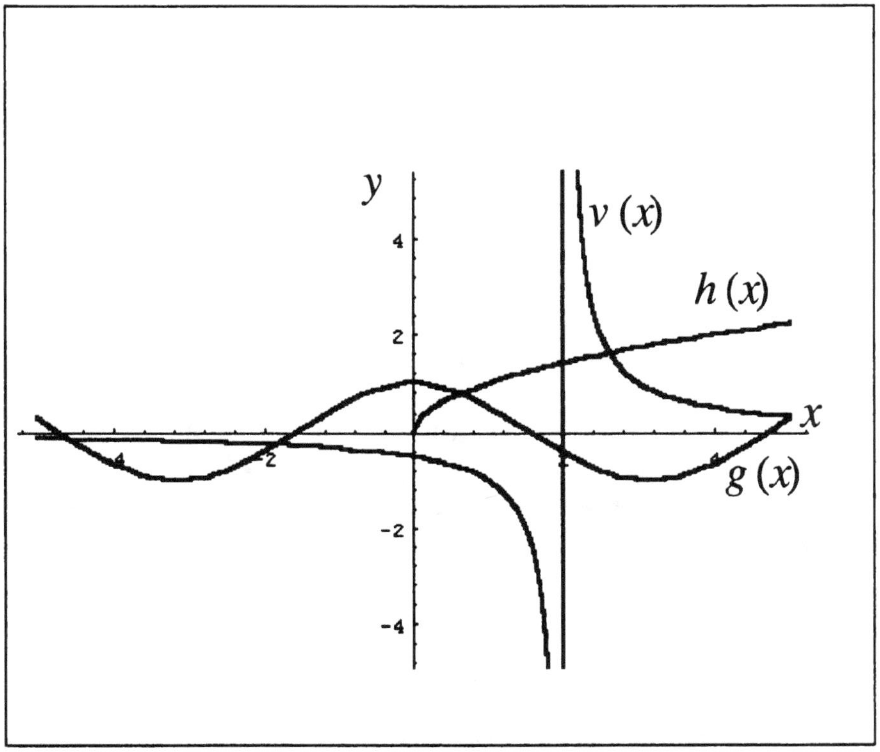

g(x)
h(x)
v(x)

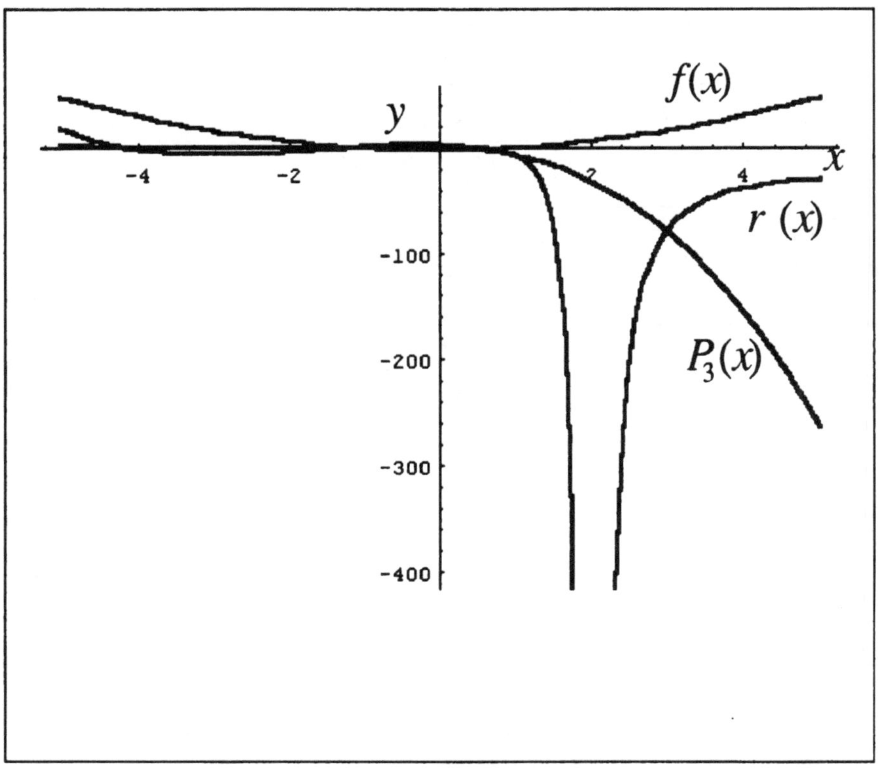

f(x)
P_3(x)
r(x)

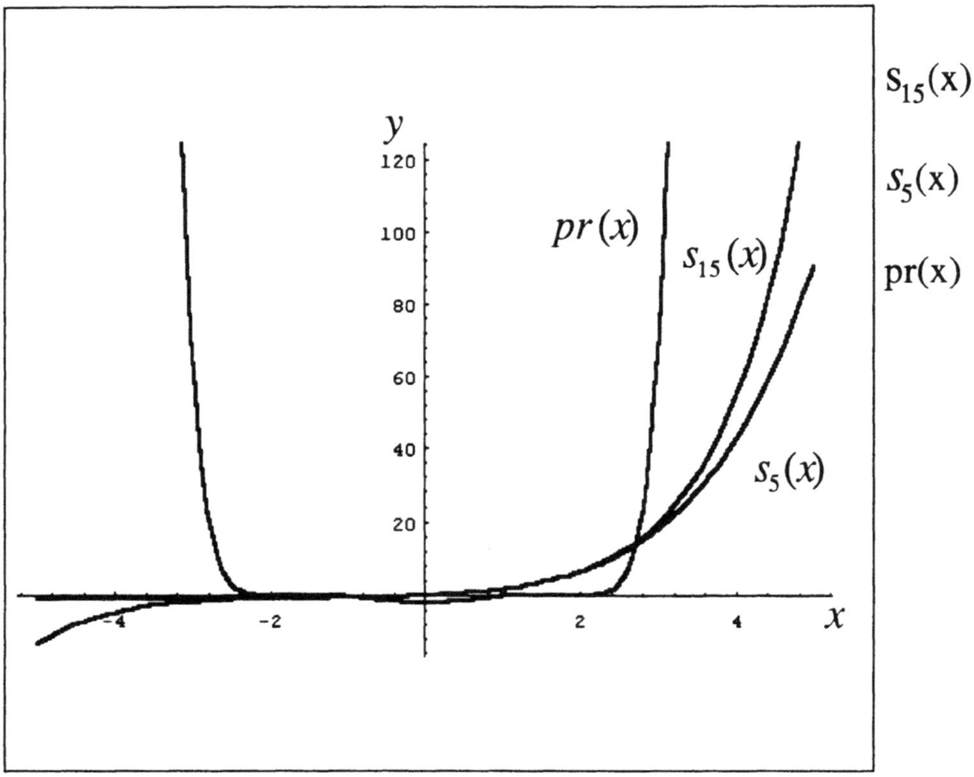

1.4 Ermitteln Sie die Definitionsbereiche und Graphen der Funktionen :

	Funktionsausdruck	D
$(2f+3h)(x)=$	$3\cdot\sqrt{x}-6+4\cdot x^2$	$D=R_0^+$
$(f\circ g)(x)=f(g(x))$	$2\cdot\cos(x)^2-3$	$D=R$
$(g\circ f)(x)=$	$\cos\left(3-2\cdot x^2\right)$	$D=R$
$(f\circ h)(x)=$	$2\cdot x-3$	$D=R$
$(h\circ f)(x)=$	$\sqrt{2\cdot x^2-3}$	$x\notin\left]-\sqrt{1.5},\sqrt{1.,5}\right[$
$(f\circ g\circ v)(x)=$	$2\cdot\cos\left(\frac{1}{x-2}\right)^2-3$	$D=R\setminus\{2\}$
$(f\circ f\circ v)(x)=$	$2\cdot\left(\frac{2}{(x-2)^2}-3\right)^2-3$	$D=R\setminus\{2\}$
$(v\circ v\circ g)(x)=$	$\dfrac{1}{\dfrac{1}{\cos x-2}-2}$	$D=R$

2. Mathematica

2.1 Eingabe undOperatoren

Operatoren :

x^2	x^2
x^i	x^i
Cos[x]	cosx
Sqrt[x]	$\sqrt{x}$
5!	5!

Definition der Funktion :

```
f[x_]:=2 x^2-3
g[x_]:=Cos[x]//N
P3[x_]:=2-3 x-5 x^2-x^3//N
s5[x_]:=Sum[x^i/i!,{i,1,5}]//N
s15[x_]:=Sum[x^i/i!,{i,1,15}]//N
pr[x_]:=Product[(x^2-3)/i,{i,1,5}]//N
```

Befehle :

Table[f[x],{x,a,b,Δx}]	gibt die Wertemenge { y_i } für alle x_i im Intervall [a,b] mit einer Schrittweite von Δx
Table[{x,f[x]},{x,a,b,Δx}]	gibt die Menge aller Zahlenpaare { x_i, y_i }
ListPlot[Table[...]]	Punkteplot
Plot[f[x],{x,a,b}]	Graph im Intervall [a,b]

2.2 Wertetabellen :

Ergänzen Sie die Wertetabelle in Aufgabe 1.2 . Verwenden Sie dazu den Befehl Table[...], um geeignete Wertemengen zu erhalten .

Beispiel : Table[f[x],{x,-5,5,0.5}]
Table[{x,f[x]},{x,-5,5,0.5}]

2.3 Graphen der Funktionen :

Sehen Sie sich die Graphen der Funktionen an und skizzieren Sie sie. Verwenden Sie dazu den Befehle ListPlot[...] und Plot[...] .

Beispiel: ListPlot[Table[f[x],{x,-5,5,0.5}]]
Plot[f[x],{x,-5,5}]

2.4 Graphen der kombinierten Funktionen :

Erstellen Sie eine Wertetabelle für mindestens zwei verknüpfte Funktionen Ihrer Wahl und skizzieren Sie diese.
Verwenden Sie dazu die Befehle Table[...] und Plot[...] .

Beispiel:
```
u[x_]:=2 f[x]+3 h[x]
Table[u[x],{x,-5,5,1}]
Plot[u[x],{x,-5,5}]

fg[x_]:=f[g[x]]
Table[fg[x],{x,-5,5,1}]
Plot[fg[x],{x,-5,5}]
```

x_i Funk-tion	-5	-4	-3	-2	-1	0	1	2	3	4	5
$g(f(x))$	-0.99	-0.74	-0.75	0.28	0.54	-0.99	0.54	0.28	-0.76	-0.74	-0.99
$f(g(v(x)))$	-1.04	-1.05	-1.08	-1.12	-1.21	-1.45	-2.42	n.d.	-2.42	-1.46	-1.21
$f(f(v(x)))$	14.5	14.3	14.1	13.5	12.4	9.5	-1	n.d.	-1	9.5	12.4
$v(v(g(x)))$	-0.39	-0.42	-0.43	-0.41	-0.37	-0.33	-0.37	-0.41	-0.43	-0.42	-0.39

Skizzen :

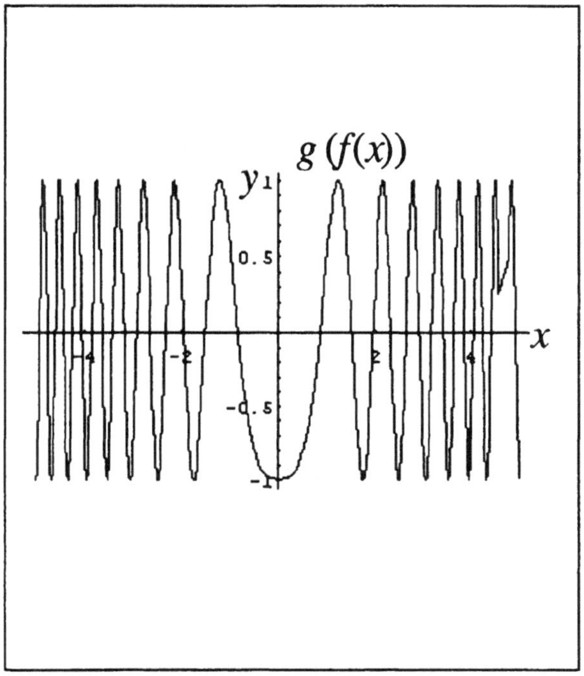
g (f(x))
y
1
0.5
-0.5
-1
-4
-2
2
4
x

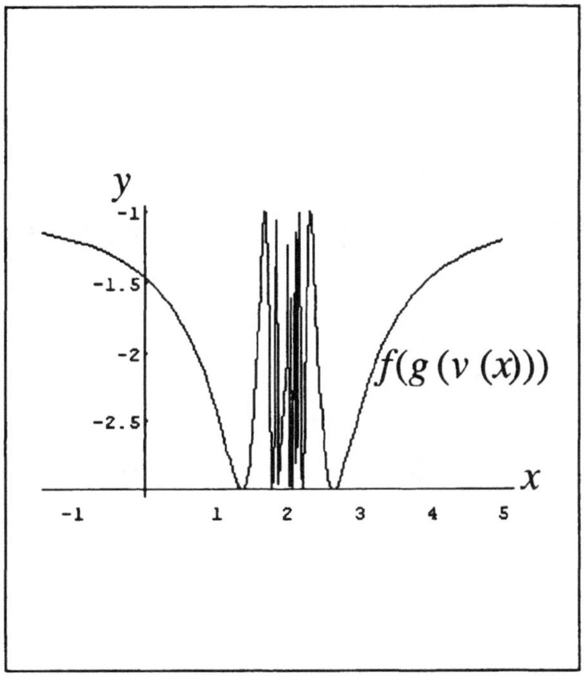
y
-1
-1.5
-2
-2.5
f(g (v (x)))
-1
1
2
3
4
5
x

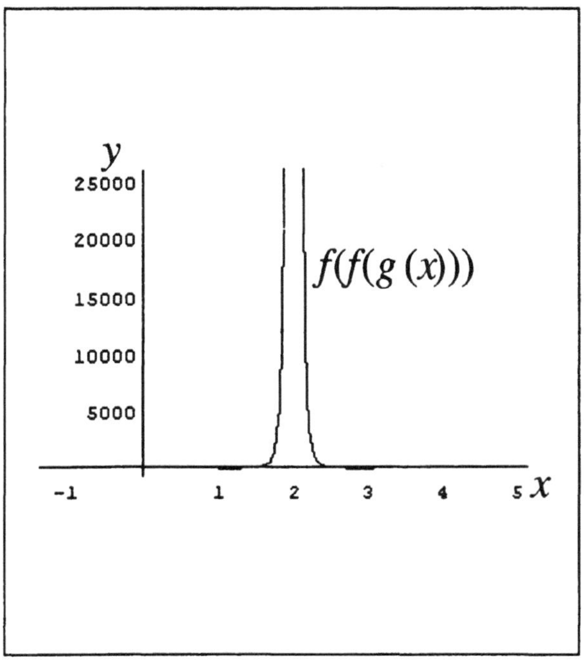
y
25000
20000
15000
10000
5000
f(f(g (x)))
-1
1
2
3
4
5
x

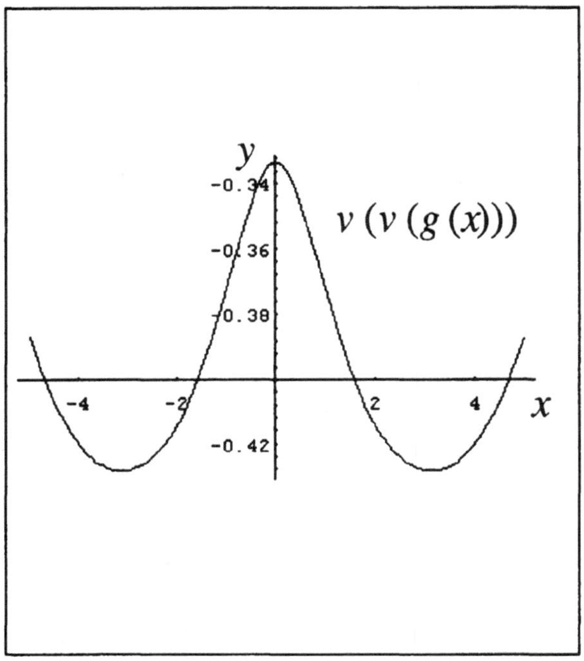
y
-0.34
-0.36
-0.38
-0.42
v (v (g (x)))
-4
-2
2
4
x

Name: Sem: Datum:

Aufgaben zur Differentialrechnung

Aufgabe 1:

Gegeben ist die Funktion $u(x) = 4 \cdot \sqrt[3]{x^5} - 4 + \sin(2.5x)$

1.1 Bestimmen Sie die Definitionsmenge D_u .
1.2 Erstellen Sie eine Wertetabelle für x = 0 bis x = 10 mit der Schrittweite 1 .
1.3 Zeichnen Sie den Funktionsgraphen .

Aufgabe 2 :

Gegeben ist die Funktion $g(x) = \sin^2(ax) + \cos^2(\sqrt{bx});$ $\qquad a,b > 0$

2.1 Bestimmen Sie die Definitionsmenge D_g .
2.2 Berechnen Sie die 1.,2. und 3. Ableitung .

Aufgabe 3 :

Gegeben ist die Funktion $v(x) = u \cdot \sin(x)$

3.1 Bestimmen Sie die Definitionsmenge D_v .
3.2 Ertsellen Sie eine Wertetabelle .
3.3 Zeichnen Sie den Funktionsgraphen .
3.4 Berechnen Sie die 1.,2. und 3. Ableitung .

Aufgabe 4 :

Gegeben sind die Funktionen :

4.1 $f(x) = \dfrac{1}{\sin^4 x}$ $\quad ,B = [0,10]$

4.2 $f(x) = \tan(\cos x)$ $\quad ,B = [0,10]$

4.3 $f(x) = \cos(\tan x)$ $\quad ,B = [0,10]$

4.4 $f(x) = x^{\sin x}$ $\quad ,B = [0,10]$

Bestimmen Sie für die Funktionen in dem jeweils angegeben Bereich $B \subseteq R$ die Teilmengen $D \subseteq B$, in denen die Funktionen definiert sind .

Berechnen Sie die 1. Ableitung .

Überprüfen Sie gegebenfalls die Identität Ihrer Therme mit den Lösungen von Mathematica (Aufgabe 5.4) .

Erstellen Sie mit Mathematica einen Funktionenplot für $D \subseteq B$ (Aufgabe 5.3) .

Aufgabe 5 : Mathematica

5.1 Definition der Funktionen
5.2 Wertetabellen
5.3 Punkteplot, kontinuierlicher Plot, Graph
5.4 Ableitungen

1 Gegeben ist die Funktion $u(x) = 4 \cdot \sqrt[3]{x^5} - 4 + \sin(2.5x)$

1.1 Bestimmen Sie die Definitionsmenge D_u .

$$D_u = R_0^+$$

1.2 Erstellen Sie eine Wertetabelle für x = 0 bis x = 10 mit der Schrittweite 1 .

x	0	1	2	3	4	5	6	7	8	9	10
u(x)	-4	0.59	7.74	21.90	35.77	54.41	75.90	97.48	124.9	151.3	181.5

1.3 Zeichnen Sie den Funktionsgraphen .

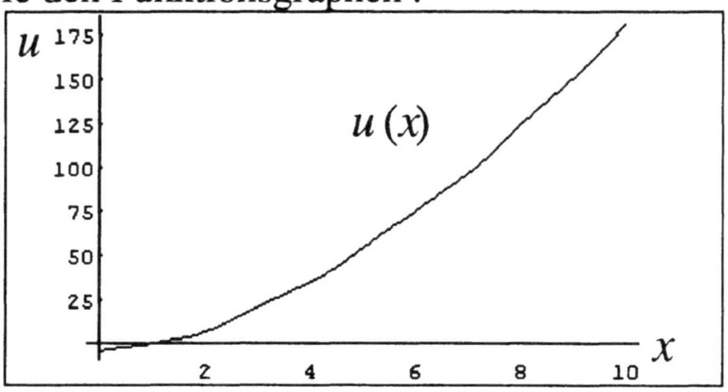

1.4 Berechnen Sie die 1.,2. und 3. Ableitung .

1. Ableitung

$$u'(x) = \left[4 \cdot \sqrt[3]{x^5} + 4 - \sin(2.5x)\right]' = 4 \cdot \frac{5}{3} \cdot x^{\frac{2}{3}} + \cos(2.5x) \cdot 2.5 =$$
$$= \frac{20}{3} x^{\frac{2}{3}} + 2.5 \cdot \cos(2.5x)$$

2. Ableitung

$$u''(x) = \left[= \frac{20}{3} x^{\frac{2}{3}} + 2.5 \cdot \cos(2.5x)\right]' =$$
$$= \frac{20}{3} \cdot \frac{2}{3} \cdot x^{-\frac{1}{3}} + 2.5 \cdot [-\sin(2.5x) \cdot 2.5] =$$
$$= \frac{40}{9} \cdot x^{-\frac{1}{3}} - 6.25 \cdot \sin(2.5x)$$

3. Ableitung

$$u'''(x)=\left[\frac{40}{9}\cdot x^{-\frac{1}{3}}-6.25\cdot\sin(2.5x)\right]'=$$
$$=\frac{40}{9}\cdot\left(-\frac{1}{3}\right)\cdot x^{-\frac{4}{3}}-6.25\cdot\cos(2.5x)\cdot 2.5=$$
$$=-\frac{40}{27}\cdot x^{-\frac{4}{3}}-15.625\cdot\cos(2.5x)$$

2.Gegeben ist die Funktion $g(x)=\sin^2(ax)+\cos^2(\sqrt{bx})$; $a,b>0$

2.1 Bestimmen Sie die Definitionsmenge D_g .

$$D_g = R_0^+$$

2.2 Berechnen Sie die 1.,2. und 3. Ableitung .

1. Ableitung

$$g'(x)=2\sin ax\cdot\cos ax\cdot a+2\cos\sqrt{bx}\cdot(-\sin\sqrt{bx})\cdot\frac{1}{2\sqrt{bx}}\cdot b=$$
$$=2a\sin ax\cdot\cos ax-\sqrt{b}\cdot x^{-\frac{1}{2}}\cdot\sin\sqrt{bx}\cdot\cos\sqrt{bx}$$

2. Ableitung

$$g''(x) = 2a \cdot (\cos ax \cdot a \cdot \cos ax + \sin ax \cdot (-\sin ax) \cdot a) -$$

$$-\sqrt{b}\left[\left(x^{-\frac{1}{2}}\right)' \cdot \left(\sin\sqrt{bx} \cdot \cos\sqrt{bx}\right) + x^{-\frac{1}{2}} \cdot \left(\sin\sqrt{bx} \cdot \cos\sqrt{bx}\right)'\right] =$$

$$= 2a^2 \cdot \left(\cos^2 ax - \sin^2 ax\right) - \sqrt{b} \cdot \left[-\frac{1}{2}x^{-\frac{3}{2}} \cdot \sin\sqrt{bx} \cdot \cos\sqrt{bx} + \right.$$

$$\left. x^{-\frac{1}{2}} \cdot \left(\cos\sqrt{bx} \cdot \frac{1}{2\sqrt{bx}} \cdot b \cdot \cos\sqrt{bx} + \sin\sqrt{bx} \cdot \left(-\sin\sqrt{bx}\right) \cdot \frac{1}{2\sqrt{bx}} \cdot b\right)\right] =$$

$$= 2a^2 \cdot \left(\cos^2 ax - \sin^2 ax\right) - \sqrt{b}\left[-\frac{1}{2}x^{-\frac{3}{2}} \cdot \sin\sqrt{bx} \cdot \cos\sqrt{bx} + \right.$$

$$\left. x^{-\frac{1}{2}} \cdot \left(\frac{1}{2}\sqrt{bx}^{-\frac{1}{2}} \cdot \cos^2\sqrt{bx} - \frac{1}{2}\sqrt{bx}^{-\frac{1}{2}} \cdot \sin^2\sqrt{bx}\right)\right] =$$

$$= 2a^2 \cdot \left(\cos^2 ax - \sin^2 ax\right) +$$

$$\frac{1}{2}\sqrt{b} \cdot \left[x^{-\frac{3}{2}} \cdot \sin\sqrt{bx} \cdot \cos\sqrt{bx} - \frac{\sqrt{b}}{x} \cdot \left(\cos^2\sqrt{bx} - \sin^2\sqrt{bx}\right)\right]$$

3. Ableitung

$$g'''(x) = \frac{3b \cdot \cos^2 \sqrt{bx}}{4x^2} - 8a^3 \cdot \cos ax \cdot \sin ax - \frac{3b^3 \cdot \cos\sqrt{bx} \cdot \sin\sqrt{bx}}{4(bx)^{\frac{5}{2}}} + \frac{b^2 \cdot \cos\sqrt{bx} \cdot \sin\sqrt{bx}}{x \cdot \sqrt{bx}} - \frac{3b \cdot \sin^2 \sqrt{bx}}{4x^2}$$

Lösung mit Mathematica!

3. Gegeben ist die Funktion :

$$v(x) = u \cdot \sin(x) = 4 \cdot \sqrt[3]{\sin^5 x} - 4 + \sin(2.5 \cdot \sin x)$$

3.1 Bestimmen Sie die Definitionsmenge D_v .

$$D_v = [2k\pi; 2(k+0.5)\pi], \quad k \in Z$$

3.2 Ertsellen Sie eine Wertetabelle .Beachten Sie dabei die Definitionsmenge .

x	0	1	2	3	π	2π	7	8	9	3π
v(x)=	-4	-0.14	0.18	-3.50	-4	-4	-1.02	0.55	-2.23	-4

3.3 Zeichnen Sie den Funktionsgraphen .

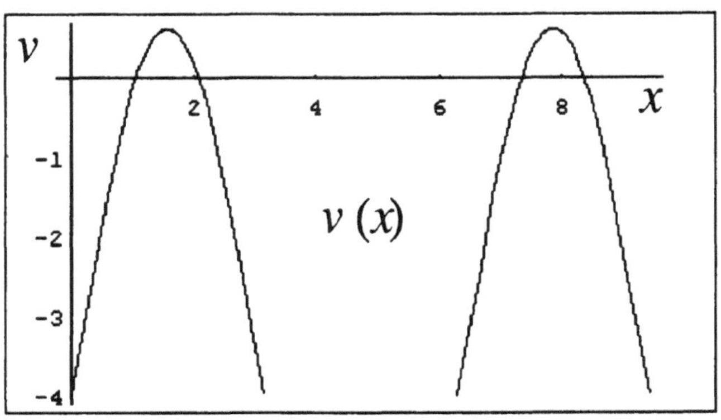

3.4 Berechnen Sie die 1.,2. und 3. Ableitung .

1. Ableitung

$$v'(x) = \left[4\sqrt[3]{\sin^5 x} - 4 + \sin(2.5 \cdot \sin x)\right]' =$$

$$= \left[4 \cdot \sin^{\frac{5}{3}} x - 4 + \sin(2.5 \cdot \sin x)\right]' =$$

$$= 4 \cdot \frac{5}{3} \cdot \sin^{\frac{2}{3}} x \cdot \cos x + \cos(2.5 \cdot \sin x) \cdot 2.5 \cdot \cos x =$$

$$= \frac{20}{3} \sin^{\frac{2}{3}} x \cdot \cos x + 2.5 \cdot \cos x \cdot \cos(2.5 \cdot \sin x)$$

2. Ableitung

$$v''(x) = \left[\frac{20}{3} \sin^{\frac{2}{3}} x \cdot \cos x + 2.5 \cdot \cos x \cdot \cos(2.5 \cdot \sin x)\right]' =$$

$$= \frac{20}{3} \cdot \left[\frac{2}{3} \sin^{-\frac{1}{3}} x \cdot \cos x \cdot \cos x + \sin^{\frac{2}{3}} x \cdot (-\sin x)\right] +$$

$$2.5\left[-\sin x \cdot \cos(2.5 \cdot \sin x) + \cos x \cdot (-\sin(2.5 \cdot \sin x)) \cdot 2.5 \cdot \cos x\right] =$$

$$= \frac{40}{9} \sin^{-\frac{1}{3}} x \cdot \cos^2 x - \frac{20}{3} \sin^{\frac{5}{3}} x - 2.5 \sin x \cos(2.5 \sin x) -$$

$$6.25 \cos^2 x \cdot \sin(2.5 \sin x)$$

3. Ableitung

$$v'''(x) = \frac{40}{9} \cdot \left(-\frac{1}{3} \sin^{-\frac{4}{3}} x \cdot \cos x \cdot \cos^2 x + \sin^{-\frac{1}{3}} x \cdot 2\cos x \cdot (-\sin x) \right) -$$

$$\frac{20}{3} \cdot \frac{5}{3} \sin^{\frac{2}{3}} x \cdot \cos x - 2.5 \cdot (\cos x \cdot \cos(2.5 \sin x) +$$

$$\sin x \cdot (-\sin(2.5 \sin)) \cdot 2.5 \cos x) - 6.25(2\cos x \cdot$$

$$(-\sin x) \cdot \sin(2.5 \sin x) + \cos^2 x \cdot \cos(2.5 \sin x) \cdot 2.5 \cos x) =$$

$$= -\frac{40}{27} \sin^{-\frac{4}{3}} x \cdot \cos^3 x - \frac{80}{9} \sin^{\frac{2}{3}} x \cdot \cos x - \frac{100}{9} \sin^{\frac{2}{3}} x \cdot \cos x -$$

$$2.5 \cos x \cdot \cos(2.5 \sin x) + 6.25 \sin x \cdot \cos x \cdot \sin(2.5 \sin x) +$$

$$12.5 \sin x \cdot \cos x \cdot \sin(2.5 \sin x) - 15.625 \cos^3 x \cdot \cos(2.5 \sin x) =$$

$$= -\frac{40}{27} \sin^{-\frac{4}{3}} x \cos^3 x - 20 \sin^{\frac{2}{3}} x \cos x - 2.5 \cos x \cdot \cos(2.5 \sin x) +$$

$$18.75 \sin x \cdot \cos x \cdot \sin(2.5 \sin x) - 15.625 \cos x \cdot \cos(2.5 \sin x)$$

4. Gegeben sind die Funktionen :

4.1 $f(x) = \dfrac{1}{\sin^4 x}$ $\quad ,B = [0,10]$

4.2 $f(x) = \tan(\cos x)$ $\quad ,B = [0,10]$

4.3 $f(x) = \cos(\tan x)$ $\quad ,B = [0,10]$

4.4 $f(x) = x^{\sin x}$ $\quad ,B = [0,10]$

Bestimmen Sie für die Funktionen in dem jeweils angegeben Bereich $B \subseteq R$ die Teilmengen $D \subseteq B$, in denen die Funktionen definiert sind .

Berechnen Sie die 1. Ableitung und kontrollieren Sie Ihre Ergebnisse mit Mathematica (Aufgabe 5.4) .

Überprüfen Sie gegebenfalls die Identität Ihrer Therme mit den Lösungen von Mathematica .

Man definiert analog zu $\dfrac{1}{\tan x} = \cot x;$ $\quad \dfrac{1}{\sin x} = \csc x$ (Cosecans)

$\dfrac{1}{\cos x} = \sec x$ (Secans)

Erstellen Sie mit Mathematica einen Funktionenplot (Aufgabe 5.3) .

4.1 $f(x) = \dfrac{1}{\sin^4 x}$ $\quad ,B = [0,10]$

$\boxed{D = B \setminus \{0, \pi, 2\pi, 3\pi\}}$

$$f_1'(x) = \left(\frac{1}{\sin^4 x}\right)' = \left(\sin^{-4} x\right)' =$$
$$= -4 \cdot \sin^{-5} x \cdot \cos x = -4 \cdot \frac{\cos x}{\sin^5 x}$$

4.2 $f(x) = \tan(\cos x) \quad , B = [0,10]$

D = B = [0;10]

$$f_2'(x) = [\tan(\cos x)]' = $$
$$= -\frac{\sin x}{\cos^2(\cos x)}$$

Nachweis der Identität der Terme :

Mathematica : $f_2'(x) = -(\sec^2(\cos x) \cdot \sin x)$

$\sec x = \frac{1}{\cos x}$!

$$\Rightarrow \quad f_2'(x) = -\left(\frac{1}{\cos^2(\cos x)} \cdot \sin x\right) = -\frac{\sin x}{\cos^2(\cos x)}$$ wie oben!

4.3 $f(x) = \cos(\tan x) \quad , B = [0,10]$

$D = B \setminus \left\{\frac{\pi}{2}, \frac{3}{2}\pi, \frac{5}{2}\pi\right\}$

$$f_3'(x) = [\cos(\tan x)]' = $$
$$= -\sin(\tan x) \cdot \frac{1}{\cos^2 x} = $$
$$= -\frac{\sin(\tan x)}{\cos^2 x}$$

Nachweis der Identität der Terme :

Mathematika : $f_3'(x) = -\left(\sec^2 x \cdot \sin(\tan x)\right)$

$\sec x = \dfrac{1}{\cos x}$!

$\Rightarrow \quad f_3'(x) = -\left(\dfrac{1}{\cos^2 x} \cdot \sin(\tan x)\right) = -\dfrac{\sin(\tan x)}{\cos^2 x}$ wie oben !

4.4 $f(x) = x^{\sin x}$ $\quad , B = [0,10]$

D = R

Berechnen Sie die 1. Ableitung durch implizietes Differenzieren, nach dem Sie $y = x^{\sin x}$ logarithmiert haben :

$$\ln y = \sin x \cdot \ln x, \qquad (\ln x)' = \frac{1}{x}$$

$$\frac{1}{y} \cdot y' = \cos x \cdot \ln x + \sin x \cdot \frac{1}{x}$$

$$y' = y \cdot \left(\cos x \cdot \ln x + \frac{\sin x}{x} \right)$$

$$y' = x^{\sin x} \cdot \left(\cos x \cdot \ln x + \frac{\sin x}{x} \right)$$

5. Mathematica

5.1 Definition der Funktionen :

Eingabe :

```
u[x_]:=4 x^(5/3)-4+Sin[2.5 x]
g[x_]:=Sin[a x]^2+Cos[(b x)^1/2]^2
v[x_]:=u[Sin[x]]
f1[x_]:=1/(Sin[x])^4
f2[x_]:=Tan[Cos[x]]
f3[x_]:=Cos[Tan[x]]
f4[x-]:=x^Sin[x]
```

Aufrufen : z.B. u[x] , f1[x] , f4[2 Pi]

5.2 Wertetabellen :

Table[u[x],{x,0,10,1}]
erstellt eine Wertemenge für x = 0 bis x = 10 mit der Schrittweite .

Table[v[x],{x,0,1,2,Pi}]
erstellt eine Wertemenge für x = 0, x = 1, x =2 und x = π .

Table[{x,f4[x]},{x,0,10,1}]
erstellt die Menge der Wertepaare $\{x_i, f_4(x)\}$.

5.3 Punkteplot, kontinuierlicher plot, Graph

ListPlot[Table[g[x],{x,0,10,0.2}]]
ergibt einen Punkteplot im Bereich [0,10] mit der Schrittweite 0.2 .

Plot[u[x],{x,0,10}]
zeichnet den Graph der Funktion u(x) im Bereich [0,10] .

5.4 Ableitungen

1. Ableitung : u'(x) : D[u[x],x] oder u'[x]
   g'(x) : D[g[x],x]

2. Ableitung : u''(x) : D[u[x],{x,2}] oder u''[x]
   g''(x) : D[g[x],{x,2}]

3. Ableitung : u'''(x) : D[u[x],{x,3}] oder u'''[x]
   g'''(x) : D[g[x],{x,3}]

$$u'(x) = 6.66667\, x^{2/3} + 2.5\ \mathrm{Cos}[2.5\, x]$$

$$u''(x) = \frac{4.44444}{x^{1/3}} - 6.25\ \mathrm{Sin}[2.5\, x]$$

$$u'''(x) = \frac{-1.48148}{x^{4/3}} - 15.625\ \mathrm{Cos}[2.5\, x]$$

$$g'(x) = 2\, a\ \mathrm{Cos}[a\, x]\ \mathrm{Sin}[a\, x] - b\ \mathrm{Cos}\left[\frac{b\, x}{2}\right] \mathrm{Sin}\left[\frac{b\, x}{2}\right]$$

$$g''(x) = 2\, a^2\ \mathrm{Cos}[a\, x]^2 - \frac{b^2\ \mathrm{Cos}\left[\frac{b\, x}{2}\right]^2}{2} - 2\, a^2\ \mathrm{Sin}[a\, x]^2 + \frac{b^2\ \mathrm{Sin}\left[\frac{b\, x}{2}\right]^2}{2}$$

$$g'''(x) = -8\,a^3\,\mathrm{Cos}[a\,x]\,\mathrm{Sin}[a\,x] + b^3\,\mathrm{Cos}\left[\frac{b\,x}{2}\right]\,\mathrm{Sin}\left[\frac{b\,x}{2}\right]$$

$$v'(x) = 2.5\,\mathrm{Cos}[x]\,\mathrm{Cos}[2.5\,\mathrm{Sin}[x]] + 6.66667\,\mathrm{Cos}[x]\,\mathrm{Sin}[x]^{2/3}$$

$$v''(x) = \frac{4.44444\,\mathrm{Cos}[x]^2}{\mathrm{Sin}[x]^{1/3}} - 2.5\,\mathrm{Cos}[2.5\,\mathrm{Sin}[x]]\,\mathrm{Sin}[x] - 6.66667\,\mathrm{Sin}[x]^{5/3} - 6.25\,\mathrm{Cos}[x]^2\,\mathrm{Sin}[2.5\,\mathrm{Sin}[x]]$$

$$v'''(x) = -2.5\,\mathrm{Cos}[x]\,\mathrm{Cos}[2.5\,\mathrm{Sin}[x]] + 6.66667\,\mathrm{Cos}[x]\left(\frac{-0.222222\,\mathrm{Cos}[x]^2}{\mathrm{Sin}[x]^{4/3}} - 0.666667\,\mathrm{Sin}[x]^{2/3}\right) - 15.5556\,\mathrm{Cos}[x]\,\mathrm{Sin}[x]^{2/3} + 12.5\,\mathrm{Cos}[x]\,\mathrm{Sin}[x]\,\mathrm{Sin}[2.5\,\mathrm{Sin}[x]] + 2.5\,\mathrm{Cos}[x]\,(-6.25\,\mathrm{Cos}[x]^2\,\mathrm{Cos}[2.5\,\mathrm{Sin}[x]] + 2.5\,\mathrm{Sin}[x]\,\mathrm{Sin}[2.5\,\mathrm{Sin}[x]])$$

$$f_1'(x) = -4\,\mathrm{Cot}[x]\,\mathrm{Csc}[x]^4$$

$$f_2'(x) = -(\mathrm{Sec}[\mathrm{Cos}[x]]^2\ \mathrm{Sin}[x])$$

$$f_3'(x) = -(\mathrm{Sec}[x]^2\ \mathrm{Sin}[\mathrm{Tan}[x]])$$

$$f_4'(x) = x^{\mathrm{Sin}[x]}\,\mathrm{Cos}[x]\,\mathrm{Log}[x] + x^{-1+\mathrm{Sin}[x]}\,\mathrm{Sin}[x]$$

Praktikum 8	Lösung	Seite 1

Name :	Sem :	Datum :

Integralrechnung

Aufgabe 1 :

Gegeben ist die Funktion $f(x) = (x+1)^3 + 2$

1.1 Erstellen Sie eine Wertetabelle für x = 0 bis x = 1 mit einer Schrittweite von 0.2 .

1.2 Zeichnen Sie den Funktionsgraphen .

1.3 Lösen Sie das Integral $\int_0^1 ((x+1)^3 + 2)dx$

1.4 Lösen Sie das Integral $\int_0^c ((x+a)^3 + b)dx$

Aufgabe 2 :

Lösen Sie die Integrale :

2.1 $\int_0^4 \frac{x^2}{(x^3+2)^2}\, dx$

2.2 $\int 2x \cdot \sin(x^2 - 3)dx$

2.3 $\int ax \cdot \sin(x^2 - 3)dx$

2.4 $\int x^2 \sin(x-3)dx$

2.5 $\int_1^2 \frac{dx}{\sqrt{7x-5}}$ $\quad \int_{\frac{5}{7}}^1 \frac{dx}{\sqrt{7x-5}}$ $\quad \int \frac{a \cdot dx}{\sqrt{bx-c}}$

Aufgabe 3 :

3.0 Eingabe und Operatoren

3.1 $f(x) = (x+1)^3 + 2$

3.1.1 Wertetabelle der Funktion

3.1.2 Funktionsgraph

3.1.3 $\int_0^1 ((x+1)^3 + 2)dx$

3.1.4 $\int_0^c ((x+a)^3 + b)dx$

3.2.1 $\int_0^4 \frac{x^2}{(x^3+2)^2}\, dx$

3.2.2 $\int 2x \cdot \sin(x^2 - 3)dx$

3.2.3 $\int ax \cdot \sin(x^2 - 3)dx$

3.2.4 $\int x^2 \sin(x-3)dx$

3.2.5 $\int_1^2 \frac{dx}{\sqrt{7x-5}}$ $\int_{\frac{5}{7}}^1 \frac{dx}{\sqrt{7x-5}}$ $\int \frac{a \cdot dx}{\sqrt{bx-c}}$

Praktikum 8	Lösung	Seite 3

1.1 Werteteballe

x	0	0.2	0.4	0.6	0.8	1
f(x) =	3	3.728	4.744	6.096	7.832	10

1.2 Zeichnen Sie den Funktionsgraphen .

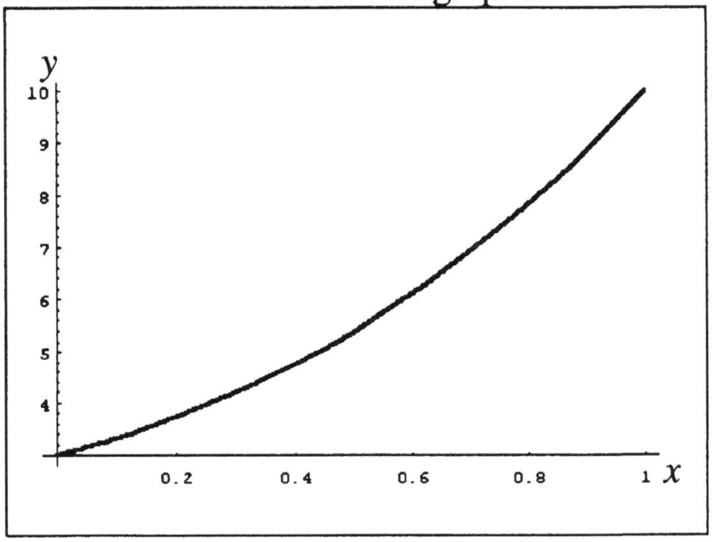

1.3 Lösen Sie das folgende Integral :

$$\int_0^1 ((x+1)^3 + 2)dx = \int_0^1 (x+1)^3 dx + \int_0^1 2dx =$$

$$= \left[\frac{1}{4}(x+1)^4 + 2x\right]_0^1 + c; \qquad c = 0$$

$$= \frac{1}{4}\cdot 2^4 + 2 - \frac{1}{4}\cdot 1^4$$

$$= 5.75FE$$

1.4 Lösen Sie das folgende Integral :

$$\int_0^c ((x+a)^3 + b)dx = \int_0^c (x+a)^3 + \int_0^c b dx =$$

$$= \left[\frac{1}{4}(x+a)^4 + bx\right]_0^c + c^*; \qquad c^* = 0$$

$$= \frac{1}{4}\cdot(c+a)^4 + bc - \frac{1}{4}\cdot a^4$$

2.1 $f(x) = \dfrac{x^2}{(x^3+2)^2} \quad dx \qquad ,x \in [0,4]$

Wertetabelle :

x	0	0.5	1	1.5	2	2.5	3	3.5	4
f(x) =	0	0.055	0.111	0.078	0.040	0.022	0.011	0.006	0.004

Funktionsgraph :

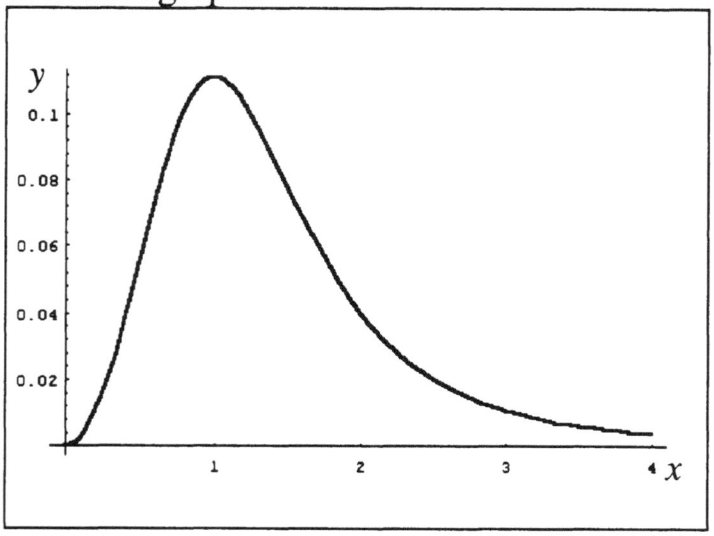

Integration :

$$\int_0^4 \frac{x^2}{(x^3+2)^2}\;dx$$

$$u = x^3+2, \qquad \frac{du}{dx} = 3x^2, \qquad dx = \frac{du}{3x^2}$$

$$= \int_{u(0)}^{u(4)} \frac{x^2 \cdot du}{u^2 \cdot 3x^2} = \frac{1}{3}\int_{u(0)}^{u(4)} \frac{du}{u^2} = \frac{1}{3}\int_{u(0)}^{u(4)} u^{-2} du$$

$$= \left[-\frac{1}{3}u^{-1}\right]_{u(0)}^{u(4)} = \left[-\frac{1}{3\cdot\left(x^3+2\right)}\right]_0^4 + c = -\frac{1}{3\cdot\left(4^3+2\right)} - \left(-\frac{1}{3\cdot 2}\right)$$

$$= -\frac{1}{198} + \frac{1}{6} = \frac{16}{99} FE; \qquad c = 0$$

2.2 Lösen Sie folgendes unbestimmtes Integral :

$$\int 2x\cdot\sin(x^2-3)dx \qquad x^2-3=u, \qquad \frac{du}{dx} = 2x, \qquad dx = \frac{du}{2x}$$

$$\int \frac{2x\cdot\sin u}{2x}\;du = \int \sin u\;\; du = -\cos u = -\cos\left(x^2-3\right)$$

2.3 Lösen Sie folgendes unbestimmtes Integral :

$$\int ax\cdot\sin(x^2-3)dx \qquad x^2-3=u, \qquad \frac{du}{dx}=2x, \qquad dx=\frac{du}{2x}$$

$$=\int\frac{ax\sin u}{2x}\,du=\frac{1}{2}\int a\sin u\,du$$

$$=\frac{a}{2}\int\sin u\,du$$

$$=\frac{a}{2}\cdot(-\cos u)+c$$

$$=-\frac{a}{2}\cos\left(x^2-3\right)+c; \qquad c=0$$

2.4 Lösen Sie folgendes unbestimmtes Integral :

$$\int x^2\sin(x-3)dx \qquad u=x^2 \qquad u'=2x$$

$$v'=\sin(x-3) \qquad v=-\cos(x-3)$$

$$\int u\cdot v'=u\cdot v-\int u'\cdot v$$

$$=-x^2\cdot\cos(x-3)+\int 2x\cdot\cos(x-3)\;dx$$

$$u=2x \qquad u'=2$$

$$v'=\cos(x-3) \qquad v=\sin(x-3)$$

$$=x^2\cdot\cos(x-3)+2x\cdot\sin(x-3)-\int 2\sin(x-3)\;dx$$

$$=-x^2\cdot\cos(x-3)+2x\sin(x-3)+2\cos(x-3)$$

$$=\left(2-x^2\right)\cdot(\cos(x-3))+2x\sin(x-3)+c; \qquad c=0$$

2.5 Lösen Sie folgendes bestimmtes Integral :

$$\int_1^2 \frac{dx}{\sqrt{7x-5}} = \int_1^2 \frac{dx}{(7x-5)^{\frac{1}{2}}} = \int_1^2 (7x-5)^{-\frac{1}{2}}\ dx$$

$$7x-5=a; \qquad \frac{da}{dx}=7 \qquad dx=\frac{da}{7}$$

$$= \int_{a(1)}^{a(2)} \left(\frac{1}{7}a^{-\frac{1}{2}}\right)\ da = \left[\frac{2}{7}a^{\frac{1}{2}}\right]_{a(1)}^{a(2)} = \left[\frac{2}{7}(7x-5)^{\frac{1}{2}}\right]_1^2 + c; \qquad c=0$$

$$= \frac{2}{7}\left[(14-5)^{\frac{1}{2}} - (7-5)^{\frac{1}{2}}\right] = \frac{2}{7}\left[9^{\frac{1}{2}} - 2^{\frac{1}{2}}\right] = \frac{2}{7}\left(3-\sqrt{2}\right) = 0.453FE$$

Lösen Sie folgendes uneigentliches Integral :

$$\int_{\frac{5}{7}}^{1} \frac{dx}{\sqrt{7x-5}} = \lim_{k\to\frac{5}{7}+0} \int_k^1 \frac{dx}{\sqrt{7x-5}} = \lim_{k\to\frac{5}{7}+0} \left[\frac{2}{7}(7x-5)^{\frac{1}{2}}\right]_k^1 + c; \qquad c=0$$

$$= \lim_{k\to\frac{5}{7}+0} \left[\frac{2}{7}\sqrt{2} - \left(\frac{2}{7}(7k-5)^{\frac{1}{2}}\right)\right]$$

$$= \frac{2}{7}\sqrt{2}FE = 0.404FE$$

Lösen Sie folgendes unbestimmtes Integral :

$$\int \frac{a \cdot dx}{\sqrt{bx-c}} = a\int \frac{dx}{\sqrt{bx-c}} =$$

$$u = bx - c, \qquad \frac{du}{dx} = b, \qquad dx = \frac{du}{b}$$

$$= a\int \frac{1}{\sqrt{u}} \ \frac{du}{b} = \frac{a}{b}\int u^{-\frac{1}{2}} \ du$$

$$= \frac{a}{b}\left[2u^{\frac{1}{2}}\right] = \frac{2a}{b}u^{\frac{1}{2}} = \frac{2a\sqrt{u}}{b}$$

$$= \frac{2a\sqrt{bx-c}}{b} + c; \qquad c = 0$$

3.0 Operatoren :

Integrate[f[x],x]	unbestimmte Integration / Stammfunktion
NIntegrate[f[x],{x,a,b}]	numerische Integration

3.1 Eingabe der Funktion $f(x) = (x+1)^3 + 2$ f1[x_]:=(x+1)^3+2

3.1.1 Wertetabelle : Table[f1[x],{x,0,1,0.2}]

3.1.2 Funktionsgraph : Plot[f1[x],{x,0,1}]

3.1.3 Unbestimmte Integration : Integrate[f1[x],x]

$$= 3x + \frac{3x^2}{2} + x^3 + \frac{x^4}{4}$$

Bestimmte Integration : NIntegrate[f1[x],{x,a,b}]

$$= -3a - \frac{3a^2}{2} - a^3 - \frac{a^4}{4} + 3b + \frac{3b^2}{2} + b^3 + \frac{b^4}{4}$$

3.1.4 Unbestimmte Integration : Integrate[(x+a)^3+b,x]

$$= \left(a^3 + b\right)x + \frac{3a^2x^2}{2} + ax^3 + \frac{x^4}{4}$$

Bestimmte Integration mit Stammfunktion :
F[u_]:=Integrate[(u+a)^3+b,{u,0,1}]

F[u]

$$= \frac{1}{4} + a + \frac{3a^2}{2} + a^3 + b$$

F[c]

$$= \frac{1}{4} + a + \frac{3a^2}{2} + a^3 + b$$

3.2.1 Eingabe der Funktion $f(x) = \dfrac{x^2}{(x^3+2)^2}$ f2[x_]:=x^2/(x^3+2)^2

Wertetabelle : Table[f2[x],{x,0,4,0.5}]

Funktionsgraph : Plot[f2[x],{x,0,4}]

Unbestimmte Integration : Integrate[f2[x],x]

$$= \frac{-1}{3\left(2 + x^3\right)}$$

Numerische Integration : NIntegrate[f2[x],{x,04}]

$$= 0.161616.. = \frac{16}{99}$$

3.2.2 Integrate[2 x Sin[x^2-3],x]

$$= -Cos[3 - x^2]$$

3.2.3 Integrate[a x Sin[x^2-b],x]

$$= \frac{-(a \cdot Cos[b - x^2])}{2}$$

3.2.4 Integrate[x^2 Sin[x-3],x]

$$= Cos[x] \cdot (2 \cdot Cos[3] - x^2 \cdot Cos[3] - 2x \cdot Sin[3]) - (-2x \cdot Cos[3] - 2 \cdot Sin[3] + x^2 \cdot Sin[3]) \cdot Sin[x]$$

3.2.5 Unbestimmte Integration : Integrate[1/Sqrt[7 x-5],x]

$$= \frac{2Sqrt[-5 + 7x]}{7}$$

Integrate[[a/Sqrt[7 x-5],x]

$$= \frac{2a \cdot Sqrt[-5 + 7x]}{7}$$

Bestimmte Integration : NIntegrate[1/Sqrt[7 x-5],{x,1,2}]

= 0.453082

Uneigentliche Integration : NIntegrate[1/Sqrt[7 x-5],{x,5/7,1}]

= 0.404061

Name: Sem: Datum:

Aufgaben zur Kurvendiskussion

Aufgabe 1:

$$f(x) = \frac{1}{2}\left(e^{x} - e^{-x}\right) = \sinh(x)$$

$$g(x) = \frac{1}{2}\left(e^{x} + e^{-x}\right) = \cosh(x)$$

Aufgabe 2:

$$h(x) = y = \frac{x^2}{\ln x}$$

Aufgabe 1:

$$f(x)=\frac{1}{2}\left(e^{x}-e^{-x}\right)=\sinh(x)$$

$$g(x)=\frac{1}{2}\left(e^{x}+e^{-x}\right)=\cosh(x)$$

1. Definitionbereich

D_f:	R
D_g:	R

2. Symmetrie?

$$f(-x)=\frac{1}{2}\left(e^{-x}-e^{x}\right)=-\frac{1}{2}\left(e^{x}-e^{-x}\right)=-f(x)$$

ungerade Funktion: Symmetrie zum Ursprung

$$g(-x)=\frac{1}{2}\left(e^{-x}+e^{x}\right)=\frac{1}{2}\left(e^{x}+e^{-x}\right)=g(x)$$

gerade Funktion: Symmetrie zur y-Achse

3. Periodizität

f	keine
g	keine

4. Nullstellen

f(x)	$f(x)=0; \quad \frac{1}{2}\left(e^{x}-e^{-x}\right)=0$ $e^{x}=e^{-x} \quad \Rightarrow \quad x=-x \quad \Rightarrow \quad 2x=0 \quad N_f[0,0]$
g(x)	$g(x)=0; \quad \frac{1}{2}\left(e^{x}+e^{-x}\right)=0 \mid \ln$ $x\cdot\ln e=-x\ln\lvert -e\rvert \quad \Rightarrow$ keine Nullstelle

5. Unstetigkeitsstellen

Verhalten im Unendlichen

$$\lim_{x\to-\infty} f(x) = \lim_{x\to-\infty} \frac{1}{2}\left(e^{x} - e^{-x}\right) = -\infty$$

$$\lim_{x\to\infty} f(x) = \lim_{x\to\infty} \frac{1}{2}\left(e^{x} - e^{-x}\right) = \infty$$

$$\lim_{x\to-\infty} g(x) = \lim_{x\to-\infty} \frac{1}{2}\left(e^{x} + e^{-x}\right) = \infty$$

$$\lim_{x\to\infty} g(x) = \lim_{x\to\infty} \frac{1}{2}\left(e^{x} + e^{-x}\right) = \infty$$

6. Ableitungen

$$f'(x) = \frac{1}{2}\left(e^{x} + e^{-x}\right) = g(x)$$

$$g'(x) = \frac{1}{2}\left(e^{x} - e^{-x}\right) = f(x)$$

$$f''(x) = \frac{1}{2}\left(e^{x} - e^{-x}\right) = f(x)$$

$$g''(x) = \frac{1}{2}\left(e^{x} + e^{-x}\right) = g(x)$$

Welche interessante Regel finden Sie?

$$f''(x) = f(x) \qquad g''(x) = g(x)$$
$$f'(x) = g(x) \qquad g'(x) = f(x)$$

7. Untersuchung auf Asymptoten

horizontal ? keine

vertikal ? keine, da keine Definitionslücken

schiefe ? $\lim_{x\to\pm\infty} f'(x) = \infty$ ⇒keine schiefe Asymptoten

$\lim_{x\to\pm\infty} g'(x) = \pm\infty$ ⇒keine schiefe Asymptoten

8. Monotonie, Extrema

f(x): $f'(x)=0 \;\Rightarrow\; \{\ \}$ keine Extremas	Ergebnis: keine Extremas streng monoton steigend
g(x): $g'(x)=0=f(x)=0 \;\Rightarrow\; x=0$ $g''(0)=1>0 \qquad Tp[0,1]$	Ergebnis: Tiefpunkt Tp[0,1] in $]-\infty,0]$ streng monoton fallend in $]0,\infty[$ streng monoton steigend

9. Krümmung, Wendepunkte

f(x): $f''(x)=f(x)=0 \;\Rightarrow\; x=0$ Vz-Wechsel bei x = 0 von $f''(0)$ $\Rightarrow\; Wp[0,0]$	Ergebnis: Wendepunkt Wp[0,0] in $]-\infty,0[$ rechtsgekrümmt in $]0,\infty[$ linksgekrümmt
g(x): $g''(x)=g(x)=0 \quad x=\{\ \}$ $\Rightarrow$ keine Wendepunkte $g''(x)>0 \;\Rightarrow$ Linkskrümmung	Ergebnis: $]-\infty,\infty[$ linksgekrümmt keine Wendepunkte

10. Wertetabelle, Graph

x=-5 (0.5) 5

x	-5	-4.5	-4	-3.5	-3	-2.5	-2	-1.5	-1	-0.5	0	0.5	1	1.5	2	2.5	3	3.5	4	4.5	5
f(x)	-74.2	-45	-27.3	-16.5	-10	-6.1	-3.6	-2.1	-1.1	-0.5	0	0.5	1.1	2.1	3.6	6.1	10	16.5	27.3	45	74.2
g(x)	74.2	45	27.3	16.5	10	6.1	3.7	2.4	1.5	1.1	1	1.1	1.5	2.4	3.7	6.1	10	16.5	27.3	45	74.2

Funktionsgraphen:

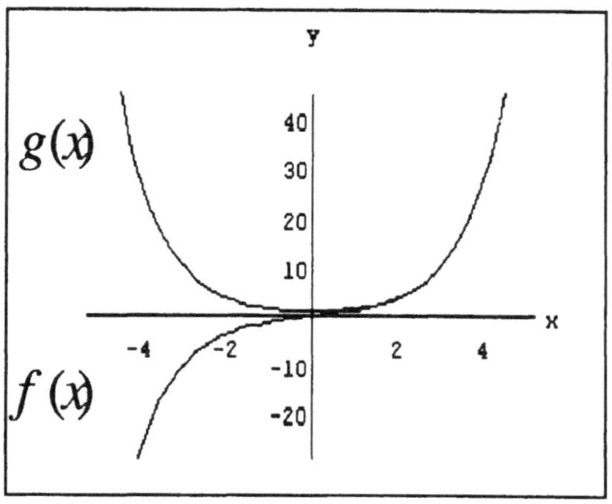

11. Integral

$$F(x)=\int f(x)dx=\int \frac{1}{2}(e^{x}-e^{-x})dx=\frac{1}{2}(e^{x}+e^{-x})+c$$
$$=g(x)+c$$

$$G(x)=\int g(x)dx=\int \frac{1}{2}(e^{x}+e^{-x})dx=\frac{1}{2}(e^{x}-e^{-x})+c$$
$$=f(x)+c$$

Welche Regel finden Sie?

$$G(x)=f(x)+c$$
$$F(x)=g(x)+c$$

12. Flächenberechnung

$$A(u)=\int_{0}^{u}(g(x)-f(x))dx=[f(x)-g(x)]_{0}^{u}=\left[\frac{1}{2}(e^{x}-e^{-x})-\frac{1}{2}(e^{x}+e^{-x})\right]_{0}^{u}=$$
$$=\frac{1}{2}\left[e^{x}-e^{-x}-e^{-x}-e^{x}\right]_{0}^{u}=\frac{1}{2}\left[-2e^{-x}\right]_{0}^{u}=-e^{-u}+1$$

$$\lim_{u\to\infty}A(u)=\lim_{u\to\infty}\left(-e^{-u}+1\right)=1$$

13. Reihenentwicklung

$$f(x)=\sum_{i=0}^{\infty}\frac{f^{(i)}(0)}{i!}X^i=\frac{0}{0!}x^0+\frac{1}{1!}x^1+\frac{0}{2!}x^2+\frac{1}{3!}x^3+.....$$

$$=x+\frac{x^3}{3!}+\frac{x^5}{5!}+\frac{x^7}{7!}+\frac{x^9}{9!}+......=\sum_{i=0}^{\infty}\frac{x^{2i+1}}{(2i+1)!}$$

$$\begin{array}{ll}
f^0(x)=f(x) & f^0(0)=0\\
f^1(x)=g(x) & f^1(0)=g(0)=1\\
f^2(x)=f(x) & f^2(0)=0\\
f^3(x)=g(x) & f^3(0)=1\\
f^4(x)=f(x) & f^4(0)=0\\
\vdots & \vdots
\end{array}$$

$$g(x)=\sum_{i=0}^{\infty}\frac{g^{(i)}(0)}{i!}X^i=\frac{1}{0!}x^0+\frac{0}{1!}x^1+\frac{1}{2!}x^2+\frac{0}{3!}x^3+\frac{1}{4!}x^4+....$$

$$=1+\frac{x^2}{2!}+\frac{x^4}{4!}+\frac{x^6}{6!}+\frac{x^8}{8!}+......=\sum_{i=0}^{\infty}\frac{x^{2i}}{2i!}$$

$$\begin{array}{ll}
g^0(x)=g(x) & g^0(0)=1\\
g^1(x)=f(x) & g^1(0)=0\\
g^2(x)=g(x) & g^2(0)=1\\
g^3(x)=f(x) & g^3(0)=0\\
g^4(x)=g(x) & g^4(0)=1\\
\vdots & \vdots
\end{array}$$

Aufgabe 2:

$h(x) = y = \frac{x^2}{\ln x}$

1. Definitionsbereich

$D_h =]0,\infty[/ \{1\};\quad 0 < x,\quad x \neq 1$

2. Nullstellen

in D_h: keine Nullstellen

3. Unstetigkeitsstellen

x = 1

$\lim_{x\to+0} h(x) = 0$

$\lim_{x\to\infty} h(x) = +\infty$

4. Ableitungen

$$h'(x) = \left(\frac{x^2}{\ln x}\right)' = \frac{2x\cdot\ln x - x^2\cdot\frac{1}{x}}{(\ln x)^2}$$
$$= \frac{2x\cdot\ln x - x}{(\ln x)^2} = \frac{x\cdot(2\ln x - 1)}{(\ln x)^2}$$

$$h''(x) = \frac{\left[(2\ln x - 1) + x\cdot\frac{2}{x}\right]\cdot(\ln x)^2 - x\cdot(2\ln x - 1)\cdot 2\ln x\cdot\frac{1}{x}}{(\ln x)^4}$$
$$= \frac{(2\ln x + 1)\cdot(\ln x)^2 - 2\ln x\cdot(2\ln x - 1)}{(\ln x)^4}$$
$$= \frac{2(\ln x)^2 - 3\ln x + 2}{(\ln x)^3}$$

5. Untersuchung auf Asymptoten

horizontal ?

$$\lim_{x\to+\infty}\frac{x^2}{\ln x}=+\infty \Rightarrow$$ keine horizontale Asymptoten

vertikal ?

$$\lim_{\substack{x\to 1-0\\ \text{von links}}}\frac{x^2}{\ln x}=-\infty \qquad \lim_{\substack{x\to 1+0\\ \text{von rechts}}}\frac{x^2}{\ln x}=+\infty$$

Polstelle bei x = 1, ⇒ senkrechte Asymptote

schiefe ?

keine schiefe Asymptoten

6. Monotonie, Extrema

$$h'(x)=0 \qquad \frac{x(2\ln x-1)}{(\ln x)^2}=0$$

$$x(2\ln x-1)=0 \Rightarrow x_1=0 \Rightarrow x_1\neq D_h$$

$$2\ln x-1=0 \Rightarrow \ln x=0.5$$

$$x=e^{0.5}=1.65$$

$$f''\left(e^{0.5}\right)=15>0 \Rightarrow \textit{Tiefpunkt}$$

Extremum:

$$Tp\left[e^{0.5},\frac{e}{\ln e^{0.5}}\right]=[1.648,5.437]$$

Monotoniebereiche:

$]0,1[$ streng monoton fallend

$]1,e^{0.5}[$ streng monoton fallend

$]e^{0.5},\infty[$ streng monoton steigend

7. Krümung, Wendepunkte

$$h''(x)=0 \qquad \frac{2(\ln x)^2-3\ln x+2}{(\ln x)^3}=0 \,|\, :2\cdot(\ln x)^3$$

$$(\ln x)^2-1.5\ln x+1=0$$

$$\ln x_{1,2}=0.75\pm\sqrt{\frac{9}{16}-1}$$

keine Nullstelle für $h''(x)$

Wendepunkt:

keine

Krümmung:

$]0,1[$ Rechtskrümmung;

$h''(x)<0$

$]1,+\infty[$ Linkskrümmung;

$h''(x)>0$

8. Wertetabelle, Graph

$x \in D_h$, Schrittweite $\Delta x = 0.2$

x	0	0.2	0.4	0.6	0.8	1	1.2	1.4	1.6	1.8	2	2.2	2.4
h(x)	----	-.03	-.17	-.71	-2.9	----	7.9	5.8	5.4	5.5	5.8	6.1	6.6
x	2.6	2.8	3	3.2	3.4	3.6	3.8	4	4.2	4.4	4.6	4.8	5
h(x)	7.1	7.6	8.2	8.8	9.5	10.1	10.8	11.5	12.3	13.1	13.9	14.7	15.5

Funktionsgraph:

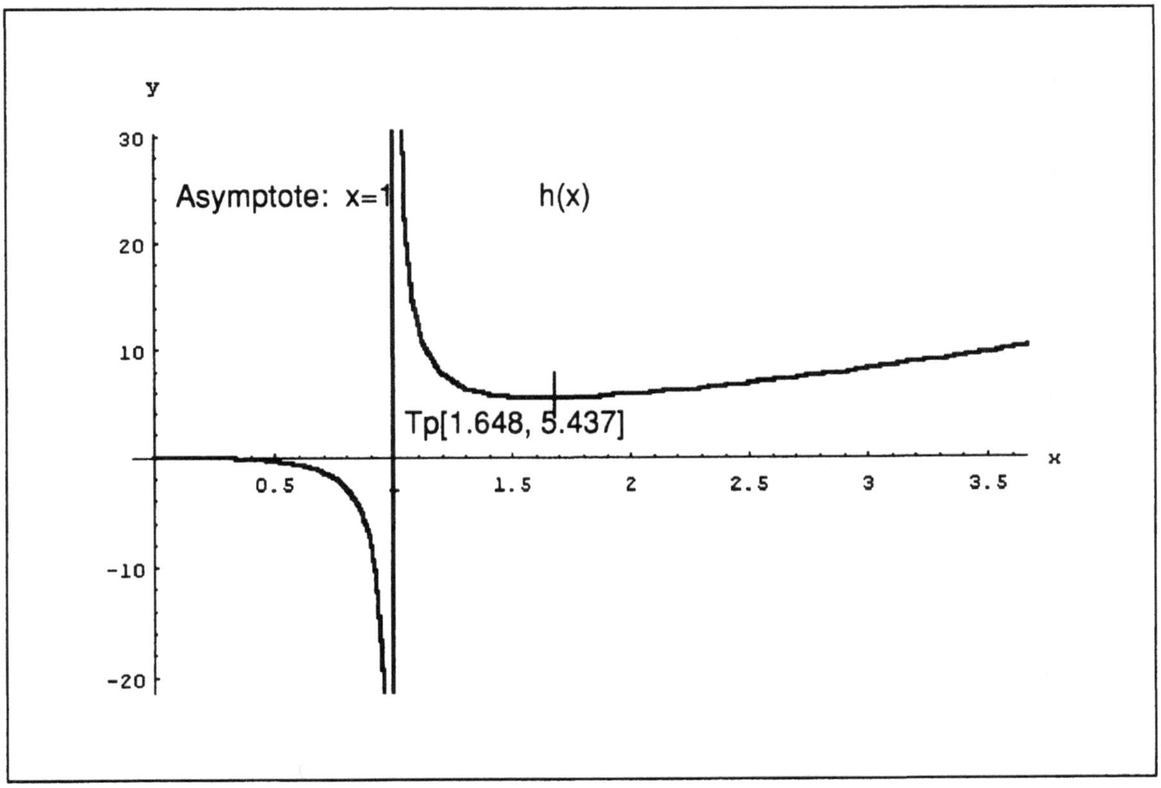

Berechnen Sie die Fläche, die der Graph von h(x) im Intervall [1.5,3] mit der Abszisse einschließt.

Anleitung zur Integration:

1.

$$\int \frac{x^2 dx}{\ln x} = \int \frac{x^3 dx}{x \ln x}$$

2. Substitution y= ln x , dy=

$$x = e^y$$

$$\int \frac{e^{3y} dy}{y}$$

3. Nochmals substituieren: 3y = z

$$\int \frac{3e^z}{z} \cdot \frac{1}{3} dz = \int \frac{e^z dz}{z}$$

4. Lösen von:

$$\int \frac{e^u du}{u} =$$

e^u in Potenzreihe bis 5. Glied entwickeln:

$$e^u = 1 + \frac{u}{1!} + \frac{u^2}{2!} + \frac{u^3}{3!} + \frac{u^4}{4!}$$

$$\Rightarrow \frac{e^u}{u} = \frac{1}{u} + 1 + \frac{u}{2!} + \frac{u^2}{3!} + \frac{u^3}{4!}$$

⇒ gliedweise integrieren:

$$\int \frac{e^u du}{u} = \int \frac{1}{u} du + \int 1 du + \int \frac{u}{2!} du + \int \frac{u^2}{3!} du + \int \frac{u^3}{4!} du$$

$$\int \frac{e^u}{u} du = \ln|u| + u + \frac{u^2}{4} + \frac{u^3}{18} + \frac{u^4}{96}$$

$$\int \frac{e^z}{z} du = \ln|z| + z + \frac{z^2}{4} + \frac{z^3}{18} + \frac{z^4}{96}$$

$$\int \frac{e^{3y}}{y} dy = \ln|3y| + 3y + \frac{(3y)^2}{4} + \frac{(3y)^3}{18} + \frac{(3y)^4}{96}$$

$$\int \frac{e^{3\ln x}}{x \cdot \ln x} dx = \int \frac{x^3 dx}{x \cdot \ln x} = \ln|3\ln x| + 3\ln x + \frac{(3\ln x)^2}{4} + \frac{(3\ln x)^3}{18} + \frac{(3\ln x)^4}{96}$$

5. Grenzen einsetzen:

$$\int_{1.5}^{3} \frac{x^2 dx}{\ln x} = \left[\ln(3\ln x) + 3\ln x + \frac{(3\ln x)^2}{4} + \frac{(3\ln x)^3}{18} + \frac{(3\ln x)^4}{96} \right]_{1.5}^{3}$$

$$= \ln(\ln 27) + \ln 27 + \frac{(\ln 27)^2}{4} + \frac{(\ln 27)^3}{18} + \frac{(\ln 27)^4}{96}$$

$$- \ln(\ln 3.375) - \ln 3.375 - \frac{(\ln 3.375)^2}{4} - \frac{(\ln 3.375)^3}{18} - \frac{(\ln 3.375)^4}{96}$$

$= 8.517 \leftarrow$ bei 5 Gliedern

bei 8 Gliedern : 9.57 bei Glied $\to \infty$ 9.639

10. Volumenberechnung

Das Kurvenstück K = { (x,h(x) | $1.5 \le x \le 3$ } rotiert um die x-Achse.
Berechnen Sie das Volumen des Rotationskörpers.

Anleitung:
Numerische Integration mit der Trapezregel:
Schrittweite:

$\Delta x_1 = 0.3$
$\Delta x_2 = 0.1$

Lösung mit Mathematica:

Integrate numerisch mit: NIntegrate[f[x],{x,1.5,3}]

bzw: NIntegrate[x^2/Log[x],{x,1.5,3}]

9.63937

Praktikum 10	Lösung	Seite 1

Name:	Sem:	Datum:

Rauminhalte von Rotationskörpern

Rotation der Funktion y = f(x), $a \le x \le b$
um die x-Achse:

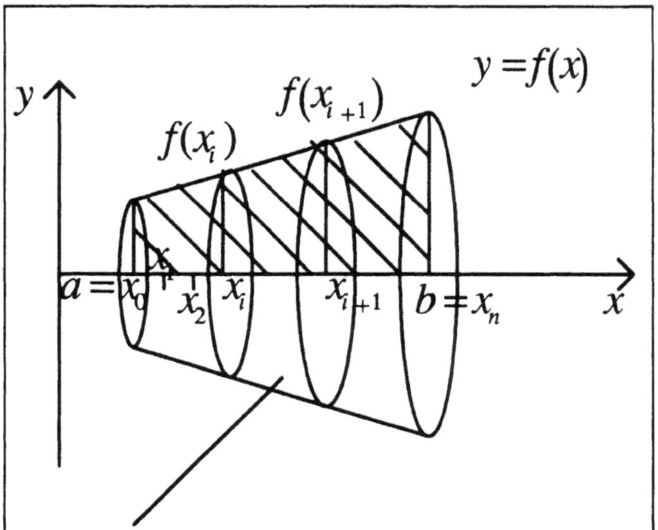

Zylinder V_{x_i}: Radius: $f(x_i)$, Höhe: Δx

Aquidistante Teilung von [a,b] in n-Teile der Breite Δx :

$$\Delta x = \frac{b-a}{n}$$

$$x_0 = a$$

$$\vdots$$

$$x_i = a + i\Delta x$$

$$\vdots$$

$$x_n = a + n\Delta x$$

$$V_x \approx \sum_{i=0}^{n-1} V_{x_i} = \sum_{i=0}^{n-1} f^2(x_i)\pi\Delta x$$

$$V_x = \lim_{\substack{n \to \infty \\ (\Delta x \to 0)}} \sum_{i=0}^{n-1} f^2(x_i)\pi\Delta x$$

$$V_x = \pi \int_{x=a}^{x=b} f^2(x)dx = \pi \int_{x=a}^{x=b} y^2 dx = \int_a^b dV_x$$

mit Volumenelement:

$$dV_x = \pi f^2(x)dx = \pi y^2 dx$$

Rotation der Funtion y = f(x), $a \le x \le b$ um die y-Achse :

Aquidistante Teilung von [a,b] in n-Teile :

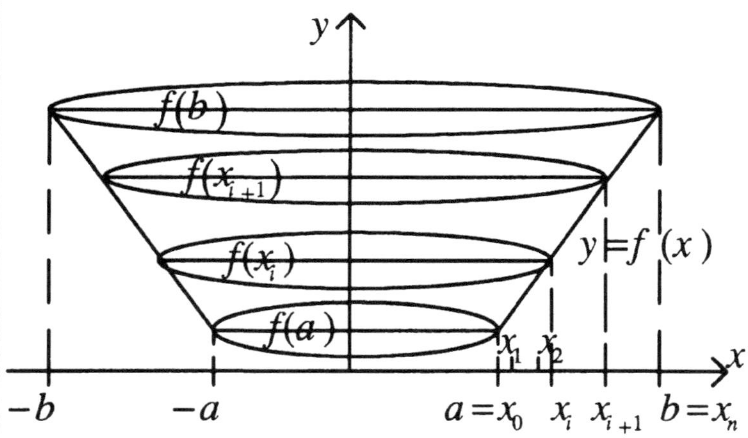

$$V_y \approx \sum_{i=0}^{n-1} V_{Vi} = \sum_{i=0}^{n-1} x_i^2 \pi \Delta y_i$$

$$V_y = \lim_{\substack{n \to \infty \\ (\Delta x \to 0)}} \sum_{i=0}^{n-1} x_i^2 \pi \Delta y_i$$

$$\Rightarrow V_y = \pi \int_{y=f(a)}^{y=f(b)} x^2 dy = \pi \int_{x=a}^{x=b} x^2 f'(x) dx = \int_{y=f(a)}^{y=f(b)} dV_y$$

da dy = $f'(x)dx$

mit Volumenelement :

$$dV_y = \pi x^2 f'(x) dx = \pi x^2 dy$$

Aufgabe 1 :

Gegeben ist die Funktion : $y = f(x) = \cosh x$, $x \in [1,2]$
und die dazugehörige Kurve : $K = \{(x,y) | \; y = \cosh x, \; x \in [1,2]\}$

1. Graph und Rotationskörper
   Skizzieren Sie K für x = 1 (0.1) 2 und die zugehörigen Rotationskörper, bei Rotation um die x- und y-Achse.

2. K rotiert um die x-Achse.
   Skizzieren Sie den dabei entstehenden Rotationskörper.
   Berechnen Sie das Volumen V_x.

3. Nun rotiert K um die y-Achs.
   Skizzieren Sie den Rotationskörper.
   Berechnen Sie das Volumen V_y .

Manuelle Lösung :

1.Wertetabelle

x	1	1.1	1.2	1.3	1.4	1.5	1.6	1.7	1.8	1.9	2.0
f(x)= coshx	1.54	1.67	1.81	1.97	2.15	2.35	2.58	2.82	3.11	3.41	3.76

Graph von K :
Skizze der Rotationskörper bei Rotation um x- und y-Achse :

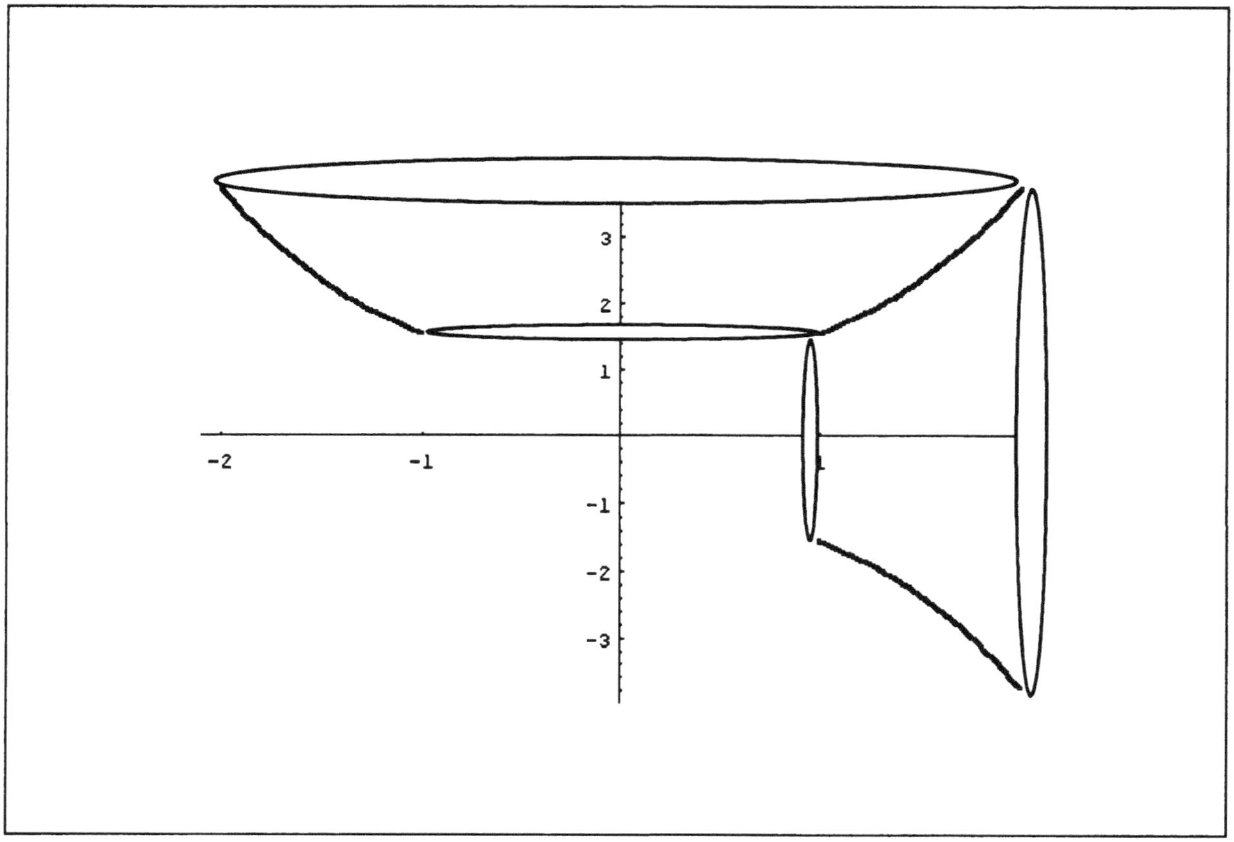

2.Berechnung von V_x :

Integration:

$$V_x = \pi\int_a^b f^2(x)dx = \pi\int_1^2 \cosh^2 x dx$$
$$= \pi\cdot\left[\frac{1}{4}\sinh 2x + \frac{1}{2}x\right]_1^2 = \pi\cdot\left(\frac{1}{4}\sinh 4 + 1 - \frac{1}{4}\sinh 2 - \frac{1}{2}\right)$$
$$= 20.1557 \quad RE$$

Nebenrechnung:
Unbestimmte Integration :

1. Partielle Integration : $\int u\cdot v' = u\cdot v - \int u'\cdot v$

$$\int \cosh^2 x dx = \int \overset{u}{\cosh x}\,\overset{v'}{\cosh x} dx$$

1. $u = \cosh x;\quad u' = \sinh x$
 $v = \sinh x;\quad v' = \cosh x$

$$= \cosh x\cdot\sinh x - \int \overset{u}{\sinh x}\cdot\overset{v'}{\sinh x} dx$$

2. $u = \sinh x;\quad u' = \cosh x$
 $v = \cosh x;\quad v' = \sinh x$

$$= \cosh x\cdot\sinh x - \left(\sinh x\cdot\cosh x - \int\cosh x\cdot\cosh x dx\right)$$

$$0 = 0$$

kein Durchkommen mit partieller Integration $\Rightarrow$ anderer Weg

2.Elegantere Methode:

cosh 2x = $\cosh^2 x + \sinh^2 x =$

$\cosh^2 x - \sinh^2 x = 1$

$$\sinh^2 x = \cosh^2 x - 1$$

$$\Rightarrow \cosh 2x = \cosh^2 x + \cosh^2 x - 1 = 2\cosh^2 x - 1$$

$$\cosh^2 x = \frac{1}{2}(\cosh 2x + 1)$$

(Ausdruck in dem nur cosh 2x vorkommt)

$$\Rightarrow \int \cosh^2 x dx = \frac{1}{2}\int(\cosh 2x + 1)dx$$

$$= \frac{1}{2}\left(\frac{1}{2}\sinh 2x + x + c\right); \qquad c = 0$$

$$= \frac{1}{4}\sinh 2x + \frac{x}{2} + c$$

3. Berechnung von V_y:

Integration :

$$V_y = \pi\int_a^b x^2 f'(x)dx = \pi\int_1^2 x^2 \cdot \sinh x dx$$
$$= \pi \cdot \left[\left(x^2+2\right)\cdot \cosh x - 2x \cdot \sinh x\right]_1^2$$
$$= \pi \cdot \left[6\cosh 2 - 4\sinh 2 - 3\cosh 1 + 2\sinh 1\right]$$
$$= 18.1801 \quad RE$$

Nebenrechnung : partiell: $\int u \cdot v' = u \cdot v - \int u' \cdot v$

$$\int \overset{u}{x^2} \overset{v'}{\sinh x} dx =$$

1. $u = x^2;\quad u' = 2x$
   $v = \cosh x;\quad v' = \sinh x$

$$= x^2 \cdot \cosh x - \int \overset{u}{2x} \cdot \overset{v'}{\cosh x} dx$$

2. $u = 2x;\quad u' = 2$
   $v = \sinh x;\quad v' = \cosh x$

$$= x^2 \cdot \cosh x - \left(2x \cdot \sinh x - \int 2\sinh x dx\right)$$
$$= x^2 \cdot \cosh x - 2x \cdot \sinh x + 2\cosh x$$
$$= \left(x^2+2\right)\cdot \cosh x - 2x \cdot \sinh x$$

Kontrolle:
Lösung mit MATHEMATICA :

1. Plotten der Kurve K

```
Plot[Cosh[x],{x,1,2}]
```

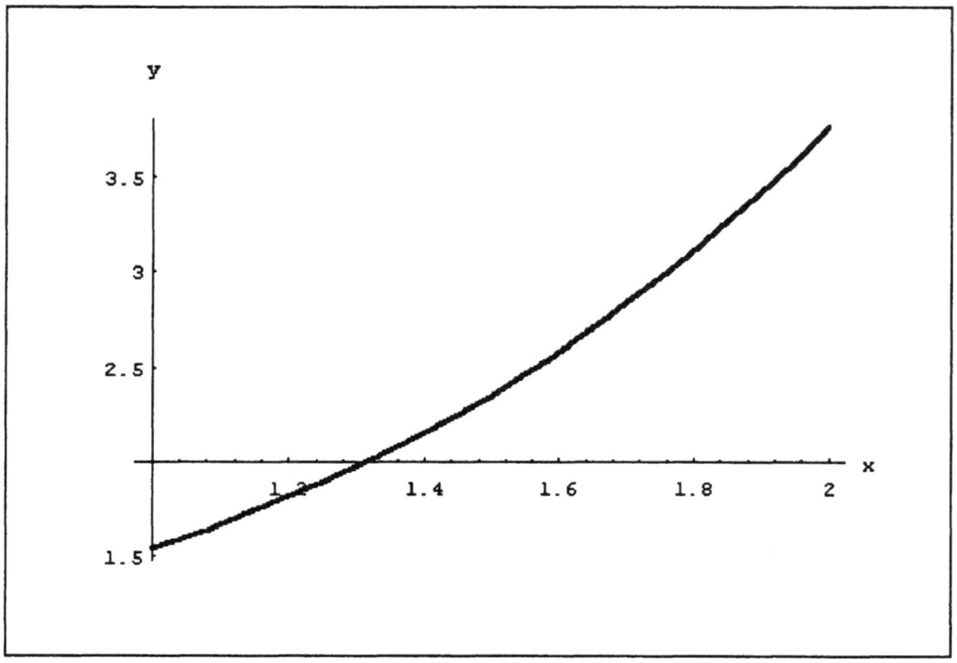

2. Plotten des Rotationskörpers bei Rotation um die x-Achse :

Erläuterung des Prinzips :

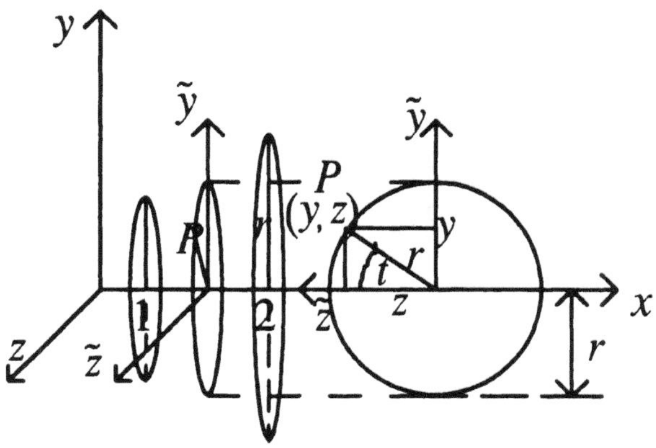

Parameter :
x : $1 \le x \le 2$
t : $0 \le t \le 2\pi$
Radius an der Stelle x : r = f(x) = cosh x

Oberfläche des Rotationskörpers :

$$O_x = \{(x,y,z) \mid y = f(x)\sin t,\ z = f(x)\cos t,\ 1 \le x \le 2, 0 \le t \le 2\pi\}$$
$$= \{(x,y,z) \mid y = r\sin t,\ z = r\cos t,\ 1 \le x \le 2, 0 \le t \le 2\pi\}$$
$$= \{(x,y,z) \mid y = \cosh x \sin t,\ z = \cosh x \cos t,\ 1 \le x \le 2, 0 \le t \le 2\pi\}$$

MATHEMATICA :

```
ParametricPlot3D[{x,Cosh[x] Sin[t], Cosh[x] Cos[t],{x,1,2},{t,0,2 Pi}]
```

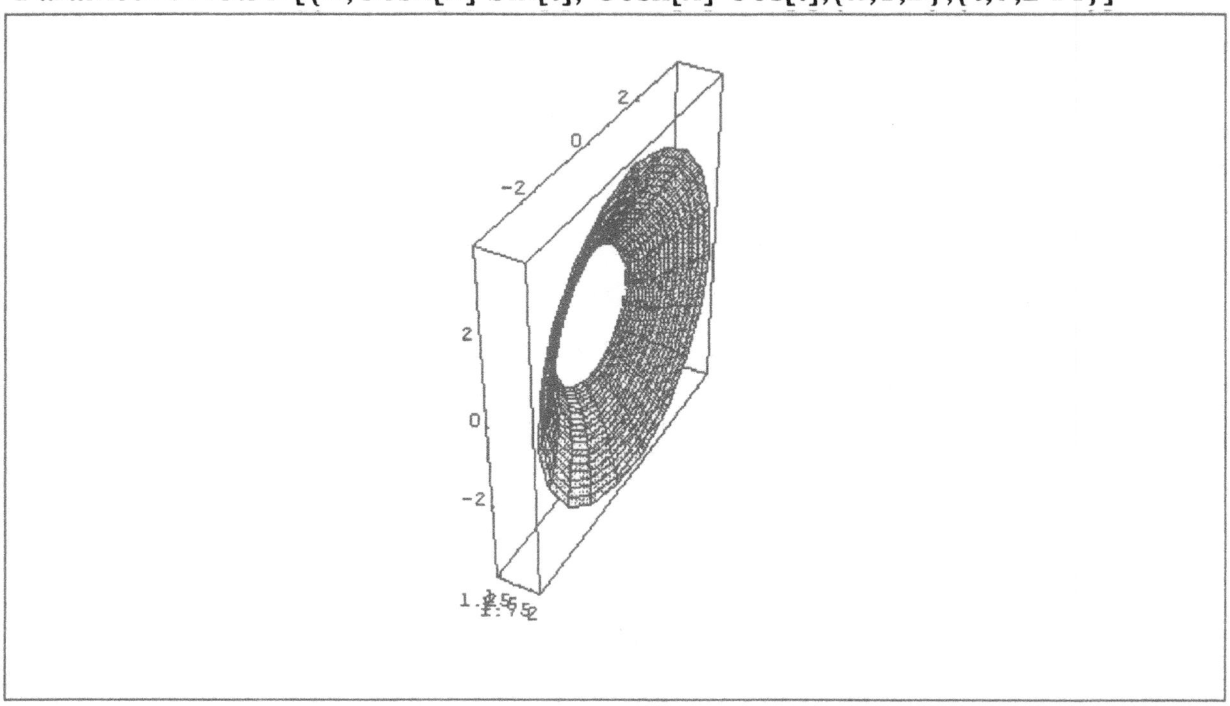

3. Plotten des Rotationskörpers bei Rotation um die y-Achse :

Erläuterung des Prinzips :

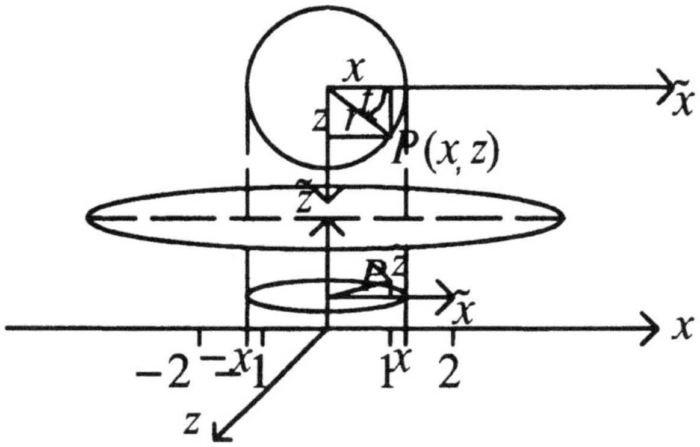

Parameter :
$r: 1 \le r \le 2$
$t: 0 \le t \le 2\pi$

Oberfläche des Rotationskörpers :

O_y = {(x,y,z) | x = r cos t, y = f(r)[1)], z = r sin t, $1 \le r \le 2, 0 \le t \le 2\pi$ }
= {(x,y,z) | x = r cos t, y = cosh r, z = r sin t, $1 \le r \le 2, 0 \le t \le 2\pi$ }

MATHEMATIA :

ParametricPlot3D[{r Cos[t], Cosh[r], r Sin[t]},{r,1,2},{t,0,2 Pi}]

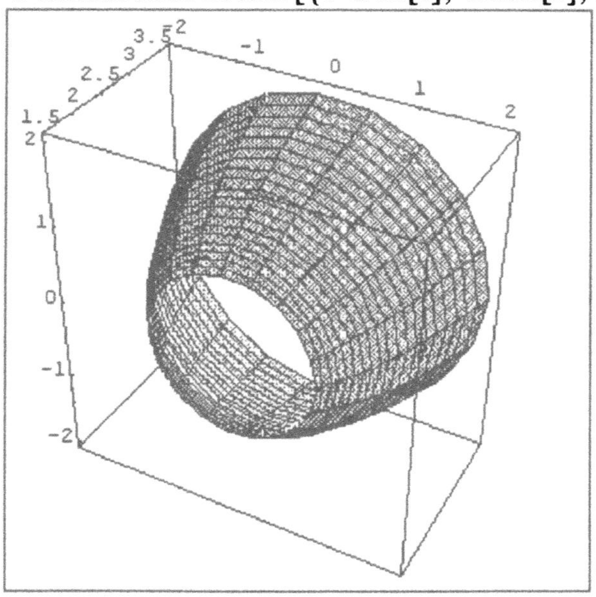

[1)] y hat für alle Werte von x,z mit demselben r den gleichen Wert y = f(r)

4. Berechnung von V_x:

```
Integrate[Pi Cosh [x]^2,{x,1,2}]
```

```
Pi     Pi Sinh[2]     Pi Sinh[4]
-- - ------------- + ------------
2          4              4
```

symbolisches Ergebnis

```
N[%]
```

```
20.1557
```

numerisches Ergebnis

5. Berechnung von V_y:

```
Integrate[Pi x^2 Cosh'[x],{x,1,2}]
```

```
-3 Pi Cosh[1] + 6 Pi Cosh[2] + 2 Pi Sinh[1] - 4 Pi Sinh[2]
```

symbolisches Ergebnis

```
N[%]
```

```
18.1801
```

numerisches Ergebnis

Aufgabe 2 :

1. Gegeben ist die Funktion :

   $$y = f(x) = \cosh\left(\frac{2}{3}x + 1\right), \frac{5}{3} \le x \le 3$$

   und die dazugehörige Kurve :

   $$K = \{(x,y) \mid y = y = \cosh\left(\frac{2}{3}x + 1\right), \frac{5}{3} \le x \le 3\}$$

2. Skizzieren Sie K für $\frac{5}{3}$ (0.1) 3 und die rotationskörper bei Rotation um die x- und y-Achse.

3. Berechnen Sie V_x, V_y.

2. Skizze, Wertetabelle

x	5/3	2	7/3	8/3	3
f(x)	4.19	5.20	6.48	8.07	10.07

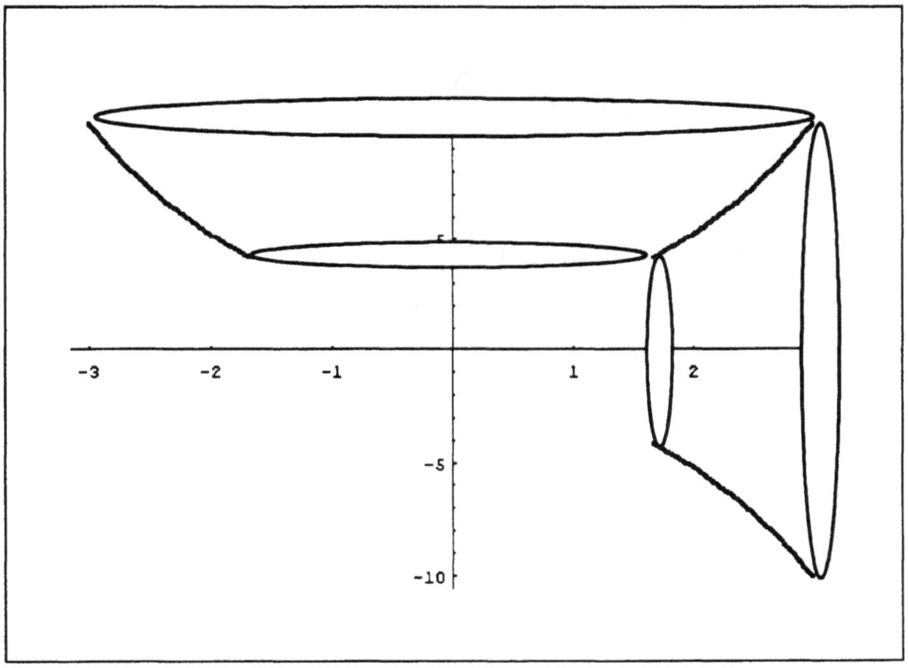

3. Berechnen Sie V_x, V_y.

$$V_x = \int_{\frac{5}{3}}^{3} \left(\cosh^2\left(\frac{2}{3}x + 1 \right) \right) dx$$

$$= \pi \cdot \left[\frac{3}{8} \sinh 2\left(\frac{2}{3}x + 1 \right) + \frac{3}{4}\left(\frac{2}{3}x + 1 \right) \right]_{\frac{5}{3}}^{3}$$

$$= \pi \cdot \frac{3}{4}\left(\frac{1}{2}\sinh 6 + 3 - \frac{1}{2}\sinh 2\left(\frac{10}{9} + 1 \right) + \frac{19}{9} \right) = 199.576 \quad RE$$

Nebenrechnung:

$$\int\left(\cosh^2\left(\frac{2}{3}x+1\right)\right)dx; \qquad u=\frac{2}{3}x+1; \qquad \frac{du}{dx}=\frac{2}{3}; \qquad dx=\frac{2}{3}du$$

$$\cosh 2u=\cosh^2 u+\sinh^2 u$$
$$\cosh 2u=\cosh^2 u+\cosh^2 u-1$$
$$\cosh 2u=2\cosh^2 u-1$$
$$\Rightarrow \quad \cosh^2 u=\frac{1}{2}(\cosh 2u+1)$$

$$\Rightarrow \quad \frac{3}{2}\int\cosh^2 u\,du$$

$$=\frac{3}{2}\cdot\frac{1}{2}\int(\cosh 2u+1)du$$

$$=\frac{3}{4}\cdot\left(\int\cosh 2u\,du+\int 1du\right)$$

$$=\frac{3}{4}\cdot\left(\frac{1}{2}\sinh 2u+u\right)$$

$$=\frac{3}{8}\sinh 2u+\frac{3}{4}u$$

$$=\frac{3}{8}\sinh 2\left(\frac{2}{3}x+1\right)+\frac{3}{4}\left(\frac{2}{3}x+1\right)$$

$$V_y = \pi \cdot \int_{\frac{5}{3}}^{3} x^2 \cdot f'(x)dx$$

$$= \pi \cdot \left[\left(x^2 + \frac{9}{2} \right) \cdot \cosh\left(\frac{2}{3}x + 1 \right) - 3x \cdot \sinh\left(\frac{2}{3}x + 1 \right) \right]_{\frac{5}{3}}^{3}$$

$$= \pi \cdot \left(13.5\cosh 3 - 9\sinh 3 - \left(\frac{131}{18}\cosh\frac{19}{9} - 5\sinh\left(\frac{19}{9} \right) \right) \right) = 111.86 \quad RE$$

Nebenrechnung:

$$f(x) = \cosh\left(\frac{2}{3}x + 1 \right) \qquad f'(x) = \frac{2}{3}\sinh\left(\frac{2}{3}x + 1 \right)$$

$$= \frac{2}{3}\int \overset{u}{x^2} \cdot \overset{v'}{\sinh\left(\frac{2}{3}x + 1 \right)} dx \qquad 1.\ u = x^2; \qquad u' = 2x$$

$$v = \frac{3}{2}\cosh\left(\frac{2}{3}x + 1 \right); \quad v' = \sinh\left(\frac{2}{3}x + 1 \right)$$

$$= \frac{2}{3}\left(x^2 \cdot \frac{3}{2}\cosh\left(\frac{2}{3}x + 1 \right) - \int \overset{u}{2x} \cdot \overset{v'}{\frac{3}{2}\cosh\left(\frac{2}{3}x + 1 \right)} dx \right)$$

$$2.\ u = 2x; \qquad u' = 2$$

$$v = \frac{3}{2}\sinh\left(\frac{2}{3}x + 1 \right); \quad v' = \cosh\left(\frac{2}{3}x + 1 \right)$$

$$= \frac{2}{3} \cdot \left(x^2 \cdot \frac{3}{2}\cosh\left(\frac{2}{3}x + 1 \right) - \frac{3}{2} \cdot \left(2x \cdot \frac{3}{2}\sinh\left(\frac{2}{3}x + 1 \right) - \int \frac{4}{3} \cdot \sinh\left(\frac{2}{3}x + 1 \right) dx \right) \right)$$

$$= \cosh\left(\frac{2}{3}x + 1 \right) \cdot \left(x^2 + \frac{9}{2} \right) - 3x \cdot \sinh\left(\frac{2}{3}x + 1 \right)$$

Praktikum 11	Lösung	Seite 1

Name :	Sem :	Datum :

Drehmomente, Schwerpunkt

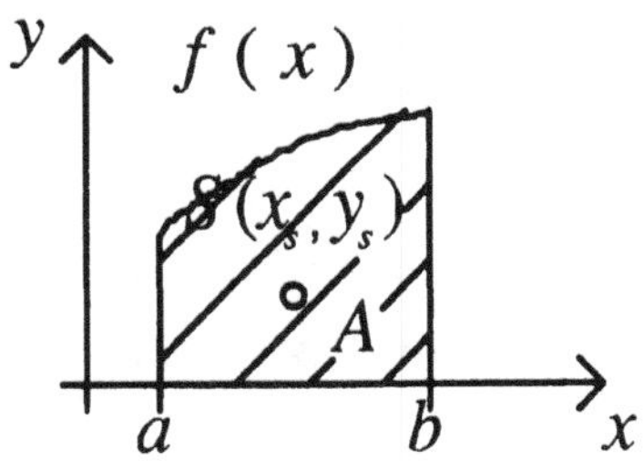

f(x)

1. Das Flächenstück sei homogen mit Masse belegt.
   M_x: Drehmoment bei Rotation um die x-Achse
   M_y: Drehmoment bei Rotation um die y-Achse

Drehmomente sind additiv

$M_x = \int\limits_{(A)} y\,dA = \frac{1}{2}\int\limits_a^b f^2(x)dx = y_s A$	Schwerpunkt $S(x_s, y_s)$
$M_y = \int\limits_{(A)} x\,dA = \int\limits_a^b xf(x)dx = x_s A$	$x_s = \frac{M_y}{A}$
$A = \int\limits_{(A)} dA = \int\limits_a^b f(x)dx$	$y_s = \frac{M_x}{A}$

2.

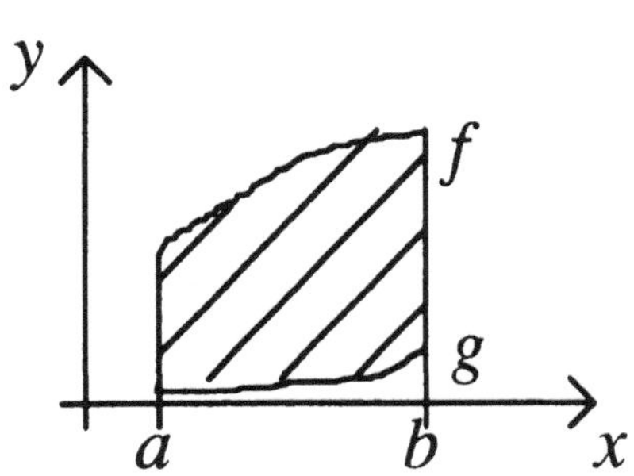

$$M_{f-g} = M_f - M_g$$

3. Guldinische Regel

$$V_x = \pi\int\limits_a^b f^2(x)dx, \quad M_x = \frac{1}{2}\int\limits_a^b f^2(x)dx = y_s A \Rightarrow$$

$V_x = 2y_s\pi A$	$M_x = \frac{V_x}{2\pi}$

Aufgabe 1 :

1. Gegeben ist das durch y = f(x) = cosh x , x∈ [1,2] , y = 0 , x = a = 1 , x = b = 2 , definierte Flächenstück A.
   Berechnen Sie A.

2. Berechnen Sie das Drehmoment M_x bei Rotation um die x-Achse und das Moment M_y bei Rotation um die y-Achse .

3. Berechnen Sie die Schwerpunktskoordinaten von A .
   Zeichnen Sie Schwerpunkt S und den Graph von f(x) in das Diagramm.

4. Berechnen Sie V_x , das Volumen des Rotationskörpers, wenn A um die x-Achse rotiert nach der Guldinischen Regel .

Manuelle Lösung :

1. Fläche A

$$A = \int_a^b f(x)dx = \int_1^2 \cosh x dx = [\sinh x]_1^2$$

$$= \sinh 2 - \sinh 1 = 2.451 \quad FE$$

$$A = 2.451 \quad FE$$

2. Momente

$$M_x = \frac{1}{2}\int_a^b f^2(x)dx = \frac{1}{2}\int_1^2 \cosh^2 x dx$$

$$= \frac{1}{2}\cdot\left[\frac{1}{4}\cdot\sinh 2x + \frac{1}{2}\cdot x\right]_1^2 = \frac{1}{2}\cdot\left(\frac{\sinh 4}{4} + 1 - \frac{\sinh 2}{4} - \frac{1}{2}\right) = 3.208$$

$$M_x = 3.208$$

Nebenrechnung : unbestimmte Integration

$$\int f^2(x)dx = \int \cosh^2 x dx = \int \frac{1}{2}(\cosh 2x + 1)dx$$

$$= \frac{1}{4}\sinh 2x + \frac{x}{2} + c; \qquad c = 0$$

$$M_y = \int_a^b xf(x)dx = \int_1^2 x\cdot\cosh x dx = \left[x\cdot\sinh x - \cosh x\right]_1^2$$

$$= 2\sinh 2 - \cosh 2 - \sinh 1 + \cosh 1 = 3.859$$

$$M_y = 3.859$$

Nebenrechnung : unbestimmte Integration

$$\int xf(x)dx = \int \overset{u}{x}\cdot\overset{v'}{\cosh x}dx \qquad 1.\ u = x; \quad u' = 1; \quad v = \sinh x; \quad v' = \cosh x$$

$$= x\cdot\sinh x - \int \sinh x dx$$

$$= x\cdot\sinh x - \cosh x + c$$

3. Schwerpunktsbestimmung

$$x_s = \frac{M_y}{A} = \frac{3.859}{2.451} = 1.574$$

$$y_s = \frac{M_x}{A} = \frac{3.208}{2.451} = 1.308 \qquad S(1.574,\ \ 1.308)$$

4. Guldinische Regel :
Berechnung von V_x:

$$V_x = 2 \cdot y_s \cdot \pi \cdot A = 2 \cdot 1.308 \cdot \pi \cdot 2.451 = 20.1554 \quad RE$$

Vergleichen Sie das Resultat mit dem von Aufgabe 10.

Lösung mit MATHEMATICA Kontrolle :

1. Flächenberechnung

```
A = Integrate[Cosh[x],{x,1,2}]//N
2.4516
```

Anzeige von A :

```
A
2.4516
```

2. Momentenberechnung

```
Mx = 0.5 Integrate[Cosh[x]^2,{x,1,2}]//N
3.2078
```

```
My = Integrate[x Cosh[x],{x,1,2}]//N
3.8594
```

3. Schwerpunktsberechnung
Kopplung zweier Befehle :

```
xs = My/A ; ys = Mx/A
```

Ausgabe des Punktvektors :

```
{xs,ys}
1.5742, 1.3084
```

Plotten der Fläche A und des Schwerpunktes S

Oben haben wir jedesmal die Funktion cosh[x] in die Integratiosbefehle eingetragen- aus Übungsgründen. zur verkürzung der Schreibarbeit führen wir nun die folgende Funktionsdefinition ein .

Funktionsdefnition :

f[x_]:= Cosh[x]

Definition von Graphikelementen :

Plot der Funktion :

pA=Plot[f[x],{x,1,2}]

Rand von A :

pRand= Graphics[Line[{{1,f[1]},{1,0},{2,0},{2,f[2]}}]]

Schwerpunkt :

pS= Graphics[Point[{xs,ys}]]

Plot der Fläche und der Ränder von A und des Schwerpunktes S :

Show[pA,pRand,pS]

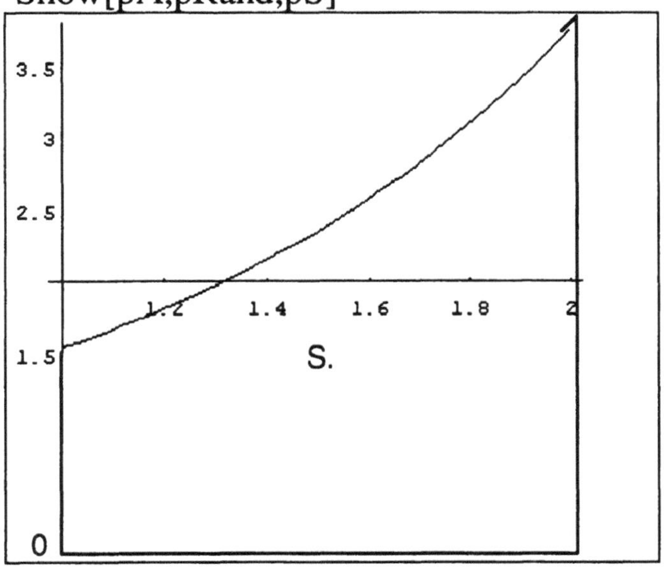

Aufgabe 2 :

Lösen Sie die Aufgabenpunkte der Aufgabe 11.1 mit der Funktion : $y = f(x) = \cosh(\frac{2}{3}x + 1), \frac{5}{3} \le x \le 3$

Aufgabe 2 :

Funktion : $y = f(x) = \cosh(\frac{2}{3}x + 1), \frac{5}{3} \le x \le 3$

a) Fläche A: $A = \int_{\frac{5}{3}}^{3} \cosh\left(\frac{2}{3}x + 1\right) dx;$ $\qquad \frac{2}{3}x + 1 = a$

$$\frac{da}{dx} = \frac{2}{3}; \qquad dx = \frac{3}{2}da$$

$$A = \frac{3}{2} \cdot \int_{\frac{19}{9}}^{3} \cosh a\, da$$

$$A = \frac{3}{2} \cdot [\sinh a]_{\frac{19}{9}}^{3} = \frac{3}{2} \cdot \left(\sinh 3 - \sinh \frac{19}{9}\right) = 8.92 \quad FE$$

1\. Momente : $M_x = \frac{1}{2} \cdot \int_{\frac{5}{3}}^{3} \cosh^2\left(\frac{2}{3}x + 1\right) dx;$ $\qquad \frac{2}{3}x + 1 = a$

$$\frac{da}{dx} = \frac{2}{3}; \qquad dx = \frac{3}{2}da$$

$$M_x = \frac{3}{4} \cdot \int_{a\left(\frac{5}{3}\right)}^{a(3)} \cosh^2 a\, da = \frac{3}{4} \cdot \left[\frac{\sinh 2a}{4} + \frac{a}{2}\right]_{\frac{19}{9}}^{3}$$

$$M_x = \frac{3}{4} \cdot \left[\frac{\sinh 6}{4} + \frac{3}{2} - \frac{\sinh \frac{38}{9}}{4} - \frac{19}{18}\right] = 31.76$$

Momente : $M_y = \int\limits_{\frac{5}{3}}^{3} \overset{u}{x} \cdot \overset{v'}{\cosh\left(\frac{2}{3}x+1\right)} dx$

Nebenrechnung: 1. $u = x;\qquad u' = 1$

$$v = \frac{3}{2}\sinh\left(\frac{2}{3}x+1\right);\quad v' = \cosh\left(\frac{2}{3}x+1\right)$$

$$= \frac{3}{2}\cdot x\cdot\sinh\left(\frac{2}{3}x+1\right) - \int \frac{3}{2}\cdot\sinh\left(\frac{2}{3}x+1\right)dx$$

$$= \frac{3}{2}\cdot x\cdot\sinh\left(\frac{2}{3}x+1\right) - \frac{9}{4}\cdot\cosh\left(\frac{2}{3}x+1\right)$$

$$\Rightarrow\quad M_y = \left[\frac{3}{2}\cdot x\cdot\sinh\left(\frac{2}{3}x+1\right) - \frac{9}{4}\cdot\cosh\left(\frac{2}{3}x+1\right)\right]_{\frac{5}{3}}^{3}$$

$$= \frac{3}{2}\cdot 3\cdot\sinh 3 - \frac{9}{4}\cdot\cosh 3 - \frac{5}{2}\cdot\sinh\frac{19}{9} + \frac{9}{4}\cdot\cosh\frac{19}{9}$$

$$= \frac{9}{2}\cdot\sinh 3 - \frac{9}{4}\cdot\cosh 3 - \frac{5}{2}\cdot\sinh\frac{19}{9} + \frac{9}{4}\cdot\cosh\frac{19}{9}$$

$$M_y = 21.68$$

2. Schwerpunkt :

$$x_s = \frac{M_y}{A} = \frac{21.68}{8.92} = 2.4305 \qquad y_s = \frac{M_x}{A} = \frac{31.76}{8.92} = 3.5605$$

Schwerpunkt : $S(2.4305,\ \ 3.5605)$

3. Guldinische Regel :

$$V_x = 2\cdot y_s\cdot\pi\cdot A = 2\cdot 3.5605\cdot\pi\cdot A = 199.55\ \ RE$$

Trägheitsmomente

$$E_T = \frac{1}{2}mv^2 \qquad E_R = \frac{1}{2}m\omega^2 r^2 = \frac{1}{2}I\omega^2 \text{ mit } I = mr^2 = \text{Trägheitsmoment}$$

Trägheitsmomente sind additiv

mr^2 Trägheitsmoment eines Massenpunktes

I = $\sum_{i=1}^{n} m_i r_i^2$ Trägheitsmoment eines Systems von Massenpunkten

$\int_{(m)} r^2 dm, \int r^2 dA$ Trägheitsmoment von kontinuierlich verteilten Massenpunkten

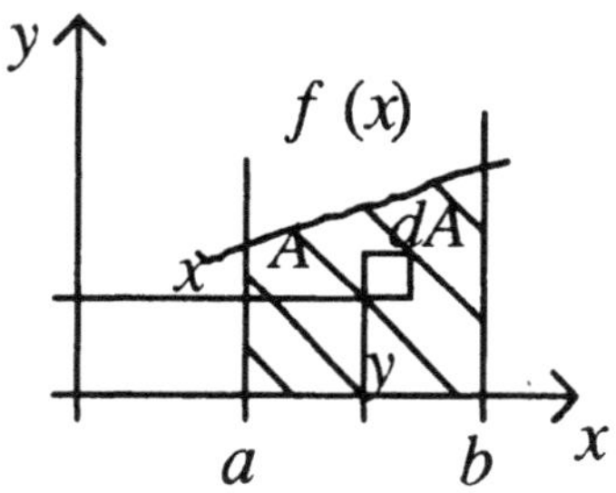

$$I_x = \int_{(A)} y^2 dA \frac{1}{3}\int_a^b f^3(x)dx$$ bei Rotation von A um die x-Achse

$$I_y = \int_{(A)} x^2 dA = \int_a^b x^2 f(x)dx$$ bei Rotation von A um die y-Achse

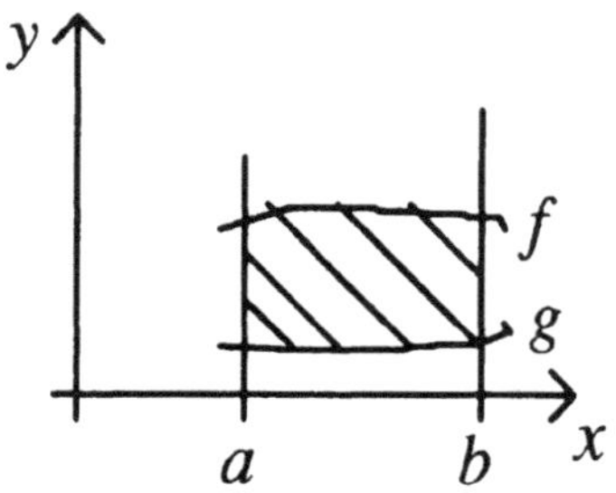

$I_p = I_x + I_y$ bei Rotation von A um die z-Achse (polares Moment)

$I_{f-g} = I_f - I_g$ bezüglich Rotation um x-, y-, z-Achse

Satz von Steiner

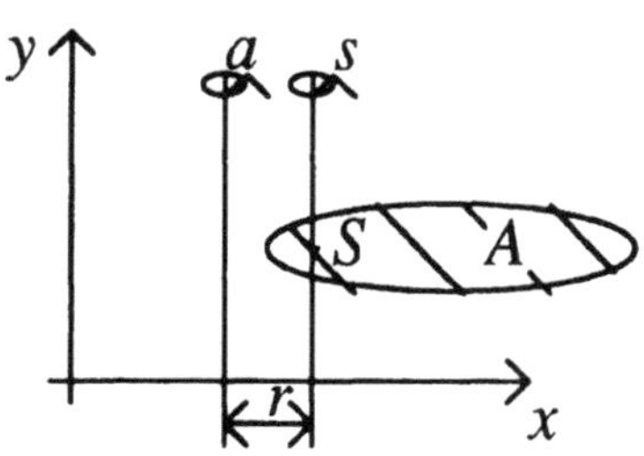

a : Drehachse der Fläche A
S : Schwerpunkt von A
s : Drehachse durch S ∥ a
I_a : Trägheitsmoment von A bezogen auf a
I_s : Trägheitsmoment von A bezogen auf s
r : Abstand der Achsen a und s

$$I_a = I_s + Ar^2$$

Aufgabe 3 :

1. Gegeben ist die durch y = f(x) = cosh x , y = 0, x = a = 1, x = b = 2, definierte Flächenstück A .
2. Berechnen Sie die Trägheitsmomente I_x bei Rotation um die x-Achse, I_y bei Rotation um die y-Achse sowie das polare Moment I_p .
3. Aus der Platte wird ein zylindrisches Teil Z = (Mittelpunkt = Schwerpkt. $S(x_s, y_s)$ siehe Aufgabe 1, Radius r = 0.4) herausgeschnitten . Berechnen Sie für das Reststück AR : I_x, I_y, I_p. Skizzieren Sie AR .

Manuelle Lösung :

2.

$$\text{Moment } I_x = \frac{1}{3}\int_a^b f^3(x)dx = \frac{1}{3}\cdot\left[\sinh x + \frac{1}{3}\cdot\sinh^3 x\right]_1^2$$

$$= \frac{1}{3}\cdot\left(\sinh 2 + \frac{1}{3}\sinh^3 2 - \sinh 1 - \sinh^3 1\right) = 5.9378$$

$$I_x = 5.9378$$

Nebenrechnung : unbestimmte Integration

$$\int f^3(x)dx = \int \cosh^3 x dx = \int \cosh^2 x \ \cosh x dx$$

sinh x einführen und substituieren $\cosh^2 x = 1 + \sinh^2 x$

$$\int\left(1 + \sinh^2 x\right)\cdot\cosh x dx = \int \cosh dx + \int \sinh^2 x \cdot \cosh x dx$$

$$u = \sinh x; \qquad \frac{du}{dx} = \cosh x; \qquad dx = \frac{du}{\cosh x}$$

$$= \int \cosh x dx + \int u^2 \cdot \frac{du}{\cosh x}\cdot\cosh x dx = \sinh x + \frac{1}{3}\cdot u^3$$

$$= \sinh x + \frac{1}{3}\cdot\sinh^3 x + c$$

Moment $I_y = \int_a^b x^2 f(x)dx = \int_1^2 x^2 \cdot \cosh x dx$

$= \left[(x^2+2)\cdot \sinh x - 2x\cdot \cosh x\right]_1^2 = 6\sinh 2 - 4\cosh 2 - 3\sinh 1 + 2\cosh 1$

$= 6.27294$

$I_y = 6.27294$

Nebenrechnung : unbestimmte Integration

$$\int x^2 f(x)dx = \int \overset{u}{x^2} \overset{v'}{\cosh x} dx = x^2 \cdot \sinh x - 2x \cdot \cosh x + 2\sinh x$$

$$= (x^2+2)\cdot \sinh x - 2x \cdot \cosh x$$

Polares Moment $I_p = 6.27294 + 5.9378 = 12.21074$

3. Skizze des Flächenstücks AR :
Schwerpunkt $S(x_s, y_s) = (1.5742 , 1.3084)$

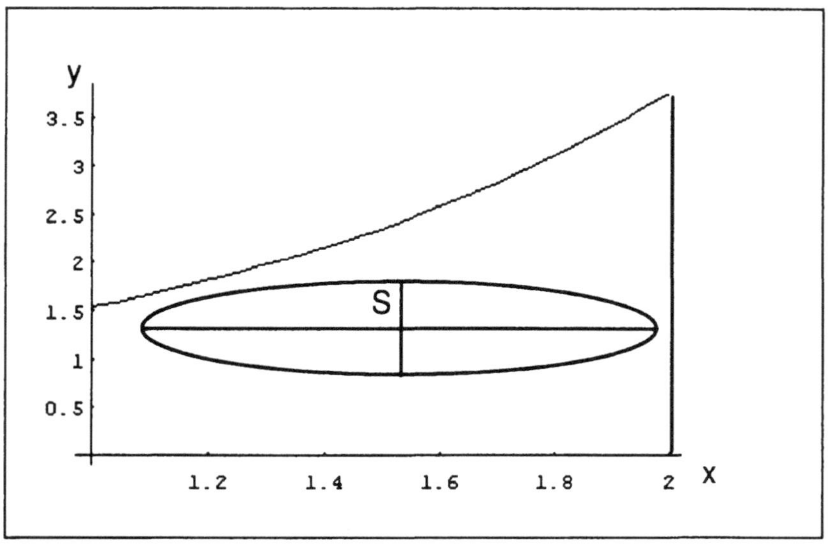

Lösungsprinzip :

$I_A = I_{AR} + I_Z$, jeweils für Rotation um x-, y-, z-Achse .

Berechnung von I_z: bezüglich y-Achse

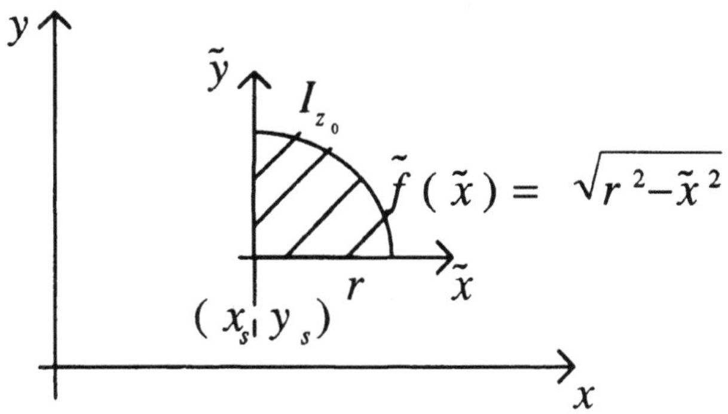

$$I_z = I_{z_0} + Ax_s^2$$
$$= I_{z_0} + r^2\pi x_s^2$$

$I_{z_0} = 4\ I_V \leftarrow$ Trägheitsmoment Viertelkreis

$$I_v = \int_0^r x^2\sqrt{r^2 - x^2}\,dx$$

($x = \tilde{x}$ in Graphik)

(r = 0.4)

$$I_v = \frac{\pi r^4}{16} = 0.0050265$$

$$I_{z_0} = 4I_v = 0.020106$$

$$I_z = I_{z_o} + r^2\pi x_s^2 = 1.2657$$

Nebenrechnung :

$$\int_0^r x^2\sqrt{r^2-x^2}\,dx$$

Substitution : x = r cos t Transformieren Sie die Grenzen mit!

$$\frac{dx}{dt} = -r\cdot\sin t \qquad dx = -r\cdot\sin t\,dt$$

$$= -\int r^2\cdot\cos^2 t\cdot\sqrt{r^2-r^2\cdot\cos^2 t}\cdot r\cdot\sin t\,dt = -r^2\cdot\int\cos^2 t\cdot\sqrt{r^2\Big(\underbrace{1-\cos^2 t}_{\sin^2 t}\Big)}\cdot r\cdot\sin t\,dt$$

$$= -r^4\int\underbrace{\cos^2 t\cdot\sin^2 t}_{(\cos t\cdot\sin t)^2}\;dt \qquad \sin(2t) = 2\cdot\sin t\cdot\cos t$$

$$= -\frac{r^4}{4}\cdot\int\sin^2 2t\;\;dt \qquad \cos(2t) = \cos^2 t - \sin^2 t$$

$$= 1-\sin^2 t - \sin^2 t$$

$$= -\frac{r^4}{4}\int\frac{1}{2}(1-\cos 4t)dt \qquad \cos(2t) = 1-2\sin^2 t$$

$$= -\frac{r^4}{8}\cdot\int 1-\cos 4t\;\;dt \qquad \sin^2 2t = \frac{1}{2}\cdot(1-\cos 2\cdot 2t)$$

$$\sin^2 2t = \frac{1}{2}\cdot(1-\cos 4t)$$

$$= -\frac{r^4}{8}\cdot\left(t-\frac{1}{4}\sin 4t\right)+c \qquad x = r\cdot\cos t \quad \frac{x}{r} = \cos t \quad t = \arccos\frac{x}{r}$$

$$\int_0^r x^2\sqrt{r^2-x^2}\,dx = \left[-\frac{r^4}{8}\cdot\left(t-\frac{1}{4}\sin 4t\right)\right]_{\frac{\pi}{2}}^{0} \qquad \begin{array}{ll} x=0 & \Rightarrow t=\frac{\pi}{2} \\ x=r & \Rightarrow t=0 \end{array}$$

$$= -\frac{r^4}{8}\cdot\left[0-0-\frac{\pi}{2}+\underbrace{\frac{1}{4}\sin 2\pi}_{0}\right] = \frac{\pi\cdot r^4}{16}$$

Anleitung : verwenden Sie 1. : $1-\cos^2 t = \sin^2 t$

2. : $\sin^2 t = 2\sin t\ \cos t$

Lösen Sie die Integrale mit MATHEMATICA!

Name : Sem : Datum :

Funktionen in 2 Veränderlichen

Aufgabe 1 :

0. Gegeben ist die Fläche
   $F = \{(x,y,z) \mid z = f(x,y) = \sin x \cosh y \,;\; -\pi \le x \le \pi; -\pi \le y \le \pi \}$

1. Berechnen Sie die 1. und 2. partiellen Ableitungen .

2. Berechnen Sie im Punkt P(0,1,f(0,1)) den Neigungswinkel in x- und y-Richtung und in Richtung der Vektoren (1,-1) , (1,1) .

3. Im Punkt P ändert sich x um $\Delta x = 0.2$; y um $\Delta y = -0.1$.
   Wie groß ist angenähert die Änderung von z .

4. Stellen Sie im Punkt P die Gleichung der Tangentenebene in Parameter- und Normalenform auf .

5. Berechnen Sie die Gleichung der Höhenlinie, welche durch den Punkt P geht. Stellen Sie diese graphisch dar (Wertetabelle) .

6. Berechnen Sie das Volumen, welches die Fläche über dem Dreieck
   $D = \{(x,y); 0 \le y \le \pi, 0 \le x \le y \}$ mit der x-y-Ebene einschließt .

7. Ermitteln Sie durch Ausprobieren 3 Kandidaten für Extrema .
   Prüfen Sie, ob Extrema vorliegen .

8. Berechnen Sie eine Wertetabelle von F für
   1.: $dx = dy = \dfrac{\pi}{2}$, 2.: $dx = dy = \dfrac{\pi}{4}$
   und skizzieren Sie eine Ansicht der Fläche F .

Einige Mathemathica-Befehle :

Partielle Ableitungen

f_x: D[f[x,y],x]	f_{xx}: D[f[x,y],x,x] usw.

Totales Differential

df(x,y) = dz :	Dt[f[x,y]]
df/ds :	Dt[f[x,y],s]

Wertetabelle

```
Table[f[x,y],{x,a,b,dx},{y,c,d,dy}]
```

Graph

```
Plot3D[f[x,y],{x,a,b},{y,c,d}]
```

Manuelle Lösung :

1. Partielle Ableitungen

f(x,y) = sinx cosh y

$f_x =$	$\cos x \cdot \cosh y$
$f_y =$	$\sin x \cdot \sinh y$
$f_{xx} =$	$-\sin x \cdot \cosh y$
$f_{xy} =$	$\cos x \cdot \sinh y$
$f_{yx} =$	$\cos x \cdot \sinh y$
$f_{yy} =$	$\sin x \cdot \cosh y$
grad f =	$(\cos x \cdot \cosh y,\ \ \sin x \cdot \sinh y)$

2. Richtungsableitung Neigungswinkel

z = f(x,y) = sin x cosh y
P(0,1,f(0,1)) = P(0,1,0)

Totales Differential

$$dz = f_x dx + f_y dy$$
$$= \cos x \cdot \cosh y \quad dx + \sin x \cdot \sinh y \quad dy$$

Richtungsableitung

dz / ds = tan ϕ =grad f · $\bar{a} = \left(f_x, f_y\right) \cdot \vec{a}$

Bedingung für Richtungsvektor : Nomierung $\vec{a} = \dfrac{\vec{a}}{|\vec{a}|}$

Neigungswinkel in x-Richtung im Punkt P(0,1,0)

$$f_x(0,1) = \tan\alpha = \cos 0 \cdot \cosh 1 = 1.543 \qquad \alpha = 57.05°$$

Neigungswinkel in y-Richtung im Punkt P(0,1,0)

$$f_y(0,1) = \tan\beta = \sin 0 \cdot \sinh 1 = 0 \qquad \beta = 0°$$

(1) Richtung $\vec{a}_1 = (1,-1)$

Nomierung von $\vec{a}_1$: $\quad \vec{a}_1 = \dfrac{(1,-1)}{\sqrt{1^2 + (-1)^2}} = \dfrac{1}{\sqrt{2}}(1,-1)$

$$f_x(1,-1) = \cos 1 \cdot \cosh(-1) = 1.5428 \qquad f_y(1,-1) = \sin 1 \cdot \sinh(-1) = -0.0205$$

$$\tan\phi = \text{grad f} \cdot \bar{a} = \begin{pmatrix} 1.5428 \\ -0.0205 \end{pmatrix} \cdot \begin{pmatrix} 1 \\ -1 \end{pmatrix} = 1.1054$$

$$\phi = \arctan(1.1054) = 47.87°$$

(2) Richtung $\vec{a}_2 = (1,1)$

$$\vec{a}_2 = \frac{1}{\sqrt{2}}(1,1) \qquad f_x = \cos 1 \cdot \cosh 1 = 1.5428$$
$$f_y = \sin 1 \cdot \sinh 1 = 0.0205$$

$$\tan\phi = \begin{pmatrix} 1.15428 \\ 0.0205 \end{pmatrix} \cdot \begin{pmatrix} 1 \\ 1 \end{pmatrix} = 1.1054 \qquad \phi = 47.87°$$

3. Fehlerabschätzung

$$dz = f_x dx + f_y dy \qquad \Rightarrow$$

$$\Delta z \approx f_x(x_0, y_0)\cdot \Delta x + f_y(x_0, y_0)\cdot \Delta y = \text{grad f} \cdot \begin{pmatrix} \Delta x \\ \Delta y \end{pmatrix}$$

allgemeine Formel

Einsetzen der Daten in P : x = 0, y = 1

$\Delta x = 0.2$; y um $\Delta y = -0.1 \Rightarrow$

$$\Delta z \approx \text{grad f} \cdot \begin{pmatrix} \Delta x \\ \Delta y \end{pmatrix} = (1.543,\ \ 0)\cdot \begin{pmatrix} 0.2 \\ -0.1 \end{pmatrix} = 0.3086$$

4. Tangentialebene in P :
- in Parameterform :

$$\bar{x} = \bar{x}_0 + \alpha \bar{t}_x + \beta \bar{t}_y$$

$$= \begin{pmatrix} x_0 \\ y_0 \\ f(x_0, y_0) \end{pmatrix} + \alpha \begin{pmatrix} 1 \\ 0 \\ f_x(x_0, y_0) \end{pmatrix} + \beta \begin{pmatrix} 0 \\ 1 \\ f_y(x_0, y_0) \end{pmatrix} \qquad \Rightarrow$$

	Rechnung :	Wert :
Mit $x_0 = 0, y_0 = 1 \quad z_0 = f(x_0, y_0) = f(0,1) =$	$\sin 0 \cdot \cosh 1$	0
$f_x(x_0, y_0) = f_x(0,1) =$	$\cos 0 \cdot \cosh 1$	cosh1
$f_y(x_0, y_0) = f_y(0,1) =$	$\sin 0 \cdot \sinh 1$	0

$\Rightarrow$ Tangentialebene

$$\bar{x} = \begin{pmatrix} 0 \\ 1 \\ 0 \end{pmatrix} + \alpha \begin{pmatrix} 1 \\ 0 \\ \cosh 1 \end{pmatrix} + \beta \begin{pmatrix} 0 \\ 1 \\ 0 \end{pmatrix}$$

- in Normalenform :

$$\vec{t}_x = \begin{pmatrix} 1 \\ 0 \\ f_x \end{pmatrix}, \quad \vec{t}_y = \begin{pmatrix} 0 \\ 1 \\ f_y \end{pmatrix}, \qquad \vec{n} = \vec{t}_x \times \vec{t}_y = \begin{pmatrix} 1 \\ 0 \\ f_x \end{pmatrix} \times \begin{pmatrix} 0 \\ 1 \\ f_y \end{pmatrix} = \begin{pmatrix} -f_x \\ -f_y \\ 1 \end{pmatrix}$$

Normalenvektor $\vec{n}$ in P

$\vec{n} \cdot \vec{x} = c =$ konstant

Bestimmung von c : P und Ortsvektor $\vec{x}_0 = (0,1,f(0,1))$ einsetzen .

$$\vec{n} \cdot \vec{x}_0 = \begin{pmatrix} -\cosh 1 \\ 0 \\ 1 \end{pmatrix} \cdot \begin{pmatrix} x \\ y \\ z \end{pmatrix} = c = -\cosh 1 \cdot x + z = c$$

$$\begin{pmatrix} \cosh 1 \\ 0 \\ 1 \end{pmatrix} \cdot \begin{pmatrix} 0 \\ 1 \\ 0 \end{pmatrix} = 0 = c \quad \Rightarrow \quad z = x \cdot \cosh 1$$

$\Rightarrow$ Normalengleichung :

$$z = x \cdot \cosh 1$$

5. Höhenlinien durch P

Berechnung der Höhe : $z_0 = f(x_0, y_0) = \quad f(0,1) = \sin 0 \cdot \cosh 1 = 0$

Gleichung der Höhenlinie : $f(x, y) = \sin x \cdot \cosh y = z_0 \qquad \Rightarrow$

$$0 = \sin x \cdot \cosh y$$

Zusatzaufgabe :

Gleichung weiterer Höhenlinien zum Niveau $z_0 = 0$ in D

$$0 = \sin(x - \pi) \cdot \cosh y$$

$$0 = \sin(x + \pi) \cdot \cosh y$$

Skizze :

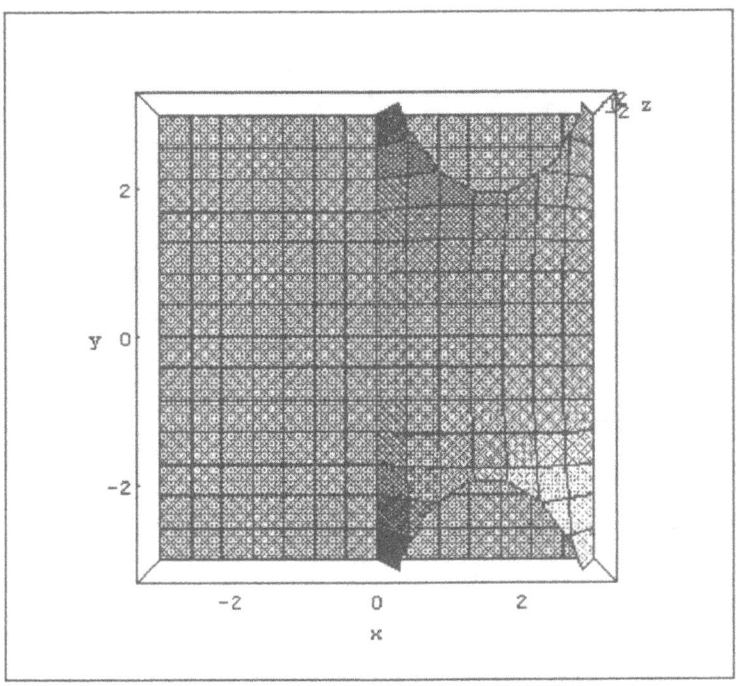

6. Volumenberechnung

Skizze des Integrationsgebietes D = { (x,y) | $0 \le y \le \pi, 0 \le x \le y$ }

Vorzeichen von f(x,y) = sin x cosh y in D

$$V = \iint f(x,y)dxdy =$$

$$\int_{y=0}^{y=\pi}\left(\int_{x=0}^{x=y}(\sin x \cdot \cosh y)\ dx\right)\ dy$$

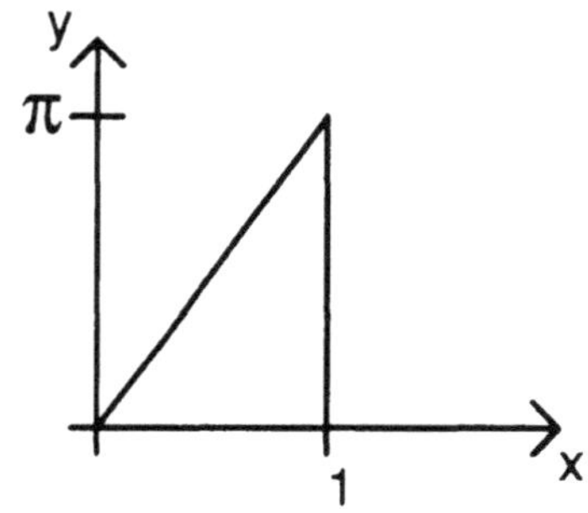

Rechnung :

$$= \int_{y=0}^{y=\pi}[-\cos x \cdot \cosh y]_0^y dy = \int_{y=0}^{y=\pi}(-\cos y \cdot \cosh y + \cosh y)\ dy$$

$$= \int_{y=0}^{y=\pi}\cosh y\ \ dy - \int_{y=0}^{y=\pi}\cos y \cdot \cosh y = [\sin y]_0^{\pi} - \frac{1}{2}\cdot[\sinh y \cdot \cos y + \sin y \cdot \cosh y]_0^{\pi}$$

$$= \sinh\pi - \sin 0 - \frac{1}{2}\cdot(\sinh\pi\cdot\cos\pi + \sin\pi\cdot\cosh\pi - \sinh 0\cdot\cos 0 - \sin 0\cdot\cosh 0)$$

$$= \sinh\pi + \frac{1}{2}\sinh\pi = \frac{3}{2}\sinh\pi = 17.32... = \sqrt{300} = 10\cdot\sqrt{3}$$

Nebenrechnung :

$$\int \cosh y \cdot \cos y\ \ dy = \qquad 1.\ \ u = \cos y \quad u' = -\sin y, \quad v = \sinh y \quad v' = \cosh y$$

$$= \sinh y \cdot \cos y + \int \sin y \cdot \sinh y\ \ dy \qquad 2.\ \ u = \sin y \quad u' = \cos y, \quad v = \cosh y \quad v' = \sinh y$$

$$= \sinh y \cdot \cos y + \sin y \cdot \cosh y - \int \cos y \cdot \cosh y\ \ dy$$

$$2\int \cos y \cdot \cosh y\ \ dy = \sinh y \cdot \cos y + \sin y \cdot \cosh y$$

$$\int \cos y \cdot \cosh y\ \ dy = \frac{1}{2}(\sinh y \cdot \cos y + \sin y \cdot \cosh y)$$

7. Untersuchung auf Extrema

f(x,y) = sin x cosh y

Bereich : $-\pi \le x \le \pi \qquad -\pi \le y \le \pi$

1. Ableitungen = 0

$f_x = \cos x \cdot \cosh y \quad = 0 \Rightarrow$ $x = -\frac{\pi}{2}, \frac{\pi}{2}$ y = /

$f_y = \sin x \cdot \sinh y \quad = 0 \Rightarrow$ $x = -\pi$, $x = 0$, $x = \pi$ y = 0

$\Rightarrow$ Kandidaten für Extrema : $P_1(\quad,\quad)$ $P_2(\quad,\quad)$

keine

2. Ableitungen Funktionaldeterminante

Probe :

$f_{xx} = -\sin x \cdot \cosh y$

$f_{xy} = \cos x \cdot \sinh y$

$f_{yx} = \cos x \cdot \sinh y$

$f_{yy} = \sin x \cdot \cosh y$

$$D = \begin{vmatrix} f_{xx} & f_{xy} \\ f_{yx} & f_{yy} \end{vmatrix} = \begin{vmatrix} -\sin x \cdot \cosh y & \cos x \cdot \sinh y \\ \cos x \cdot \sinh y & \sin x \cdot \cosh y \end{vmatrix}$$

$$\underbrace{= -1 \cdot \left(\underbrace{\sin^2 x \cdot \cosh^2 y + \cos^2 x \cdot \sinh^2 y}_{>0} \right)}_{<0 \;\Rightarrow\; \textit{keine Extrema}}$$

Untersuchung auf Hochpunkt HP,Tiefpunkt TP :

Punkt P_1:

D(x,y) =

$f_{xx}(x,y) =$

Punkt P_2:

D(x,y) =

$f_{xx}(x,y) =$

8. Wertetabelle, Skizze

$$x = -\pi(\frac{\pi}{2})\pi, \qquad y = -\pi(\frac{\pi}{2})\pi$$

y = \ x =	$-\pi$	$-\frac{\pi}{2}$	0	$\frac{\pi}{2}$	π
$-\pi$	0	-11.59	0	11.59	0
$-\frac{\pi}{2}$	0	-2.51	0	2.51	0
0	0	-1	0	1	0
$\frac{\pi}{2}$	0	-2.51	0	2.51	0
π	0	-11.59	0	11.59	0

Skizze :

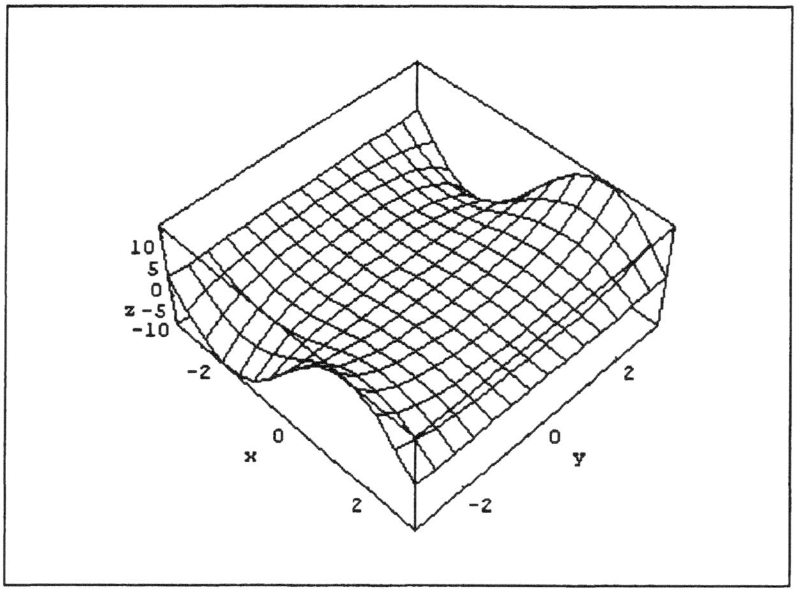

Praktikum 13	Lösung	Seite 1

Name:	Sem:	Datum:

Funktion in 2 Veränderlichen

Aufgabe 1:

0. Gegeben ist die Fläche

F= $\left\{(x,y,z)\middle| z=\sin 2x \sin y; 0\le x\le \frac{\pi}{2}; 0\le y\le \pi\right\}$

1. Berechnen Sie im Punkt P(1,2,?) die Tangentialebene.

2. Berechnen Sie im Punkt P(1,2,?) die Steigung in x-Richtung, y-Richtung und in Richtung der Vektoren (-4,3) und (3,4) .

3. Ermitteln Sie die Richtung des steilsten Anstiegs.

4. Bestimmen Sie das Volumen über dem Gebiet :

$G_1=\left\{(x,y)\middle| 0\le x\le \frac{\pi}{2}; 0\le y\le \pi\right\}$

5. Bestimmen Sie das Volumen über dem Gebiet :

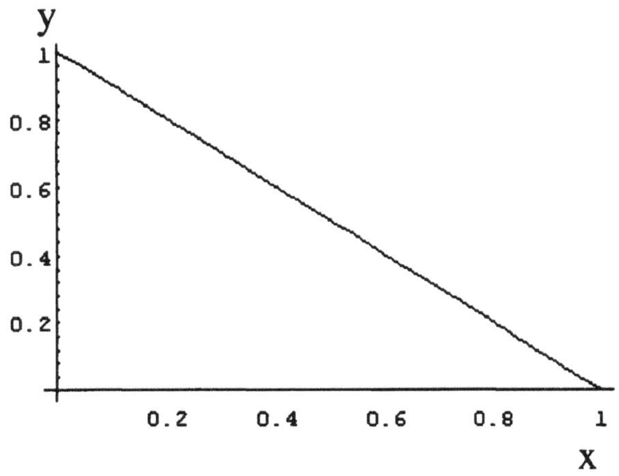

$G_2=\left\{(x,y)\middle| ....\right\}$

6. Prüfen Sie ob ein Schnitt $S = F \cap E$ mit $E = \left\{ (x,y,z) \middle| z = \frac{1}{2} - x \right\}$ existiert .

7. Berechnen Sie gegebenfalls die Schnittkurve S :
$$S = \left\{ (x,y,z) \middle| y = h(x), z = \frac{1}{2} - x; 0 \le x \le \frac{\pi}{2} \right\}$$

8. Ermitteln Sie die Extrema von der Fläche F im gegebenen Definitionsbereich .

9. Erstellen Sie mit MATHEMATICA die graphische Repräsentation von F, E, S zunächst in getrennten Anschauungen, danach in einem Bild zusammen .

```
gF:=Plot3D[f[x,y],{x,0,Pi/2},{y,0,Pi}]
gE:=Plot3D[1/2-x,{x,0,Pi/2},{y,0,Pi}]
gS:=ParametricPlot3D[{x,........................, 1/2-x,{x,0,Pi/2}}]
```

```
Show[gF]
Show[gE]
Show[gS]
Show[gF,gE]
Show[gF,gE,gS]
Show[gF,gS]
Show[gE,gS]
```

Fläche F: F= $\left\{(x,y,z)\middle| z=\sin 2x \sin y; 0\le x\le \frac{\pi}{2}; 0\le y\le \pi\right\}$

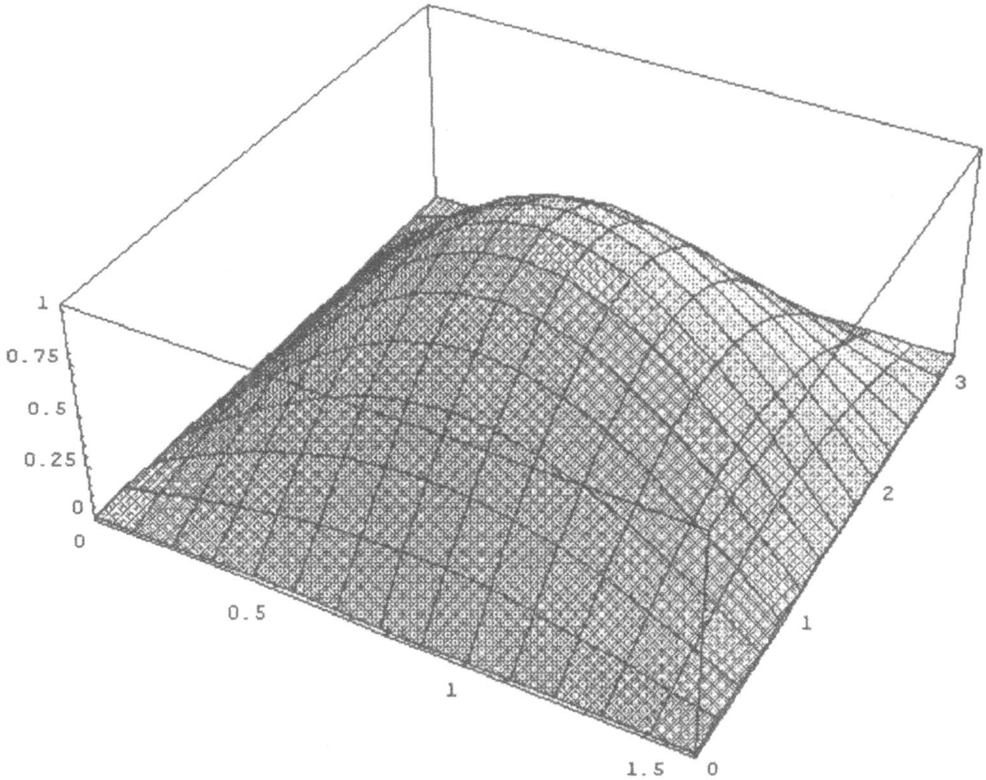

Plot3D[Sin[2 x] Sin[y],{x,0,Pi/2},{y,0,Pi},ViewPoint->{Pi/2,0,0.5}]

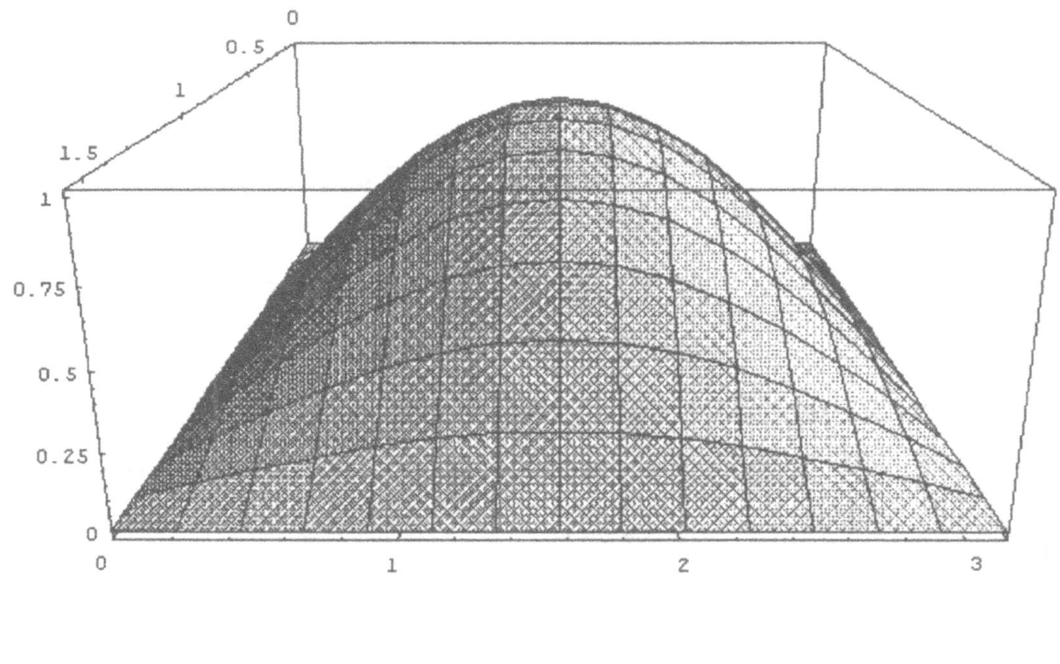

1. Berechnen Sie im Punkt P(1, 2, ?) die Tangentialebene . P(1, 2, 0.827)

$$\vec{x} = \begin{pmatrix} x \\ y \\ z \end{pmatrix} = \begin{pmatrix} 1 \\ 2 \\ 0.827 \end{pmatrix} + \lambda \cdot \begin{pmatrix} 1 \\ 0 \\ -0.756 \end{pmatrix} + \beta \cdot \begin{pmatrix} 0 \\ 1 \\ -0.378 \end{pmatrix}$$

$$f_x(x_0, y_0) = 2\cos 2x_0 \cdot \sin y_0 = 2\cos 2 \cdot \sin 2 = -0.756$$
$$f_y(x_0, y_0) = \sin 2x_0 \cdot \cos y_0 = \sin 2 \cdot \cos 2 = -0.378$$

$$\vec{n} = \begin{pmatrix} 0.756 \\ 0.378 \\ 1 \end{pmatrix}; \quad \begin{pmatrix} -f_x \\ -f_y \\ 1 \end{pmatrix} \cdot \begin{pmatrix} x \\ y \\ z \end{pmatrix} = c \qquad \begin{matrix} -f_x \cdot x - f_y \cdot y + z = c \\ 0.756 \cdot 1 + 0.378 \cdot 2 + 0.827 = 2.339 \end{matrix}$$

$$z = -0.756 \cdot x - 0.378 \cdot y + 2.339$$

2. Steigung in x-Richtung,y-Richtung und in Richtung derVektoren $\vec{a}_1(-4,3)$, $\vec{a}_2(3,4)$ im Punkt P (1,2,?) .

$$\text{grad f} = \left(f_x(x_0, y_0), f_y(x_0, y_0)\right) = (-0.756, \quad -0.378)$$
$$\tan\varphi = \text{grad f} \cdot \bar{a} \qquad \bar{a}: |\bar{a}| = 1$$

x-Ri.: $\tan\varphi_x = (-0.756, -0.378) \cdot \begin{pmatrix} 1 \\ 0 \end{pmatrix} = -0.756 \qquad \varphi_x = 37.1°$

y-Ri.: $\tan\varphi_y = (-0.756, -0.378) \cdot \begin{pmatrix} 0 \\ 1 \end{pmatrix} = -0.378 \qquad \varphi_y = 20.7°$

$\vec{a}_1$-Ri.: $\tan\varphi_{a_1} = (-0.756, -0.378) \cdot \begin{pmatrix} -0.8 \\ 0.6 \end{pmatrix} = 0.378 \qquad \varphi_{a_1} = 20.7°$

$\vec{a}_2$-Ri.: $\tan\varphi_{a_2} = (-0.756, -0.378) \cdot \begin{pmatrix} 0.6 \\ 0.8 \end{pmatrix} = -0.756 \qquad \varphi_{a_2} = 37.1°$

3. Ermitteln Sie die Richtung des steilsten Anstiegs .

$\text{grad f} = (-0.756, \quad -0.378)$ steilster Anstieg in Richtung des Gradienten f. $\lambda \cdot \begin{pmatrix} f_x \\ f_y \end{pmatrix} = \lambda \cdot \begin{pmatrix} 0.756 \\ 0.378 \end{pmatrix}$: Fallinie

4. Bestimmen Sie das Volumen uber dem Gebiet G_1:

$$G_1 = \left\{(x,y)\middle| 0 \le x \le \frac{\pi}{2}; 0 \le y \le \pi\right\}$$

$$V_1 = \int_{x=0}^{x=\frac{\pi}{2}} \left(\int_{y=0}^{y=\pi} (\sin 2x \sin y) dy \right) dx = \int_{x=0}^{x=\frac{\pi}{2}} \left(\sin 2x [-\cos y]_0^{\pi} \right) dx$$

$$= \int_{x=0}^{x=\frac{\pi}{2}} \left(\sin 2x [-(-1)-(-1)] \right) dx = 2 \cdot \int_{x=0}^{x=\frac{\pi}{2}} \sin 2x = \left[-2 \cdot \frac{1}{2} \cos 2x \right]_{x=0}^{x=\frac{\pi}{2}}$$

$$= [-\cos 2x]_0^{\frac{\pi}{2}} = -\cos\pi - (-\cos 0) = 2 \;\; VE$$

5. Bestimmen Sie das Volumen über dem Gebiet G_2:

$$G_2 = \{(x,y) | 0 \le x \le 1; 0 \le y \le 1-x\}$$

$$V_2 = \int_{x=0}^{x=1} \left(\int_{y=0}^{y=1-x} (\sin 2x \cdot \sin y) dy \right) dx = \int_{x=0}^{x=1} [-\sin 2x \cdot \cos y]_{y=0}^{y=1-x} dx$$

$$= \int_{x=0}^{x=1} (-\sin 2x \cdot \cos(1-x) + \sin 2x) dx = \int_{x=0}^{x=1} \sin 2x dx + \underbrace{\int_{x=0}^{x=1} -\sin 2x \cdot \cos(1-x) dx}_{\text{Nebenrechnung}}$$

Nebenrechnung :

$$\int \overset{u}{-\sin 2x} \cdot \overset{v'}{\cos(1-x)} dx \qquad\qquad \int uv' = uv - \int u'v$$

1. $u = -\sin 2x \qquad u' = -2\cos 2x$
   $v = -\sin(1-x) \qquad v' = \cos(1-x)$

$$= (\sin 2x \cdot \sin(1-x)) - \int (-2\cos 2x) \cdot (-\sin(1-x)) dx$$

$$= (\sin 2x \cdot \sin(1-x)) - \int \overset{u}{2\cos 2x} \cdot \overset{v'}{\sin(1-x)} dx$$

2. $u = 2\cos 2x \qquad u' = -4\sin 2x$
   $v = \cos(1-x) \qquad v' = \sin(1-x)$

$$= \sin 2x \cdot \sin(1-x) - \left(2\cos 2x \cdot \cos(1-x) - \int \left(-4\sin 2x \cdot \cos(1-x)\right)dx\right)$$

$$\underbrace{\int -\sin 2x \cdot \cos(1-x)dx =}_{1\cdot\int}$$

$$= \sin 2x \cdot \sin(1-x) - 2\cos 2x \cdot \cos(1-x) + \underbrace{\int\left(-4\sin 2x \cdot \cos(1-x)\right)dx}_{4\cdot\int}$$

$$-3 \cdot \int\left(-\sin 2x \cdot \cos(1-x)\right)dx = \sin 2x \cdot \sin(1-x) - 2\cos 2x \cdot \cos(1-x)$$

$$\int\left(-\sin 2x \cdot \cos(1-x)\right)dx = \underbrace{-\frac{1}{3}\cdot\left(\sin 2x \cdot \sin(1-x) - 2\cos 2x \cdot \cos(1-x)\right)}_{Hauptrechnung}$$

$$= \left[-\frac{1}{2}\cos 2x\right]_0^1 + \left[-\frac{1}{3}\cdot\left(\sin 2x \cdot \sin(1-x) - 2\cos 2x \cdot \cos(1-x)\right)\right]_0^1$$

$$= -\frac{1}{2}\cos 2 + \frac{1}{2}\cos 0 - \frac{1}{3}\cdot\left(\underbrace{\sin 2 \cdot \sin 0}_{0} - 2\cos \cdot 2\cos 0\right) + \frac{1}{3}\cdot\left(\underbrace{\sin 0 \cdot \sin 1}_{0} - 2\cos 0 \cdot \cos 1\right)$$

$$= -\frac{1}{2}\cos 2 + \frac{1}{2}\cos 0 + \frac{1}{3}\cdot 2\cos \cdot 2\cos 0 - \frac{1}{3}\cdot 2\cos 0 \cdot \cos 1$$

$$= -0.5\cos 2 + 0.5\cos 0 + \frac{2}{3}\cos 2 \cdot \cos 0 - \frac{2}{3}\cos 0 \cdot \cos 1$$

$$= 0.5 \cdot (-\cos 2 + \cos 0) + \frac{2}{3}\cdot(\cos 2 \cdot \cos 0 - \cos 1 \cdot \cos 0)$$

$$= 0.708 \qquad -0.637 = 0.07 \;\; VE$$

6. Prüfen Sie ob ein Schnitt $S = F \cap E$ mit $E = \left\{ (x,y,z) \middle| z = \frac{1}{2} - x \right\}$ existiert .

$$S: \qquad F \cap E \;\Rightarrow\; F = E \qquad \Rightarrow\; z = \sin 2x \cdot \sin y = \frac{1}{2} - x = z$$

$$\sin y = \frac{\frac{1}{2} - x}{\sin 2x} \qquad y = \arcsin\left[\frac{\frac{1}{2} - x}{\sin 2x}\right]$$ Es existiert ein Schnitt.

7. Berechnen Sie gegebenfalls die Schnittkurve S :

$$S = \left\{ (x,y,z) \middle| y = h(x), z = \frac{1}{2} - x; 0 \le x \le \frac{\pi}{2} \right\}$$

$$S = \left\{ (x,y,z) \middle| y = \arcsin\left[\frac{\frac{1}{2} - x}{\sin 2x}\right], z = \frac{1}{2} - x; 0 \le x \le \frac{\pi}{2} \right\}$$

Schnittkurve der beiden Flächen S :

```
S=ParametricPlot3D[{x,ArcSin[(0.5-x)/Sin[2 x]],0.5-x},{x,0,Pi/2},
AxesLabel->{"x","y","z"},ViewPoint->{-2,0,1}]
```

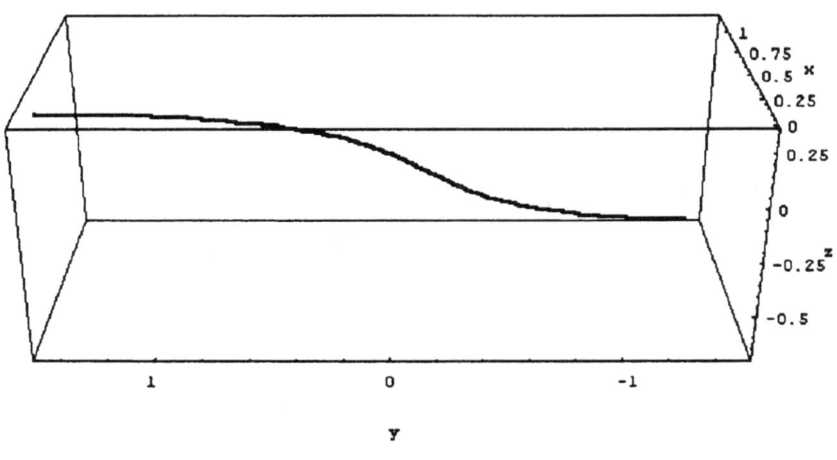

8. Ermitteln Sie die Extrema von der Fläche F im gegebenen Definitionsbereich .

$$f(x,y) = \sin 2x \cdot \sin y$$

$$f_x = 2\cos 2x \cdot \sin y$$

$$f_y = \sin 2x \cdot \cos y$$

$$f_{xx} = -\ 4\sin 2x \cdot \sin y$$

$$f_{yy} = -\sin 2x \cdot \sin y$$

$$f_{xy} = 2\cos 2x \cdot \cos y$$

$$f_{yx} = 2\cos 2x \cdot \cos y$$

$$f_x = 2\cos 2x \cdot \sin y = 0 \qquad x_1 = \frac{\pi}{4}; \qquad y_1 = 0, \quad y_2 = \pi$$

$$f_y = \sin 2x \cdot \cos y = 0 \qquad x_2 = 0, \quad x_3 = \frac{\pi}{2}; \qquad y_3 = \frac{\pi}{2}$$

$$D = \begin{vmatrix} f_{xx} & f_{xy} \\ f_{yx} & f_{yy} \end{vmatrix}$$

$$D = f_{xx} \cdot f_{yy} - f_{xy} \cdot f_{yx} = f_{xx} \cdot f_{yy} - f^2{}_{xy}$$

$$D = (-\ 4\sin 2x \cdot \sin y) \cdot (-\sin 2x \cdot \sin y) - (2\cos 2x \cdot \cos y) \cdot (2\cos 2x \cdot \cos y)$$

$$D = 4\sin 2x \cdot \sin y \cdot \sin 2x \cdot \sin y - 2\cos 2x \cdot \cos y \cdot 2\cos 2x \cdot \cos y$$

$$D = 0; \qquad x = 0, \quad x = \frac{\pi}{2}, \quad y = 0, \quad y = \pi$$

$$D = 4\sin\frac{\pi}{2} \cdot \sin\frac{\pi}{2} \cdot \sin\frac{\pi}{2} \cdot \sin\frac{\pi}{2} - 2\cos\frac{\pi}{2} \cdot \cos\frac{\pi}{2} \cdot 2\cos\frac{\pi}{2} \cdot \cos\frac{\pi}{2}$$

$$D = \underbrace{4\sin\frac{\pi}{2}}_{4} \cdot \underbrace{\sin\frac{\pi}{2}}_{1} \cdot \underbrace{\sin\frac{\pi}{2}}_{1} \cdot \underbrace{\sin\frac{\pi}{2}}_{1} - \underbrace{2\cos\frac{\pi}{2} \cdot \cos\frac{\pi}{2} \cdot 2\cos\frac{\pi}{2} \cdot \cos\frac{\pi}{2}}_{0}$$

$D = 4 > 0 \qquad \Rightarrow$ Extrema !

$f_{xx} = -\,4 \sin\frac{\pi}{2} \cdot \sin\frac{\pi}{2} = -\,4 < 0 \qquad \Rightarrow$ relatives Maximum bei $f\left(\frac{\pi}{4}, \frac{\pi}{2}\right)$

9. Erstellen Sie mit MATHEMATICA die graphische Repräsentation von F, E, S zunächst in getrennten Anschauungen, danach in einem Bild zusammen .

```
gF:=Plot3D[f[x,y],{x,0,Pi/2},{y,0,Pi}]
```

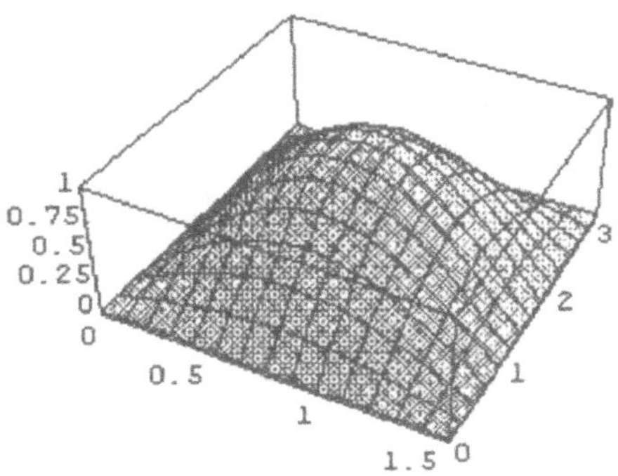

```
gE:=Plot3D[1/2-x,{x,0,Pi/2},{y,0,Pi}]
```

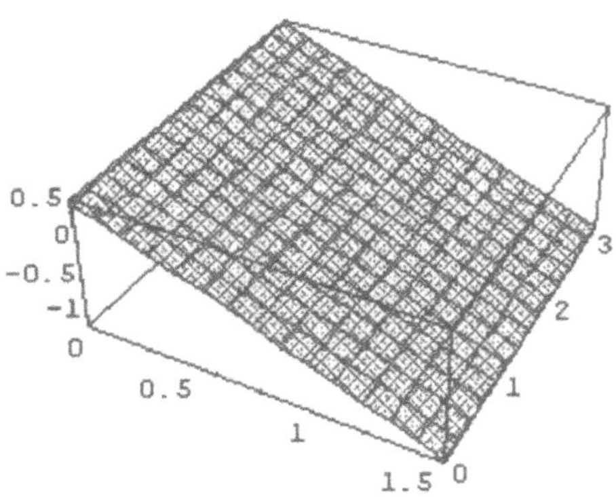

```
Show[gF,gE]
```

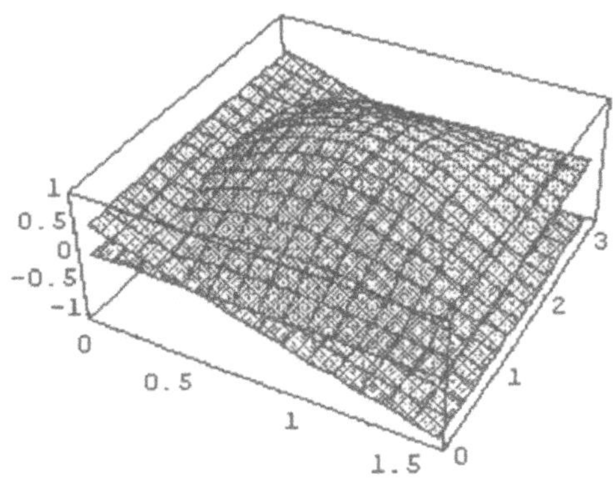

```
Show[gF,gE,S]
```

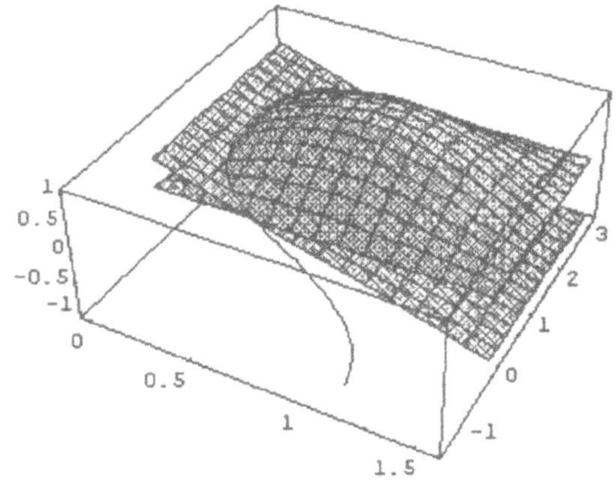

Name :	Sem :	Datum :

Elemente der Differentialgeometrie

Aufgabe 1 :

0. Gegeben ist die Kurve K = {(x,y) | $x = \cos^3 t,\ y = \sin^3 t,\ 0 \le t \le 2\pi$ }

1. Berechnen Sie die Ableitungen y', y'', die Steigungen für $t = 0, \frac{\pi}{2}, \pi, \frac{3}{2}\pi$,

   sowie die Krümmung und eine Wertetabelle für $t = k \cdot \frac{\pi}{4}, k = 0,1,.....8$.

   Skizzieren Sie K .

2. $K^* \subseteq K$ sei die Teilkurve für die Parameterwerte $0 \le t \le \frac{\pi}{2}$.

   Berechnen Sie die Bogenlänge von K^* und die Sektorfläche K^* .

3. Berechnen Sie den Krümmungskreis für $t = \frac{\pi}{4}$ und zeichnen Sie

   diesen in den Graphen ein .

4. Ein Teilchen gleitet auf K, $\tau = \frac{t}{5}$ sei der Zeitparameter .

   Stellen Sie die Bahngleichung des Teilchens und die Geschwindigkeit für $\tau = 0$ und $\tau = 7.85$ (ZE) auf .

Manuelle Lösung :

$$K = \{(x,y) \mid x = \cos^3 t,\ y = \sin^3 t,\ 0 \le t \le 2\pi\}$$

1. Wertetabelle

t	0	$\frac{\pi}{4}$	$\frac{\pi}{2}$	$\frac{3}{4}\pi$	π	$\frac{5}{4}\pi$	$\frac{3}{2}\pi$	$\frac{7}{4}\pi$	2π
x(t) =	1	0.353	0	-0.353	-1	-0.353	0	0.353	1
y(t) =	0	0.353	1	0.353	0	-0.353	-1	-0.353	0

Graph von Kurve K :

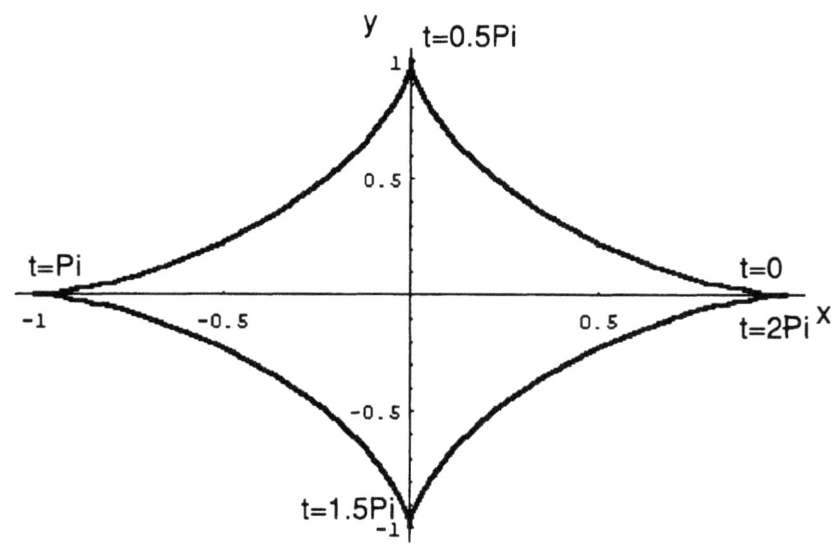

Ableitungen :

$\dot{x} = -\,3 \cdot \cos^2 t \cdot \sin t$
$\dot{y} = 3 \cdot \sin^2 t \cdot \cos t$
$\ddot{x} = 6 \cdot \cos t \cdot \sin^2 t - 3 \cdot \cos^3 t$
$\ddot{y} = 6 \cdot \sin t \cdot \cos^2 t - 3 \cdot \sin^3 t$

$$y' = \frac{\dot{y}}{\dot{x}} = -\tan t$$

$$y'' = \frac{\ddot{y}\dot{x} - \dot{y}\ddot{x}}{\dot{x}^3} = \frac{1}{3 \cdot \cos^4 t \cdot \sin t}$$

Krümmung : $$k = \frac{\ddot{y}\dot{x} - \dot{y}\ddot{x}}{(\dot{x}^2 + \dot{y}^2)^{\frac{3}{2}}} = \frac{-1}{3 \cdot \cos t \cdot \sin t} = k(t)$$

t	0	$\frac{\pi}{2}$	π	$\frac{3}{2}\pi$
$y' =$	0	$+\infty$	0	$-\infty$
$y'' =$	$+\infty$	$+\infty$	$-\infty$	$-\infty$
$k =$	$-\infty$	$-\infty$	$-\infty$	$-\infty$

2. Bogenlänge

$$l(K^*) = \int_{t=0}^{t=\frac{\pi}{2}} \sqrt{\dot{x}^2 + \dot{y}^2}\,dt = \frac{3}{2}\left[\sin^2 t\right]_0^{\frac{\pi}{2}} = 1.5$$

Nebenrechnung :

$$\begin{aligned}
\int \sqrt{\dot{x}^2 + \dot{y}^2}\,dt &= \int \sqrt{9 \cdot \cos^4 t \cdot \sin^2 t + 9 \cdot \sin^4 t \cdot \cos^2 t}\,dt \\
&= \int \sqrt{(\cos^2 t \cdot \sin^2 t) \cdot \Big(\underbrace{9\cos^2 t + 9\sin^2 t}_{9}\Big)}\,dt \\
&= 3 \cdot \int \cos t \cdot \sin t\,dt \\
&= \frac{3}{2}\sin^2 t
\end{aligned}$$

Sektorfläche nach Leibniz :

$$A=\frac{1}{2}\int_{\varphi=\alpha}^{\varphi=\beta} r^2 d\varphi=\frac{1}{2}\int_{t=a}^{t=b}(x\dot{y}-\dot{x}y)dt=\frac{1}{2}\cdot\frac{1}{32}\left[12t-3\sin 4t\right]_0^{2\pi}$$

$$=\frac{1}{64}\left[12t-3\sin 4t\right]_0^{2\pi}=1.1781 \quad FE$$

$$A=\int_0^{2\pi} y\dot{x}dt=-\ 3\cdot\int_0^{2\pi}\sin^3 t\cdot\sin t\cdot\cos^2 t dt=-\ 12\cdot\int_0^{\frac{\pi}{2}}\sin^4 t\cdot\cos^2 t dt$$

$$=4\cdot(-\ 0.2945 \quad FE)=-\ 1.1781 \quad FE$$

Nebenrechnung :

$$\int(x\dot{y}-\dot{x}y)dt=\int\cos^3 t\cdot 3\cdot\sin^2 t\cdot\cos t+3\cdot\cos^2 t\cdot\sin t\cdot\sin^3 t dt$$

$$=3\cdot\int\cos^4 t\cdot\sin^2 t+\cos^2 t\cdot\sin^4 t dt=3\cdot\int\cos^2 t\cdot\sin^2 t dt$$

$$\cos^2 t+\sin^2 t=1$$

$$\cos^2 t=1-\sin^2 t$$

$$=3\cdot\int\sin^2 t-\sin^4 t dt$$

$$=3\cdot\int\left(\frac{1}{2}(1-\cos 2t)-\frac{1}{8}(\cos 4t-4\cos 2t+3)\right)dt$$

$$=\frac{3}{2}\left(t-\frac{1}{2}\sin 2t\right)-\frac{3}{8}\left(\frac{1}{4}\sin 4t-2\sin 2t+3t\right)$$

$$=\frac{3}{8}t-\frac{3}{32}\sin 4t=\frac{1}{32}(12t-3\sin 4t)$$

3. Krümmungskreis an $(x, y) \in K$

$$\zeta(t) = x(t) - \frac{\dot{y}(t)\cdot\varsigma(t)}{\sqrt{\dot{x}^2(t)+\dot{y}^2(t)}} = \cos t \cdot \left(1 + 2\sin^2 t\right)$$

$$\eta(t) = y(t) + \frac{\dot{x}(t)\cdot\varsigma(t)}{\sqrt{\dot{x}^2(t)+\dot{y}^2(t)}} = \sin t \cdot \left(1 + 2\cos^2 t\right)$$

$$\varsigma(t) = \frac{1}{k(t)} = \frac{(\dot{x}^2(t)+\dot{y}^2(t))^{\frac{3}{2}}}{\dot{x}(t)\cdot\ddot{y}(t) - \ddot{x}(t)\cdot\dot{y}(t)} = -\,3\cdot\cos t\cdot\sin t$$

$$\begin{aligned}
\zeta(t) &= \cos^3 t - \frac{3\sin^2 t\cos t\cdot(-\,3\cos t\sin t)}{\sqrt{9\cos^4 t\sin^2 t + 9\sin^4 t\cos^2 t}} \\
&= \cos^3 t + \frac{9\sin^3 t\cos^2 t}{\sqrt{9\cos^2 t\sin^2 t\Bigl(\underbrace{\cos^2 t + \sin^2 t}_{1}\Bigr)}} \\
&= \cos^3 t + \frac{9\sin^3 t\cdot\cos^2 t}{3\cos t\cdot\sin t} \\
&= \cos^3 t + 3\cdot\sin^2 t\cdot\cos t \\
&= \cos t\cdot\left(\cos^2 t + 3\sin^2 t\right) \\
&= \cos t\cdot\left(1 + 2\sin^2 t\right)
\end{aligned}$$

$$\eta(t) = \sin^3 t + \frac{\left(-3\cos^2 t \sin t\right)\cdot\left(-3\cos t \sin t\right)}{\sqrt{9\cos^4 t \sin^2 t + 9\sin^4 t \cos^2 t}}$$

$$= \sin^3 t + \frac{9\cdot\cos^3 t\cdot\sin^2 t}{\sqrt{9\cos^2 t \sin^2 t\cdot\left(\underbrace{\cos^2 t + \sin^2 t}_{1}\right)}}$$

$$= \sin^3 t + \frac{9\cdot\cos^3 t\cdot\sin^2 t}{3\cdot\cos t\cdot\sin t}$$

$$= \sin^3 t + 3\cdot\cos^2 t\cdot\sin t$$

$$= \sin t\cdot\left(\sin^2 t + 3\cos^2 t\right)$$

$$= \sin t\cdot\left(1 + 2\cos^2 t\right)$$

$$\varsigma(t) = \frac{\left(9\cos^4 t \sin^2 t + 9\sin^4 t \cos^2 t\right)^{\frac{3}{2}}}{\left(6\sin t \cos^2 t - 3\sin^3 t\right)\cdot\left(-3\cos^2 t \sin t\right) - \left(3\sin^2 t \cos t\right)\cdot\left(6\cos t \sin t - 3\cos^2 t\right)}$$

$$= \frac{\left(9\cos^2 t \sin^2 t\cdot\left(\cos^2 t + \sin^2 t\right)\right)^{\frac{3}{2}}}{-18\cos^4 t \sin^2 t + 9\cos^2 t \sin^4 t - 18\sin^4 t \cos^2 t + 9\sin^2 t \cos^4 t}$$

$$= \frac{\left(9\cos^2 t \sin^2 t\right)^{\frac{3}{2}}}{-9\cos^2 t \sin 2^2 t\cdot\left(\sin^2 t + \cos^2 t\right)} = -\sqrt{9\cos^2 t \sin^2 t} = -3\cdot\cos t\cdot\sin t$$

$$\varsigma\left(\frac{\pi}{4}\right) = -3\cdot\cos t\cdot\sin t = -3\cdot\cos\frac{\pi}{4}\cdot\sin\frac{\pi}{4} = -1.5$$

$$\zeta\left(\frac{\pi}{4}\right) = \cos t\cdot\left(1 + 2\sin^2 t\right) = \cos\frac{\pi}{4}\cdot\left(1 + 2\sin^2\left(\frac{\pi}{4}\right)\right) = \sqrt{2}$$

$$\eta\left(\frac{\pi}{4}\right) = \sin t\cdot\left(1 + 2\cos^2 t\right) = \sin\frac{\pi}{4}\cdot\left(1 + 2\cos^2\left(\frac{\pi}{4}\right)\right) = \sqrt{2}$$

Gleichung des Krümmungskreises für $t = \frac{\pi}{4}$:

$$k_\varsigma = \left\{(x,y) \middle| (x-\zeta)^2 + (y-\eta)^2 = \varsigma^2\right\}$$

$$k_\varsigma = \left\{(x,y) \middle| (x-\sqrt{2})^2 + (y-\sqrt{2})^2 = 2.25\right\}$$

4. Bahngleichung des Teilchens :

Zeit $= \tau = \frac{t}{5}$:

$$\tilde{K} = \left\{(x(\tau), y(\tau) \middle| x = \cos^3(5\tau), y = \sin^3(5\tau), 0 \le 5\tau \le 2\pi\right\}$$

$$v(\tau) = \sqrt{(\frac{dx}{d\tau})^2 + (\frac{dy}{d\tau})^2} = \sqrt{225\cos^4(5\tau)\cdot\sin^2(5\tau) + 225\cos^2(5\tau)\cdot\sin^4(5\tau)}$$

$$= 15 \cdot \sqrt{\cos^2(5\tau)\cdot\sin(5\tau)\cdot\left(\underbrace{\cos^2(5\tau) + \sin(5\tau)}_{1}\right)}$$

$$= 15 \cdot \cos(5\tau)\cdot\sin(5\tau)$$

$$v(7.85) = 15\cdot\cos(5\cdot 7.85)\cdot\sin(5\cdot 7.85)$$
$$= 0.2985$$

Praktikum 15	Lösung	Seite 1

Name :	Sem :	Datum :

Elemente der Differentialgeometrie

Aufgabe 1 :

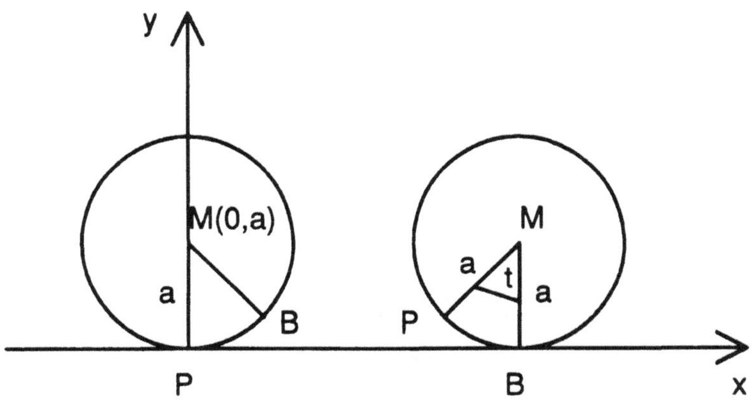

Ein Rad rollt mit Radius a auf einer horizontalen Geraden ab.

1. Stellen Sie die Gleichung der Kurve auf, welche der Punkt P der Peripherie beim abrollen beschreibt (Zykloide z), und zeichnen Sie z für a = 2m .

2. Berechnen Sie die Bogenlänge der Zykloide bei einer Umdrehung des Rades.

3. Diskutieren Sie die Kurve.
3.1 Nullstellen, Periodizität, Extrema, Monotonie, Krümmung k .
3.2 Wie groß ist die Steigung für $t = 0$ und $t = 2\pi$.
3.3 Berechnen Sie den Krümmungskreis für $t = \pi$ und die Evolute von z . Zeichnen Sie beide .

4. Berechnen Sie den Geschwindigkeitsvektor $\vec{v}$ eines Punktes, der sich auf der Zykloide bewegt, in Abhängigkeit von der Zeit, wenn eine Umdrehung des Rades in 2 sec erfolgt, sowie v_x , v_y für $\tau = 0(0.5)2$,
$t = 2\pi \Rightarrow \tau = 2\,\text{sec} \Rightarrow t = f(\tau) =$...............................

5. Berechnen Sie die Fläche unter der Zykloide .

---

1. Stellen Sie die Gleichung der Kurve auf, welche der Punkt P der Peripherie beim abrollen beschreibt (Zykloide z), und zeichnen Sie z für a = 2m .

a = 2
x(t) = abgewickelter Bogen - Rückwärtsbewegung von P
y(t) = Anstieg von P

$$x(t) = a \cdot t - a \cdot \sin t$$
$$y(t) = a - a \cdot \cos(t)$$

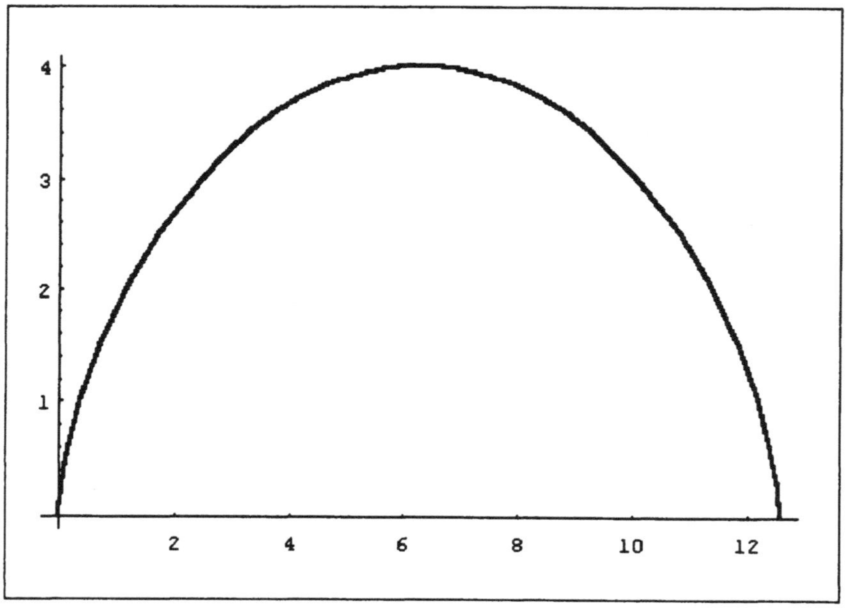


```
Table[{x[t],y[t]},{t,0,2 Pi,Pi/4}]//N
gz = ParametricPlot[{x[t],y[t]},{t,0,2 Pi}]
```

Lösung: x(t) =at-a sint ,y(t) =a-a cost

2. Berechnen Sie die Bogenlänge der Zykloide bei einer Umdrehung des Rades.

$$K = \{(x,y) | x(t) = 2t - 2\sin t, y(t) = 2 - 2\cos t, 0 \le t \le 2\pi\}$$

$$l(k) = \int_{t=0}^{t=2\pi} \sqrt{\dot{x}^2 + \dot{y}^2}\,dt$$

$$\dot{x} = 2 - 2\cos t \qquad \dot{y} = 2\sin t$$

$$l(k) = \int_{t=0}^{t=2\pi} \sqrt{(2-2\cos t)^2 + (2\sin t)^2}\,dt$$

$$l(k) = \int_{t=0}^{t=2\pi} \sqrt{2^2 - 2\cdot 2^2 \cdot \cos t + 2^2 \cdot \cos^2 t + 2^2 \cdot \sin^2 t}\,dt$$

$$l(k) = 2\cdot \int_{t=0}^{t=2\pi} \sqrt{1 - 2\cdot \cos t + \underbrace{\cos^2 t + \sin^2 t}_{1}}\,dt$$

$$l(k) = 2\cdot \int_{t=0}^{t=2\pi} \sqrt{2 - 2\cos t}\,dt = 2\sqrt{2}\cdot \int_{t=0}^{t=2\pi} \sqrt{1-\cos t}\,dt$$

Numerische Integration : NIntegrate
Analytische Lösung : Integrate probieren

$$l(k) 2\sqrt{2}\cdot \int_{t=0}^{t=2\pi} \sqrt{1-\cos t}\,dt = 16m$$

3. Diskutieren Sie die Kurve.
3.1 Nullstellen, Periodizität, Extrema, Monotonie, Krümmung k .
3.2 Wie groß ist die Steigung für $t=0$ und $t=2\pi$.

Nullstellen :

$$y(t)=2-2\cos t$$

$$y(t)=0 \Rightarrow 2=2\cos t \Rightarrow 1=\cos t \qquad t=k\cdot\pi;\ k\in Z$$

Periodizität :

$y(t)=2-2\cos t$ Periode : $a=2\pi$

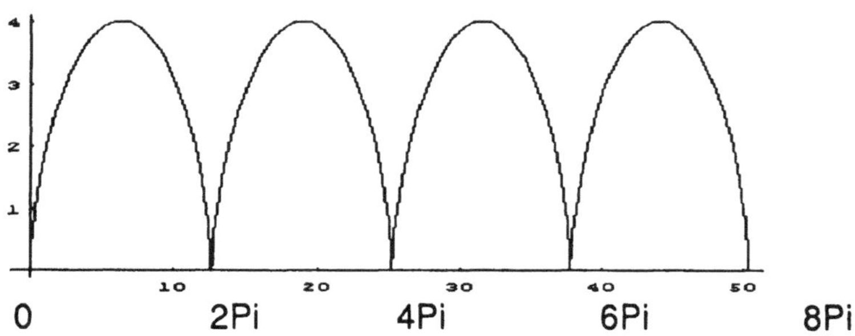

Extrema :

$$y'=\frac{\dot{y}}{\dot{x}}=0 \qquad \dot{y}=0 \wedge \dot{x}\neq 0$$

$$\dot{y}=2\sin t \qquad \dot{x}=2-2\cos t$$

$$\dot{y}=2\sin t=0 \Rightarrow t=k\cdot\pi$$

$$\dot{x}=2-2\cos t=0 \Rightarrow t=(2k-1)\cdot\pi;\ k\in Z$$

$$y''=\frac{\ddot{y}\cdot\dot{x}-\dot{y}\cdot\ddot{x}}{\dot{x}^3}=\frac{2\cos t\cdot(2-2\cos t)-4\sin^2 t}{(2-2\cos t)^3}$$

$y''((2k-1)\cdot\pi)=-\ 0.125<0 \Rightarrow$ Extrema : lokale Maxima

$$Hp(x((2k-1)\cdot\pi),y((2k-1)\cdot\pi))=((2k-1)\cdot\pi,\ 4)$$

Monotonie :

$[0,(2k-1)\cdot\pi]$ streng monoton steigend

$[(2k-1)\cdot\pi,2k\pi]$ streng monoton fallend

Krümmung k :

$$k = \frac{\ddot{y}\cdot\dot{x} - \dot{y}\cdot\ddot{x}}{\left(\dot{x}^2+\dot{y}^2\right)^{\frac{3}{2}}} = \frac{2\cos t\cdot(2-2\cos t) - 4\sin^2 t}{\left((2-2\cos t)^2 + 4\sin^2 t\right)^{\frac{3}{2}}}$$

$$= \frac{4\cos t \overbrace{- 4\cos^2 t - 4\sin^2 t}^{-4}}{\left(4 - 8\cos t + \underbrace{4\cos^2 t + 4\sin^2 t}_{4}\right)^{\frac{3}{2}}} = \frac{4\cos t - 4}{(8-8\cos t)^{\frac{3}{2}}}$$

$]0,2\pi[$ Rechtskrümmung da $k < 0$

Steigung für $t = 0$ und $t = 2\pi$:

$$y' = \frac{\dot{y}}{\dot{x}} = \frac{2\sin t}{2-2\cos t} = \frac{\sin t}{1-\cos t}$$

$$\lim_{t\to 0} y' = \lim_{t\to 0}\frac{\sin t}{1-\cos t} = \lim_{t\to 0}\frac{\sin t\cdot(1+\cos t)}{(1-\cos t)\cdot(1+\cos t)} = \lim_{t\to 0}\frac{\sin t\cdot(1+\cos t)}{\sin^2 t}$$

$$= \lim_{t\to 0}\frac{1+\cos t}{\sin t} = \lim_{t\to 0}\left(\frac{1}{\underbrace{\sin t}_{0}} + \frac{1}{\underbrace{\tan t}_{\infty}}\right) = \infty$$

$$= \lim_{t\to 2\pi}\frac{1+\cos t}{\sin t} = \lim_{t\to 2\pi}\left(\frac{1}{\underbrace{\sin t}_{-\infty}} + \frac{1}{\underbrace{\tan t}_{0}}\right) = -\infty$$

3.3 Berechnen Sie den Krümmungskreis für $t = \pi$ und die Evolute von z . Zeichnen Sie beide .

$$\zeta(t) = x(t) - \frac{\dot{y}(t)\cdot\varsigma(t)}{\sqrt{\dot{x}^2(t)+\dot{y}^2(t)}} = 2t - 2\sin t - \frac{2\sin t\cdot(8-8\cos t)^{\frac{3}{2}}}{2\sqrt{2}\cdot\sqrt{1-\cos t}\cdot(4\cos t-4)}$$

$$= t - \sin t + \frac{\sin t\cdot(8-8\cos t)^{\frac{3}{2}}}{4\sqrt{2}\cdot(1-\cos t)\cdot(1-\cos t)^{\frac{1}{2}}} = t - \sin t + \frac{\sin t\cdot(8-8\cos t)^{\frac{3}{2}}}{\sqrt{32}\cdot(1-\cos t)^{\frac{3}{2}}}$$

$$= t - \sin t + \frac{\sin t\cdot\sqrt{8^3}\cdot(1-\cos t)^{\frac{3}{2}}}{\sqrt{32}\cdot(1-\cos t)^{\frac{3}{2}}} = t - \sin t + \frac{\sin t\cdot\sqrt{2^9}}{\sqrt{2^5}}$$

$$= t - \sin t + 4\sin t = t + 3\sin t$$

$$\eta(t) = y(t) + \frac{\dot{x}(t)\cdot\varsigma(t)}{\sqrt{\dot{x}^2(t)+\dot{y}^2(t)}} = 2 - 2\cos t - \frac{(2-2\cos t)\cdot(8-8\cos t)^{\frac{3}{2}}}{2\sqrt{2}\cdot\sqrt{1-\cos t}\cdot(4\cos t-4)}$$

$$= 2 - 2\cos t - \frac{(2-2\cos t)\cdot\sqrt{8^3}}{8\sqrt{2}} = 2 - 2\cos t - 2\cdot(2-2\cos t) = 2\cos t - 2$$

$$\varsigma(t) = \frac{1}{k(t)} = \frac{(\dot{x}^2(t)+\dot{y}^2(t))^{\frac{3}{2}}}{\dot{x}(t)\cdot\ddot{y}(t)-\ddot{x}(t)\cdot\dot{y}(t)} = \frac{\left((2-2\cos t)^2+4\sin^2 t\right)^{\frac{3}{2}}}{2\cos t\cdot(2-2\cos t)-4\sin^2 t}$$

$$= \frac{\left(4-8\cos t+\overbrace{4\cos^2 t+4\sin^2 t}^{4}\right)^{\frac{3}{2}}}{4\cos t\underbrace{-4\cos^2 t-4\sin^2 t}_{-4}} = \frac{(8-8\cos t)^{\frac{3}{2}}}{4\cos t-4}$$

ς : ro[t_]: = (x'[t]^2+y'[t]^2)^1.5/(x'[t] y''[t]-x''[t] y'[t])

ξ : xk[t_]]: = x[t]-y'[t] ro[t]/(Sqrt[x'[t]^2+y'[t]^2])

η : yk[t_]: = y[t]-x'[t] ro[t]/(Sqrt[x'[t]^2+y'[t]^2])

ro[Pi] = -8
xk[Pi] = 2π
yk[Pi] = 12

gEv = ParametricPlot[{xk[t],yk[t]},{t,0,2 Pi}]

Abbildung beider Plots : Show[gz,gEv]

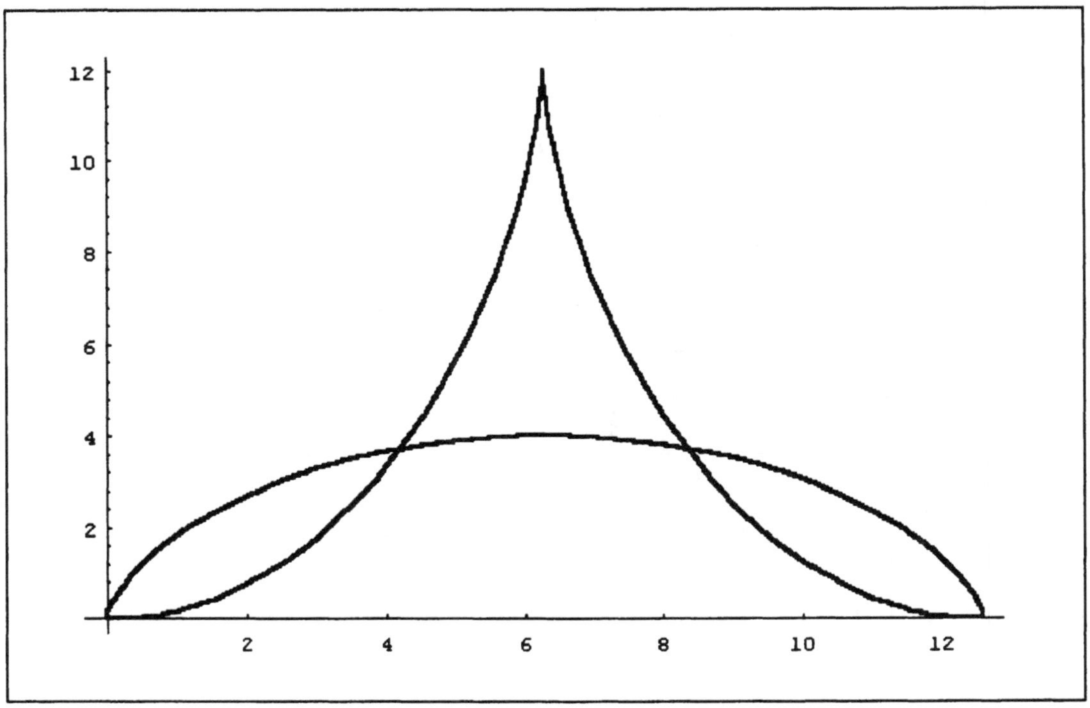

4. Berechnen Sie den Geschwindigkeitsvektor $\vec{v}$ eines Punktes, der sich auf der Zykloide bewegt, in Abhängigkeit von der Zeit, wenn eine Umdrehung des Rades in 2 sec erfolgt, sowie v_x, v_y für $\tau = 0(0.5)2$,

$$t = 2\pi \Rightarrow \tau = 2\sec \Rightarrow t = f(\tau) =$$

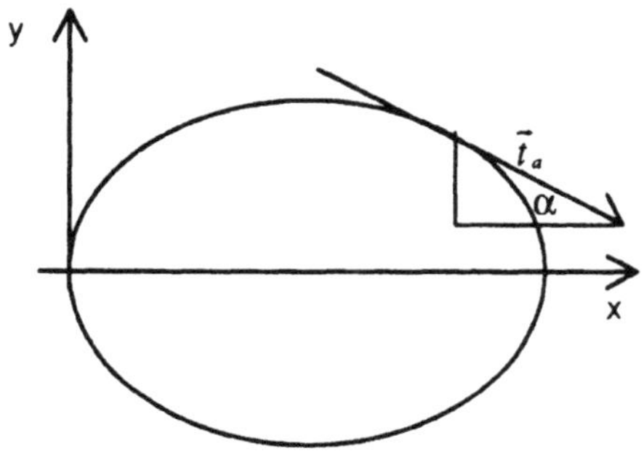

$$\tan\alpha = y' = \frac{\dot{y}}{\dot{x}}$$

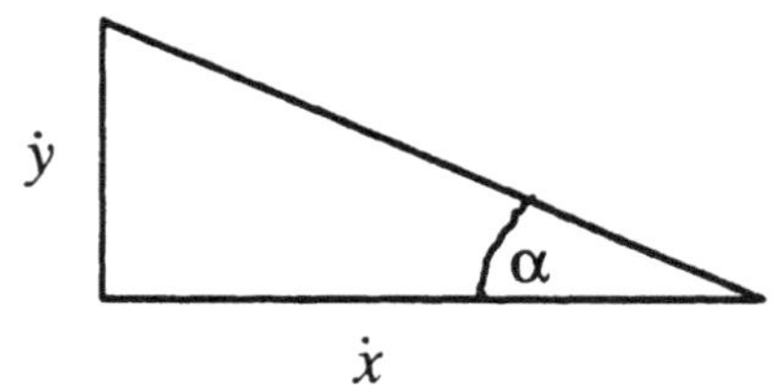

Tangentialvektor = Geschwindigkeit , wenn Kurvenparameter = Zeit

$$\vec{t}_a = \begin{pmatrix} \dot{x} \\ \dot{y} \end{pmatrix} \qquad \Rightarrow \vec{v} = \begin{pmatrix} \dot{x} \\ \dot{y} \end{pmatrix} = \begin{pmatrix} v_x \\ v_y \end{pmatrix} \qquad v = |\vec{v}| = \sqrt{\vec{x}^2 + \vec{y}^2}$$

$$\vec{v} = \begin{pmatrix} \dot{x} \\ \dot{y} \end{pmatrix} = \begin{pmatrix} v_x \\ v_y \end{pmatrix} = \begin{pmatrix} 2 - 2\cos t \\ 2\sin t \end{pmatrix}$$

$$v = |\vec{v}| = \sqrt{\dot{x}^2 + \dot{y}^2} = \sqrt{(2 - 2\cos t)^2 + 4\sin^4 t} = 2 \cdot \sqrt{2 - 2\cos t} = 2\sqrt{2} \cdot \sqrt{1 - \cos t}$$

$$v(\tau) = 2\sqrt{2} \cdot \sqrt{1 - \cos(\tau \cdot \pi)}$$

t	0	0.5π	π	1.5π	2π
τ	0	0.5	1	1.5	2
v_x	0	2	4	2	0
v_y	0	2	4	2	0
v	0	2.828	4	2.828	0

Mit Mathematica :

```
x1[ta_]: = 2-2 Cos[ta]
y1[ta_]: = 2 Sin[ta]

v[ta_]:= Sqrt[x1'[ta]^2+y1'[ta]^2]
Table[v[ta],{ta,0,2 Pi}]//N
```

$v = |\vec{v}| = 2\sqrt{2} \cdot \sqrt{1 - \cos t}$

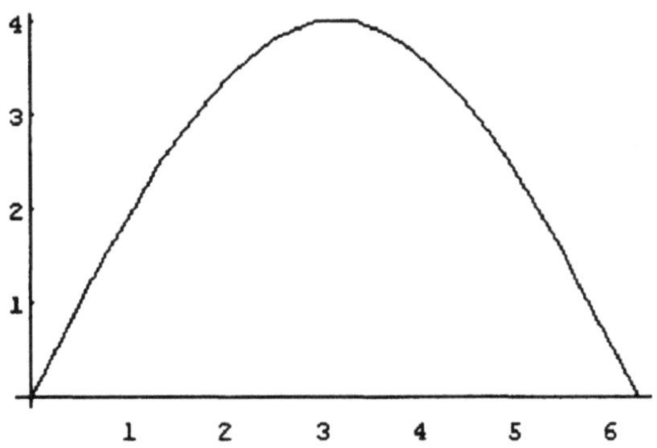

5. Berechnen Sie die Fläche unter der Zykloide .

$$A = \frac{1}{2} \cdot \int_{t=0}^{t=2\pi} (\dot{y} \cdot x - \dot{x} \cdot y) dt = \frac{1}{2} \cdot \int_{t=0}^{t=2\pi} 2\sin t \cdot (2t - 2\sin t) - (2 - 2\cos t)^2 \, dt$$

$$= \frac{1}{2} \cdot \int_{t=0}^{t=2\pi} \left(4t \sin t - 4 + 8\cos t \underbrace{- 4\cos^2 t - 4\sin^2 t}_{-4} \right) dt$$

$$= 2 \cdot \int_{t=0}^{t=2\pi} (t \sin t - 2 + 2\cos t) dt = 2 \cdot \int_{t=0}^{t=2\pi} (2\cos t - 2) dt - \int_{t=0}^{t=2\pi} t \sin t dt$$

$$u = t \qquad u' = 1$$

$$v = -\cos t \qquad v' = \sin t$$

$$= 2 \cdot [2\sin t - 2t]_0^{2\pi} - 2 \cdot [-t\cos t + \sin t]_0^{2\pi}$$

$$= [4\sin t - 4t + 2t\cos t - 2\sin t]_0^{2\pi} = [2\sin t - 4t + 2t\cos t]_0^{2\pi}$$

$$= -\, 8\pi + 4\pi = |4\pi|$$

Aufgabe 2 :

Gegeben ist die elliptische Schraubenlinie :
$S = \{(x,y,z) | x = a \cos t , y = b \sin t , z = c t , 0 \le t \le 10\pi \}$
$a = 4 , b = 2 , c = 1.5$

1. Erstellen Sie eine Wertetabelle für $t = 0(\frac{\pi}{4})4\pi$

x[t_]: = 4 Cos[t]
y[t_]: = 2 Sin[t]
z[t_]: = 1.5 t

Ta = Table[{t,x[t],y[t],z[t]},{t,0,4 Pi,Pi/4}]//N

und einen punkteweisen Plot :

g1 = ListPlot [Ta]
g2 = ListPlot [Ta,Prolog→PointSize[0.03]]
0.1
Show[Graphics[g2]]

2. Plotten Sie die Funktion .
Überlagern Sie den Punkte-Plot .

g3 = ParametricPlot3D[{x[t],y[t],z[t]},{t,0,10 Pi}]
Show[g3]

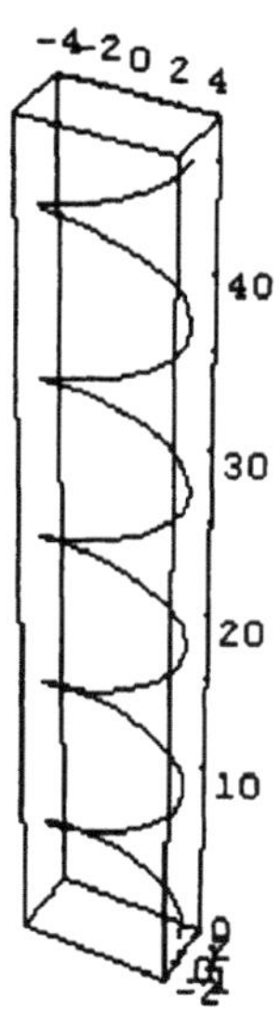

Show[Graphics[g2],g3]
(Probieren Sie es umgekehrt ; es klappt nicht)

3. Berechnen Sie die Bogenlänge von S :

$$l(S) = \int_{t=0}^{t=10\pi} \sqrt{\dot{x}^2(t) + \dot{y}^2(t) + \dot{z}^2(t)}dt$$

$$l(S) = \int_{t=0}^{t=10\pi} \sqrt{(-4\sin t)^2 + (2\cos t)^2 + 1.5^2}dt$$

$$l(S) = \int_{t=0}^{t=10\pi} \sqrt{16\sin^2 t + 4\cos^2 t + 2.25}dt = \int_{t=0}^{t=10\pi} \sqrt{12\sin^2 t + 6.25}dt$$

Mathematicca :

vs[t_]:=Sqrt[x'[t]^2+y'[t]^2+z'[t]^2]

$$l(S) = 108.203$$

Lösung durch numerische Integration :

l = NIntegrate[vs[t],{t,0,10 Pi}]

Name :	Sem :	Datum:

Differentialgleichungen :

Aufgabe 1 :

Lösen Sie das allgemeine Integral der folgenden Differentialgleichungen :

1. DG : $y' = \frac{2y}{x} - 3$

2. DG : $y' = (\frac{2y}{x} - 3)^2$

Aufgabe 2 :

Lösen Sie die folgenden Anfangswertprobleme und erstellen Sie die Wertetabellen und die Graphen der Lösungsfunktionen für
$0 \leq x \leq 2, \Delta x = 0.2$

1. DG : $y' = 4(3x - 4y + 7)$ AW : y(0) = 2

2. DG : $y' = \cosh(y - 4)$ AW : y(0) = 0

Aufgabe 3 :

Lösen Sie das Anfangswertproblem und erstellen Sie die Wertetabelle und den Graphen der Lösungsfunktion für $0 \leq x \leq 3, \Delta x = 0.25$

DG : $\dot{y} + y = \cos 3t$ AW : y(0) = − 1

Lösung mit Mathematica :

Lösen einer Differentialgleichung :

DSolve[DG,y[x],x]

Lösen eines Anfangswertproblems :

DSolve[{DG,AW},y[x],x] oder
NDSolve[{DG,AW},y[x],x]

Plotten der Lösung des Anfangswertproblems oder der Differentialgleichung im Intervall [xmin,xmax]

Plot[Evaluate[y[x]/.%],{x,xmin,xmax}]

Beispiel :

DG : y[x]+ 2 y'[x] - 4x == 2x^2
AW: y[0] == 1

DSolve[{y[x]+ 2 y'[x] -4 x == 2 x^2,y[0] == 1},y[x],x]

$$\left\{\left\{y[x] \to 8 - \frac{7}{E^{\frac{x}{2}}} - 4x + 2x^2\right\}\right\}$$

Plot[Evaluate[y[x]/.%],{x,-5,5}]

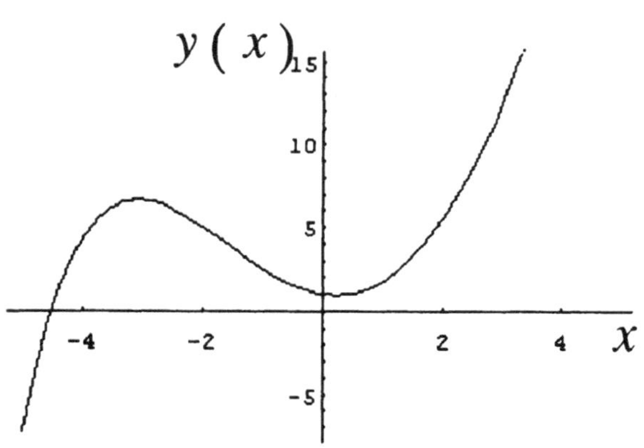

Aufgabe 1 :

Lösen Sie das allgemeine Integral der folgenden Differentialgleichungen :

1. DG : $y' = \frac{2y}{x} - 3$

<u>Substitution :</u> $u = \frac{y}{x} \Rightarrow$

$$y = u \cdot x$$
$$y' = u' \cdot x + u \cdot 1 = u' \cdot x + u$$

$\Rightarrow$ DG : $u' \cdot x + u = 2 \cdot \frac{u \cdot x}{x} - 3$

$$u' \cdot x + u = 2 \cdot u - 3$$

$$u' = \frac{du}{dx} = \frac{u-3}{x} \quad \Rightarrow \quad \frac{du}{u-3} = \frac{dx}{x}$$

Separation : $\frac{du}{u-3} = \frac{dx}{x}$

Integration : $\int \frac{1}{u-3} du = \int \frac{1}{x} dx \quad \Rightarrow \quad \ln|u-3| = \ln|x| + c_1$

setze : $c_1 = \ln c_2$

$$\ln|u-3| = \ln|x| + \ln c_2 = \ln|x| \cdot c_2 \quad \uparrow e$$
$$|u-3| = |x| \cdot c_2 = \pm c_2 \cdot x; \qquad \pm c_2 = c_3; \quad c_3 \in R / \{0\}$$
$$u - 3 = c_3 \cdot x \quad \Rightarrow \quad \frac{y}{x} - 3 = c_3 \cdot x$$

Allgemeine Lösung in $u(x) = u = c_3 \cdot x + 3$

in $y(x) = c_3 \cdot x^2 + 3x, \quad c_3 \in R$

$c_3 = 0? \quad \Rightarrow \quad y = 3x, \quad y' = 3$ oben in DG eingesetzt :

$$3 = 2 \cdot \frac{3x}{x} - 3 = 3; \qquad \Rightarrow \quad c_3 \in R$$

2. DG : $y' = (\frac{2y}{x} - 3)^2$

<u>Substitution :</u> $u = \frac{y}{x} \Rightarrow$

$$y = u \cdot x$$

$$y' = u' \cdot x + u \cdot 1$$
$$= u' \cdot x + u$$

$\Rightarrow$ DG : $u' \cdot x + u = (2u-3)^2$

$$u' = \frac{du}{dx} = \frac{(2u-3)^2 - u}{x}$$

Separation : $\frac{du}{(2u-3)^2 - u} = \frac{dx}{x} \quad \Rightarrow \quad \frac{du}{4u^2 - 13u + 9} = \frac{dx}{x}$

Integration : $\int \frac{du}{4u^2 - 13u + 9} = \int \frac{dx}{x} \quad \Rightarrow$ Nebenrechnung

1.Lösungsweg :

$$-\frac{2}{5} ar\tanh\left(\frac{8}{5}u - \frac{13}{5}\right) = \ln|x| + c_1 \qquad c_1 = \ln c_2;\; c_2 > 0$$

$$-\frac{2}{5} ar\tanh\left(\frac{8}{5}u - \frac{13}{5}\right) = \ln|x| + \ln c_2 = \ln|x| \cdot c_2 \quad \uparrow e$$

$$e^{-\frac{2}{5} ar\tanh\left(\frac{8}{5}u - \frac{13}{5}\right)} = |x| \cdot c_2 = \pm c_2 \cdot x; \qquad \pm c_2 = c_3 \in R / \{0\}$$

$$e^{-\frac{2}{5} ar\tanh\left(\frac{8}{5}u - \frac{13}{5}\right)} = c_3 \cdot x$$

$$-\frac{2}{5} ar\tanh\left(\frac{8}{5}u - \frac{13}{5}\right) = \ln|c_3 \cdot x| \quad \Rightarrow \text{Auflösen nach } u$$

$$\frac{8}{5}u - \frac{13}{5} = \tanh\left(-\frac{5}{2}\ln|c_3 \cdot x|\right)$$

$$u = \frac{5}{8}\tanh\left(-\frac{5}{2}\ln|c_3 \cdot x|\right) + \frac{13}{8}$$

Allgemeine Lösung in :

$$u(x)=\frac{5}{8}\tanh\left(-\frac{5}{2}\ln|c_3\cdot x|\right)+\frac{13}{8}\quad oder\quad \frac{5}{8}\coth\left(-\frac{5}{2}\ln|c_3\cdot x|\right)+\frac{13}{8}$$

$$y(x)=x\cdot\left(\frac{5}{8}\tanh\left(-\frac{5}{2}\ln|c_3\cdot x|\right)+\frac{13}{8}\right)\quad oder\quad x\cdot\left(\frac{5}{8}\coth\left(-\frac{5}{2}\ln|c_3\cdot x|\right)+\frac{13}{8}\right)$$

Nebenrechnung :

$$2ab=-13u\qquad 2\cdot 2u\cdot b=-13u$$

$$\int\frac{du}{\underbrace{4u^2}_{a=2u}\underbrace{-13u}_{2ab}+9}\qquad b=-\frac{13u}{4u}=-\frac{13}{4},\qquad b^2=\frac{169}{16}$$

$$\int\frac{du}{\left(2u-\frac{13}{4}\right)^2+9-\frac{169}{16}}$$

$$=\int\frac{du}{\left(2u-\frac{13}{4}\right)^2+\frac{25}{16}}\quad\left|\cdot\frac{16}{25}\right.$$

Ziel ist es zu erreichen : $\frac{dx}{1-x^2}=\frac{-dx}{x^2-1}$

$$=\frac{16}{25}\cdot\int\frac{du}{\frac{16}{25}\cdot\left(2u-\frac{13}{4}\right)^2-1}=\frac{16}{25}\cdot\int\frac{du}{\left(\frac{4}{5}\cdot\left(2u-\frac{13}{4}\right)^2\right)}$$

$$=\frac{16}{25}\cdot\int\frac{du}{\left(\frac{8}{5}u-\frac{13}{5}\right)^2-1}$$

Substitution : $\frac{8}{5}u-\frac{13}{5}=z\quad \frac{dz}{du}=\frac{8}{5}\quad du=\frac{5}{8}dz$

$$=\frac{2}{5}\cdot\int\frac{dz}{z^2-1}=-\frac{2}{5}\cdot\int\frac{dz}{1+z^2}=\begin{cases}-\frac{2}{5}ar\tanh z; & |z|<1\\ -\frac{2}{5}ar\coth z; & |z|>1\end{cases}$$

$$\left.\begin{aligned}-\frac{2}{5}ar\tanh z&=-\frac{2}{5}ar\tanh\left(\frac{8}{5}u-\frac{13}{5}\right)\\ -\frac{2}{5}ar\coth z&=-\frac{2}{5}ar\coth\left(\frac{8}{5}u-\frac{13}{5}\right)\end{aligned}\right\}=\ln|x|+c_1$$

Aufgabe 2 :

Lösen Sie die folgenden Anfangswertprobleme und erstellen Sie die Wertetabellen und die Graphen der Lösungsfunktionen für

$0 \le x \le 2, \Delta x = 0.2$

1. DG : $y' = 4(3x - 4y + 7)$ AW : y(0) = 2

<u>Allgemeine Lösung :</u>

<u>Substitution :</u> $u = 3x - 4y + 7 \Rightarrow$

$$u' = 3 - 4y'$$

$$y' = \frac{u' - 3}{-4} = \frac{3 - u'}{4}$$

$\Rightarrow$ DG : $\frac{3 - u'}{4} = 4 \cdot u$

$$u' = 3 - 16u$$

Separation :	$u' = \frac{du}{dx} = 3 - 16u \qquad \frac{du}{3 - 16u} = dx$
Integration :	$\int \frac{du}{3 - 16u} = \int dx \Rightarrow -\frac{1}{16} \cdot \ln\lvert 3 - 16u \rvert = x + c_1$ $\Rightarrow$ Nebenrechnung
Allgemeine Lösung in $u(x) = \frac{3}{16} - c_3 \cdot x$ in $y(x) = \frac{109}{64} + \frac{3}{4} x + \frac{c_3}{4} e^x$	

Bestimmung der Integrationskonstanten des Anfangswertproblems :

x = 0 $\Rightarrow$ y (0) =2 Einsetzen in DG $\Rightarrow$:

$$y(0) = \frac{109}{64} + \frac{c_3}{4} e^0 = \frac{109}{64} + \frac{c_3}{4} = 2$$

$$\Rightarrow \quad c_3 = \left(2 - \frac{109}{64}\right) \cdot 4 = \frac{19}{16}$$

$$\Rightarrow \quad y = \frac{109}{64} + \frac{3}{4} x + \frac{19}{64} e^x$$

Nebenrechnung :

$$-\frac{1}{16}\ln|3-16u| = x + c_1 \quad \uparrow e$$

$$-\frac{1}{16}|3-16u| = e^{(x+c_1)} = e^x \cdot e^{c_1} \qquad e^{c_1} = c_2;\; c_2 > 0$$

$$-\frac{1}{16}|3-16u| = c_2 \cdot e^x$$

$$|3-16u| = -\ 16 \cdot c_2 \cdot e^x$$

$$3-16u = \pm\ 16c_2 \cdot e^x \qquad \pm c_2 = c_3;\; c_3 \in R/\{0\}$$

$$3-16u = 16 \cdot c_3 \cdot e^x$$

$$u = \frac{3}{16} - c_3 \cdot e^x$$

Resubstituieren :

$$3x - 4y + 7 = \frac{3}{16} - c_3 \cdot e^x$$

$$y = -\frac{1}{4}\left(\frac{3}{16} - 7 - 3x - c_3 \cdot e^x\right)$$

$$y = -\frac{3}{64} + \frac{7}{4} + \frac{3}{4}x + \frac{c_3}{4} \cdot e^x$$

$$y = \frac{109}{64} + \frac{3}{4}x + \frac{c_3}{4}e^x$$

Wertetabelle :

x	0	0.2	0.4	0.6	0.8	1.0	1.2	1.4	1.6	1.8	2.0
y	2	2.21	2.44	2.69	2.96	3.26	3.59	3.96	4.37	4.85	5.40

Graph :

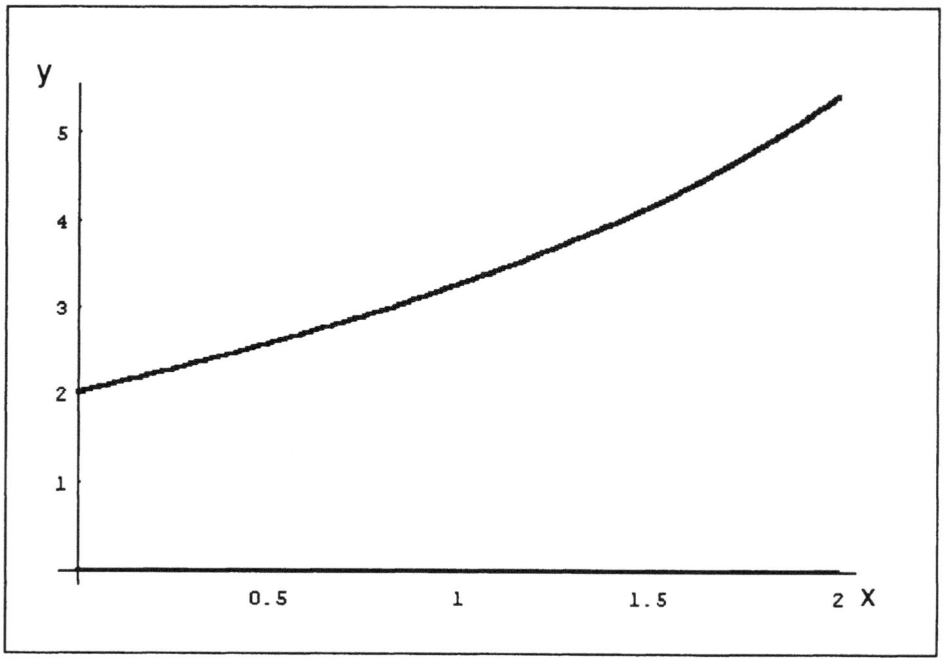

2. DG : $y' = \cosh(y-4)$ AW : y(0) = 0

Allgemeine Lösung :

Substitution : $u = y - 4 \Rightarrow$

$u' = y'$
$y' = u'$

$\Rightarrow$ DG : $y' = u' = \cosh u$

$u' = \cosh u$

Separation : $u' = \frac{du}{dx} = \cosh u \Rightarrow \frac{du}{\cosh u} = dx$
Integration : $\int \frac{du}{\cosh u} = \int dx$ $2 \cdot \arctan\left(\tanh\left(\frac{u}{2}\right)\right) = x + c_1$ $\arctan\left(\tanh\left(\frac{u}{2}\right)\right) = \frac{1}{2}(x + c_1) \quad \Big\vert \tan; \ \frac{1}{2}c_1 = c_2$ $\tanh\left(\frac{u}{2}\right) = \tan(0.5x + c_2) \quad \vert ar\tanh$ $u = 2 \cdot ar\tanh(\tan(0.5x + c_2))$ $y = 2 \cdot ar\tanh(\tan(0.5x + c_2)) + 4$
Allgemeine Lösung in $u(x) = 2 \cdot ar\tanh(\tan(0.5x + c_2))$ in $y(x) = 2 \cdot ar\tanh(\tan(0.5x + c_2)) + 4$
Bestimmung der Integrationskonstanten des Anfangswertproblems :   x = 0 $\Rightarrow$ y (0) = 0 Einsetzen in DG $\Rightarrow$: $y(0) = 2 \cdot ar\tanh(\tan(0.5 \cdot 0 + c_2)) + 4 = 0$ $c_2 = \arctan(\tanh(-2)) = -\arctan(\tanh 2) = -43.95° = -0.767084 \ Rad$

Wertetabelle :

x	0	0.2	0.4	0.6	0.8	1.0	1.2	1.4	1.6	1.8	2.0
y	-0.00	1.87	2.49	2.89	3.19	3.44	3.66	3.87	4.07	4.27	4.48

Graph :

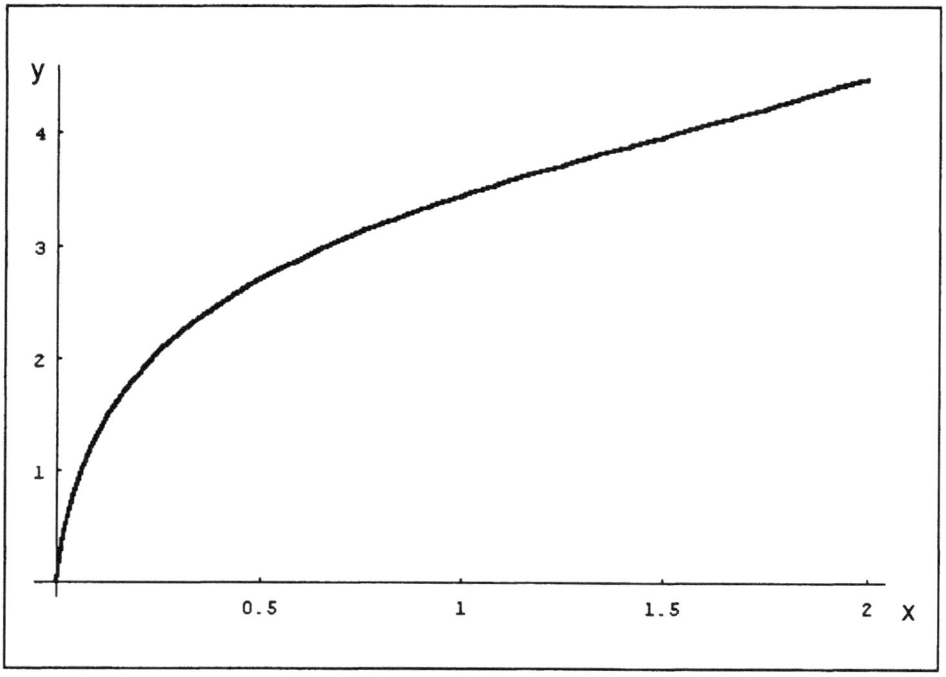

Aufgabe 3 :

Lösen Sie das Anfangswertproblem und erstellen Sie die Wertetabelle und den Graphen der Lösungsfunktion für $0 \le t \le 3, \Delta t = 0.25$.

DG : $\dot{y} + y = \cos 3t$ AW : y(0) = − 1

Allgemeine Lösung der homogenen Differentialgleichung :

$\dot{y} + y = 0$

Separation :	$\dot{y} = \frac{dy}{dt} = -y \qquad \frac{dy}{y} = -dt$
Integration :	$\int \frac{dy}{y} = -\int dt$ $\ln\lvert y\rvert = -t + c \quad \vert\uparrow e$ $\lvert y\rvert = e^{-t+c} = e^{-t} \cdot e^{c} \qquad e^{c} > 0, \; e^{c} = c_1$ $\lvert y\rvert = c_1 \cdot e^{-t}$ $y = \pm c_1 \cdot e^{-t}, \qquad \pm c_1 = c_2$ $y = c_2 \cdot e^{-t} \qquad c_2 = 0, \; y = 0, \; y' = 0$ in DG : $0 = 0$
$y_{ah} = c_2 \cdot e^{-t}, \qquad c_2 \in R$	

Partikuläre Lösung der inhomogenen Differentialgleichung :

Variation der Konstante : $c \to c(t)$

$$y = c(t) \cdot e^{-t}$$
$$y' = c'(t) \cdot e^{-t} - c(t) \cdot e^{-t}$$

Einsetzen in DG und bestimmen von $c(t)$:

$$y' + y = \cos 3t$$
$$c'(t) \cdot e^{-t} - c(t) \cdot e^{-t} + c(t) \cdot e^{-t} = \cos 3t$$
$$c'(t) = \frac{dc}{dt} = \frac{\cos 3t}{e^{-t}} = \cos 3t \cdot e^{t}$$
$$\int dc = \int \cos 3t \cdot e^{t} dt$$
$$c(t) = \frac{1}{10} e^{t} \cdot (\cos 3t + 3 \sin 3t)$$

$$y_{pi} = \frac{1}{10} e^{t} \cdot (\cos 3t + 3 \sin 3t) \cdot e^{-t} = \frac{1}{10} \cdot (\cos 3t + 3 \sin 3t)$$

$$y_{ai} = y_{pi} + y_{ah}$$

$$y_{ai} = y_{pi} + y_{ah} = \frac{1}{10} \cdot (\cos 3t + 3 \sin 3t) + c_2 \cdot e^{-t}$$

Anfangswerte : $\Rightarrow c$

$y(0) = -1 \qquad x_0 = 0 \qquad y_0 = -1$ in y_{ai}:

$$\Rightarrow \quad y_{ai} = y(0) = \frac{1}{10} \cdot (\cos 0 + 3 \sin 0) + c_2 \cdot e^0 = -1$$

$$= \frac{1}{10} \cdot \cos 0 + c_2 = -1 \qquad c_2 = -1.1$$

Lösungsfunktion :

$c_2 = -1.1$

$$\Rightarrow \quad y = f(t) = \frac{1}{10} \cdot (\cos 3t + 3 \sin 3t) - 1.1 \cdot e^{-t}$$

Wertetabelle :

x	0	0.25	0.5	0.75	1.0	1.25	1.5	1.75	2.0	2.25	2.5	2.75	3.0
y=f(t)	-1	-0.58	-0.36	-0.35	-0.46	-0.57	-0.56	-0.40	-0.14	0.11	0.23	0.17	-0.02

Graph :

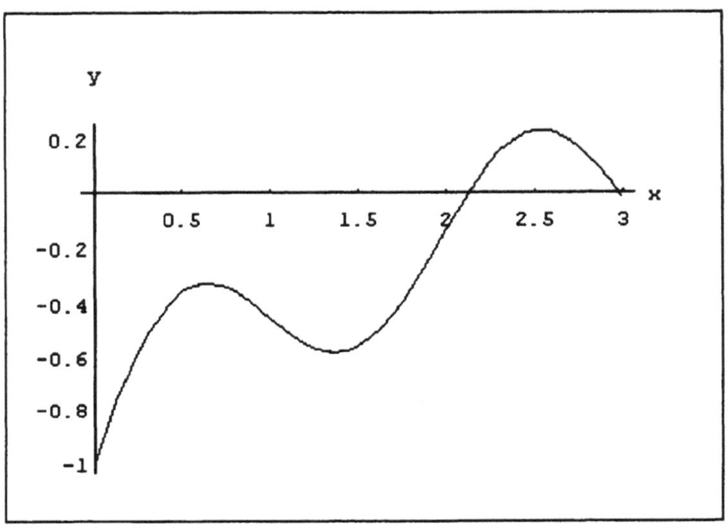

Name :	Sem :	Datum:

Differentialgleichungen :

Aufgabe 1 :

Lösen Sie das allgemeine Integral der folgenden Differentialgleichungen :

1.DG : $y'' - 4y' + 3y = 0$

2.DG : $y'' - 4y' + 4y = 0$

3.DG : $y'' - 4y' + 5y = 0$

Manuelle Lösung :

1.DG :

Lösungsansatz :

$y = e^{k \cdot x}$	$y' = k \cdot e^{k \cdot x}$	$y'' = k^2 \cdot e^{k \cdot x}$

in DG :

$$\left(k^2 - 4k + 3\right) \cdot e^{k \cdot x} = 0$$

charakteristisches Polynom :

$$k^2 - 4k + 3 = 0 \qquad k_{1,2} = 2 \pm \sqrt{1} = 2 \pm 1$$

$$k_1 = 1 \qquad k_2 = 3$$

Lösung des charakteristisches Polynom : Lösung des DG :

$k_1 = 1$	$y_1 = e^x$	$k_2 = 3$	$y_2 = e^{3x}$

Allgemeines Integral der DG :

$$y_{ah} = c_1 \cdot e^x + c_2 \cdot e^{3x}$$

Probe :

$$y' = c_1 \cdot e^x + 3 \cdot c_2 \cdot e^{3x}$$

$$y'' = c_1 \cdot e^x + 9 \cdot c_2 \cdot e^{3x}$$

In DG einsetzen :

$$c_1 \cdot e^x + 9 \cdot c_2 \cdot e^{3x} - 4 \cdot \left(c_1 \cdot e^x + 3 \cdot c_2 \cdot e^{3x}\right) + 3 \cdot c_1 \cdot e^x + 3 \cdot c_2 \cdot e^{3x} = 0$$

2. DG :

Lösungsansatz :

$y = e^{kx}$	$y' = k \cdot e^{k \cdot x}$	$y'' = k^2 \cdot e^{k \cdot x}$

in DG :

$$\left(k^2 - 4k + 4\right) \cdot e^{k \cdot x} = 0$$

charakteristisches Polynom :

$$k^2 - 4k + 4 = (k-2)^2 = 0$$

doppelte Nullstelle

$$k_{1,2} = 2 \pm \sqrt{0} = 2$$

Lösung des charakteristisches Polynom : Lösung des DG :

$k_1 = 2$	$y_1 = e^{2x}$	$k_2 = 2$	$y_2 = e^{2x}$

Allgemeines Integral der DG :

$$y_{ah} = c_1 \cdot e^{2x} + c_2 \cdot x \cdot e^{2x} = (c_1 + c_2 \cdot x) \cdot e^{2x}$$

3. DG :

Lösungsansatz :

$y = e^{kx}$	$y' = k \cdot e^{k \cdot x}$	$y'' = k^2 \cdot e^{k \cdot x}$

in DG :

$$\left(k^2 - 4k + 5\right) \cdot e^{k \cdot x} = 0$$

charakteristisches Polynom :

$$k^2 - 4k + 5 = 0 \qquad k_{1,2} = 2 \pm \sqrt{-1} = 2 \pm i$$

Lösung des charakteristisches Polynom : Lösung des DG :

$k_1 = 2 + i$	$k_2 = 2 - i$	$\delta = -2$	$\varpi = 1$

$y_1 = e^{2x} \cdot \cos x$	$y_2 = e^{2x} \cdot \sin x$

Allgemeines Integral der DG :

$$y_{ah} = c_1 \cdot e^{2x} \cdot \cos x + c_2 \cdot e^{2x} \cdot \sin x$$

$$= e^{2x} \cdot \left(c_1 \cdot \cos x + c_2 \cdot \sin x\right)$$

Probe :

$$y' = c_1 \cdot 2e^{2x} \cdot \cos x - c_1 \cdot e^{2x} \cdot \sin x + c_2 \cdot 2e^{2x} \cdot \sin x + c_2 \cdot e^{2x} \cdot \cos x$$
$$= (c_2 + 2c_1) \cdot e^{2x} \cdot \cos x + (2c_2 - c_1) \cdot e^{2x} \cdot \sin x$$

$$y'' = (2c_1 + c_2) \cdot \left(2e^{2x} \cdot \cos x - e^{2x} \cdot \sin x\right) + (2c_2 - c_1) \cdot \left(2e^{2x} \cdot \sin x + e^{2x} \cdot \cos x\right)$$

In DG einsetzen :

$$(2c_1 + c_2) \cdot \left(2e^{2x} \cdot \cos x - e^{2x} \cdot \sin x\right) + (2c_2 - c_1) \cdot \left(2e^{2x} \cdot \sin x + e^{2x} \cdot \cos x\right)$$
$$- 4 \cdot \left[(c_2 + 2c_1) \cdot e^{2x} \cdot \cos x + (2c_2 - c_1) \cdot e^{2x} \cdot \sin x\right]$$
$$+ 5c_1 \cdot e^{2x} \cdot \cos x + 5c_2 \cdot e^{2x} \cdot \sin x$$

$$= 4c_1 \cdot e^{2x} \cdot \cos x - c_2 \cdot e^{2x} \cdot \sin x - 2c_1 \cdot e^{2x} \cdot \sin x + 2c_2 \cdot e^{2x} \cdot \cos x$$
$$+ 4c_2 \cdot e^{2x} \cdot \sin x + 2c_2 \cdot e^{2x} \cdot \cos x - 2c_1 \cdot e^{2x} \cdot \sin x - c_1 \cdot e^{2x} \cdot \cos x$$
$$- 4c_2 \cdot e^{2x} \cdot \cos x - 8c_1 \cdot e^{2x} \cdot \cos x - 8c_2 \cdot e^{2x} \cdot \sin x + 4c_1 \cdot e^{2x} \cdot \sin x$$
$$+ 5c_1 \cdot e^{2x} \cdot \cos x + 5c_2 \cdot e^{2x} \cdot \sin x = 0$$

Lösung mit Mathematica :

1.DG :

```
DSolve[y''[x] - 4 y'[x] +3 y[x] == 0, y[x],x]
                     x          3 x
Lösung :  {{y[x] -> E  C[1] + E    C[2]}}
```

2.DG :

```
DSolve[y''[x] - 4 y'[x] +4 y[x] == 0, y[x],x]
                     2 x
Lösung :  {{y[x] -> E    (C[1] + x C[2])}}
```

3.DG :

```
DSolve[y''[x] - 4 y'[x] +5 y[x] == 0, y[x],x]
                     2 x
Lösung :  {{y[x] -> E    (C[2] Cos[x] - C[1] Sin[x])}}
```

Aufgabe 2 :

Lösen Sie die Anfangswertprobleme :

1.DG : $y'' - 4y' + 3y = x$ AW : $y(0) = 0$ $y'(0) = 1$

2.DG : $y'' - 4y' + 5y = x\cos 2x$ AW : $y(0) = 0$ $y'(0) = 2$

Manuelle Lösung :

1.DG : $y'' - 4y' + 3y = xe^{0x} = xe^{\alpha x}$

$\alpha = 0$ Lösung des charakteristischen Polynoms?

ja?	nein?
	X

Ansatz für partikuläre Lösung :

$y_{pi} = (b_0 + b_1 \cdot x)e^{\alpha x} = b_0 + b_1 \cdot x$
$y'_{pi} = b_1$
$y''_{pi} = 0$

Einsetzen in DG :

$$0 - 4b_1 + 3b_0 + 3b_1 \cdot x = x$$

$$\underbrace{3b_0 - 4b_1}_{0} + \underbrace{3b_1}_{1} \cdot x = 0 + 1 \cdot x$$

$$3b_1 = 1 \;\Rightarrow\; b_1 = \frac{1}{3} \qquad 3b_0 = \frac{4}{3} \;\Rightarrow\; b_0 = \frac{4}{9}$$

Koeffizientenvergleich :

$$b_0 = \frac{4}{9} \qquad b_1 = \frac{1}{3}$$

Partikuläre Lösung :

$$y_{pi} = \frac{4}{9} + \frac{1}{3}x \qquad ;da \quad e^{0x} = 1$$

Allgemeines Integral der DG :

$y_{ai} = \frac{4}{9} + \frac{1}{3}x + c_1 \cdot e^x + c_2 \cdot e^{3x}$
AW : $y_{ai}(0) = \frac{4}{9} + c_1 + c_2 = 0$
$y'_{ai} = \frac{1}{3} + c_1 \cdot e^x + 3c_2 \cdot e^{3x}$
AW : $y'_{ai}(0) = \frac{1}{3} + c_1 + 3c_2 = 1$

Berechnung der Konstanten aus dem Anfangswertproblem :

$\frac{4}{9} + c_1 + c_2 = \frac{1}{3} + c_1 + 3c_2 - 1$	$c_1 = -1$
$2c_2 = \frac{10}{9} \quad \Rightarrow \quad c_2 = \frac{5}{9} \quad \Rightarrow \quad c_1 = -1$	$c_2 = \frac{5}{9}$
Lösung des Anfangwertproblems : $y_{ai} = \frac{4}{9} + \frac{1}{3}x - e^x + \frac{5}{9}e^{3x}$	

2.DG : $y'' - 4y' + 5y = x\cos 2x = x\cos\beta x$

Ist $i\beta =$ Lösung des charakteristischen Polynoms?

ja?	nein?
	X

Ansatz für partikuläre Lösung :

$y_{pi} = (b_0 + b_1 \cdot x) \cdot \cos x + (c_0 + c_1 \cdot x) \cdot \sin x$
$y'_{pi} = b_1 \cdot \cos x - (b_0 + b_1 \cdot x) \cdot \sin x + c_1 \cdot \sin x + (c_0 + c_1 \cdot x) \cdot \cos x$
$y''_{pi} = -2b_1 \cdot \sin x - (b_0 + b_1 \cdot x) \cdot \cos x + 2c_1 \cdot \cos x - (c_0 + c_1 \cdot x) \cdot \sin x$

Einsetzen in DG und Koeffizientenvergleich :

$$-2b_1\cdot\sin x-b_0\cdot\cos x-b_1\cdot x\cdot\cos x+2c_1\cdot\cos x-c_0\cdot\sin x-c_1\cdot x\cdot\sin x$$
$$-4b_1\cdot\cos x+4b_0\cdot\sin x+4b_1\cdot x\cdot\sin x-4c_1\cdot\sin x-4c_0\cdot\cos x-4c_1\cdot x\cdot\cos x$$
$$+5b_0\cdot\cos x+5b_1\cdot x\cdot\cos x+5c_0\cdot\sin x+5c_1\cdot x\cdot\sin x=x\cdot\cos 2x$$

DG :

$$(4b_0-4b_1-4c_0+2c_1+4b_1\cdot x-4c_1\cdot x)\cdot\cos x$$
$$+(4b_0-2b_1+4c_0-4c_1+4b_1\cdot x+4c_1\cdot x)\cdot\sin x=(0+1\cdot x)\cdot\cos x+(0+0\cdot x)\cdot\sin x$$

$$\begin{array}{lllll} 4b_0 & -4b_1 & -4c_0 & +2c_1 & =0\\ & 4b_1 & & -4c_1 & =1\\ 4b_0 & -2b_1 & +4c_0 & -4c_1 & =0\\ & 4b_1 & & +4c_1 & =0 \end{array}\qquad \left(\begin{array}{cccc|c} 4 & -4 & -4 & 2 & 0\\ 0 & 4 & 0 & -4 & 1\\ 4 & -2 & 4 & -4 & 0\\ 0 & 4 & 0 & 4 & 0 \end{array}\right)$$

Koeffizienten der partikulären Lösung :

$$b_0=\frac{1}{16}\qquad b_1=\frac{1}{8}\qquad c_0=-\frac{1}{8}\qquad c_1=-\frac{1}{8}$$

Partikuläre Lösung :

$$y_{pi}=\left(\frac{1}{16}+\frac{1}{8}x\right)\cdot\cos x-\left(\frac{1}{8}+\frac{1}{8}x\right)\cdot\sin x$$

Allgemeines Integral der DG :

$$y_{ai}=e^{2x}\cdot(c_1\cdot\cos x+c_2\cdot\sin x)+\left(\frac{1}{16}+\frac{1}{8}x\right)\cdot\cos x-\left(\frac{1}{8}+\frac{1}{8}x\right)\cdot\sin x$$

AW : $y_{ai}(0)=0\qquad c_1+\frac{1}{16}=0$

$$y'_{ai}=2e^{2x}\cdot(c_1\cdot\cos x+c_2\cdot\sin x)+e^{2x}\cdot(-c_1\cdot\sin x+c_2\cdot\cos x)$$
$$+\frac{1}{8}\cos x-\left(\frac{1}{16}+\frac{1}{8}x\right)\cdot\sin x-\frac{1}{8}\sin x-\left(\frac{1}{8}+\frac{1}{8}x\right)\cos x$$

AW : $y'_{ai}(0)=2c_1+c_2+\frac{1}{8}-\frac{1}{8}=0$

Berechnung der Integrationskonstanten aus dem Anfangswertproblem :

$c_1 + \frac{1}{16} = 0$ $2c_1 + c_2 = 0$	$c_1 = -\frac{1}{16}$ $c_2 = \frac{1}{8}$
Lösung des Anfangwertproblems : $y = f(x) = e^{2x} \cdot \left(-\frac{1}{16}\cos x + \frac{1}{8}\sin x \right) + \left(\frac{1}{16} + \frac{1}{8}x \right) \cdot \cos x - \left(\frac{1}{8} + \frac{1}{8}x \right) \cdot \sin x$	

Lösung mit Mathematica :

1.DG : Inhomogene DG :

```
DSolve[y''[x] - 4 y'[x] +3 y[x] == x, y[x], x]
```

```
                       4    x      x           3 x
Lösung :    {{y[x] -> -- + -- + E  C[1] + E    C[2]}}
                       9    3
```

Anfangswertproblem :

```
DSolve[{y''[x] - 4 y'[x] +3 y[x] == x, y[0] == 0, y'[0] == 1}, y[x],x]
```

```
                              x      3 x
                       4 - 9 E  + 5 E    + 3 x
Lösung :    {{y[x] -> ---------------------------}}
                                  9
```

2 DG : Inhomogene DG :

```
DSolve[y''[x] - 4 y'[x] +5 y[x] == x Cos[2 x], y[x], x]
```

```
Lösung :
               2 x                  188 Cos[2 x]      x Cos[2 x]    2 x
{{y[x] -> E    C[2] Cos[x] - ------------------ + ------------- - E    C[1] Sin[x]
                                    4225               65

  316 Sin[2 x]    8 x Sin[2 x]
- ---------------  - ---------------}}
      4225              65
```

Anfangswertproblem :

```
DSolve[{y''[x] - 4 y'[x] +5 y[x] == x Cos[2 x], y[0] == 0, y'[0] == 2}, y[x],x]
```

```
Lösung :           2 x                                                  2 x
{{y[x] -> (188 E    Cos[x] - 188 Cos[2 x] + 65 x Cos[2 x] + 8641 E    Sin[x]

           - 316 Sin[2 x] - 520 x Sin[2 x]) / 4225}}
```

www.ingramcontent.com/pod-product-compliance
Lightning Source LLC
LaVergne TN
LVHW062002041026
849558LV00007B/205
* 9 7 8 3 4 8 6 2 2 9 3 6 3 *